Kekulés Träume

Dieter Neubauer

Kekulés Träume

Eine andere Einführung in die Organische Chemie

Dieter Neubauer
Wachenheim an der Weinstraße, Deutschland

ISBN 978-3-642-41709-2 ISBN 978-3-642-41710-8 (eBook)
DOI 10.1007/978-3-642-41710-8

Die Deutsche Nationalbibliothek verzeichnet diese Publikation in der Deutschen Nationalbibliografie; detaillierte bibliografische Daten sind im Internet über http://dnb.d-nb.de abrufbar.

Springer Spektrum

Planung und Lektorat: Merlet Behncke-Braunbeck, Bettina Saglio
Redaktion: Dr. Wolfgang Zettlmeier
Einbandentwurf: deblik, Berlin

Gedruckt auf säurefreiem und chlorfrei gebleichtem Papier

Springer Spektrum ist eine Marke von Springer DE. Springer DE ist Teil der Fachverlagsgruppe Springer Science+Business Media.
www.springer-spektrum.de

Inhaltsübersicht

Unbekannte Wissenschaft

Vor fast zweitausendfünfhundert Jahren stritten die griechischen Philosophen über die Frage, ob es möglich sei, ein Stück Materie immer weiter, sozusagen unendlich oft zu zerteilen. Die meisten von ihnen antworteten mit einem klaren Ja. Nur ein Mann namens Leukipp und sein genialer Schüler Demokrit waren entgegengesetzter Ansicht. Sie nahmen an, irgendwann, nach vielen Teilungsschnitten, müssten alle weiteren misslingen, weil sie auf unteilbare „Atome“[1] träfen. Von diesen Elementarteilchen, die sie sich unmessbar klein vorstellten, sollte es unglaublich viele und verschiedene Sorten geben. Die aber sollten unvergänglich, in rastlosem Wirbeln unterwegs sein und sich untereinander mit Häkchen und Ösen zu immer neuen Kombinationen verbinden. Ähnlich wie sich Hunderttausende von Wörtern aus zwei Dutzend Buchstaben bilden lassen, sollten so die vielen verschiedenen Stoffe und Dinge der belebten und unbelebten Natur entstehen und durch Trennung der Atomgruppen, die man viele Jahrhunderte später „Moleküle“ nannte, auch wieder vergehen.

Die Idee war so ungewohnt, so genial, dass sie bei den meisten ihrer Zeitgenossen keinen Beifall fand. Platon und Aristoteles, die maßgeblichen Philosophen jenes Jahrhunderts, lehnten sie rundweg ab. Und obwohl drei Generationen später der berühmte Epikur sich leidenschaftlich für die Atomlehre einsetzte und der römische Dichter Lukrez, ein Zeitgenosse Ciceros und Cäsars, sie in einem langen Lehrgedicht temperamentvoll verteidigte, geriet sie dennoch fast in Vergessenheit.

Erst am Anfang des 19. Jahrhunderts gewann sie wieder an Boden. Fleißige Chemiker hatten mit ihren Experimenten herausgefunden, dass sich die Elemente[2] immer in gleichbleibenden Gewichtsverhältnissen miteinander verbinden. Um ein Beispiel zu nennen: 7 g Eisen reagieren stets mit 4 g Schwefel – wenn man von diesem Gewichtsverhältnis abweicht, bleibt von einem der beiden Reaktionspartner etwas übrig. Dies ließ sich am einfachsten erklären, wenn man annahm, dass immer ein Eisenatom mit einem Schwefelatom reagiert und ihre Atomgewichte sich wie 7:4 verhalten.

---

[1] „Atomos“ heißt im Griechischen „unteilbar“.

[2] Elemente bestehen immer aus nur einer Sorte von Atomen. Das Element Schwefel enthält also nur Schwefelatome, Eisen nur Eisenatome und so fort.

In den folgenden knapp 200 Jahren gelang es den Chemikern, nicht nur die Gewichtsverhältnisse zwischen den Atomen der einzelnen Elemente aufzuklären, sondern auch ihren Durchmesser zu ermitteln, herauszufinden, wie schnell sie in Gasen umherfliegen, wie sie sich in Flüssigkeiten benehmen und auf welchen Plätzen sie in den Kristallen der Feststoffe sitzen. Mehr noch: Sie erkannten, mit wie vielen Bindearmen sie andere Atome an deren Bindearmen festhalten, wie die Bindungen zu Stande kommen und sogar, in welche räumliche Richtung diese rätselhaften Bindearme weisen!

Erforschung einer unsichtbaren Welt

Ohne jemals ein Atom oder ein Molekül gesehen zu haben, erkundeten sie durch sinnreiche Versuche den atomaren Feinbau von mehreren Millionen verschiedenen Verbindungen. Zur Bestätigung stellten sie im Labor die selben Verbindungen aus Atomen und Atomgruppen her. Sie waren deshalb ihrer Sache völlig sicher, wenn sie zum Beispiel dem Farbstoff Kupfer-Perchlor-Phthalocyanin die „Strukturformel“

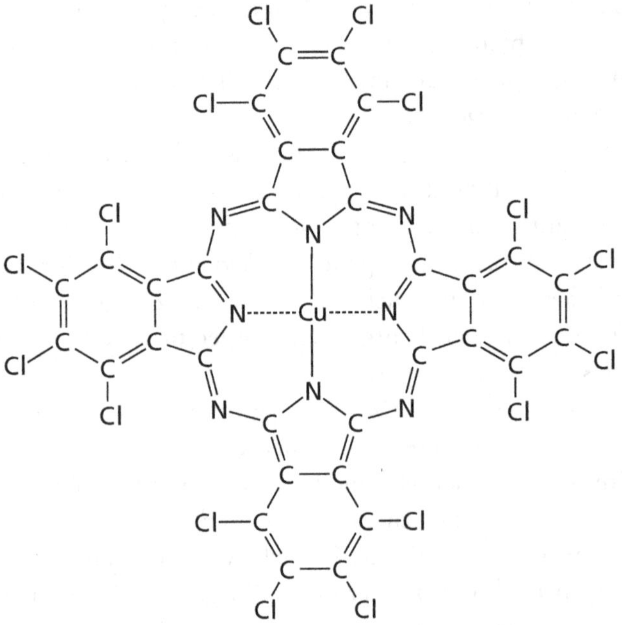

zuschrieben. In ihr steht jeder Buchstabe C für ein Kohlenstoffatom, Cl für ein Chloratom und N für ein Stickstoffatom. Das zentral gebundene Kupferatom wird durch die Buchstaben Cu dargestellt. Die Striche zwischen den Buchstaben geben an, mit wie vielen Bindearmen die Atome aneinander festhalten: Zwei Striche bedeuten eine „Doppelbindung", ein Strich eine „Einfachbindung", eine gestrichelte Linie eine „Nebenvalenzbindung".

Millionen Strukturformeln mit Atomanordnungen, die noch kein Mensch gesehen hat! Dem misstrauischen Laien drängt sich unwiderstehlich der Verdacht auf, dass das prächtige Lehrgebäude der Chemie auf tönernen Füssen steht. Auch wenn ihm die Chemiker versichern, dass ihre Indizienbeweise widerspruchsfrei sind, bewahrt er seine gesunde Skepsis, ähnlich wie die Geschworenen bei einem Mordprozess ohne Augenzeugen.

Eine Fotografie als Beweis

Doch vor gut sechzig Jahren erfand der deutsche Physiker Erwin Müller das Feldelektronenmikroskop. Mit ihm gelingt es, Moleküle so stark zu vergrößern, dass man einzelne Atome oder Atomgruppen schemenhaft auf einem Bildschirm sichtbar machen und dort fotografieren kann. Eines der seither fotografierten Moleküle war das Kupfer-Perchlor-Phthalocyanin. Die Aufnahme bestätigte in allen Einzelheiten die von den Chemikern vorhergesagte Struktur! Unsere Abbildung 1 zeigt das Foto im Vergleich mit einer vereinfachten Darstellung der Strukturformel.

Damit war auch für Skeptiker der Bauplan einer komplizierten Atomverbindung endgültig aufgeklärt: Den auf Indizien aufgebauten Strukturbeweis der Chemiker bestätigten die Physiker mit einer Fotografie.

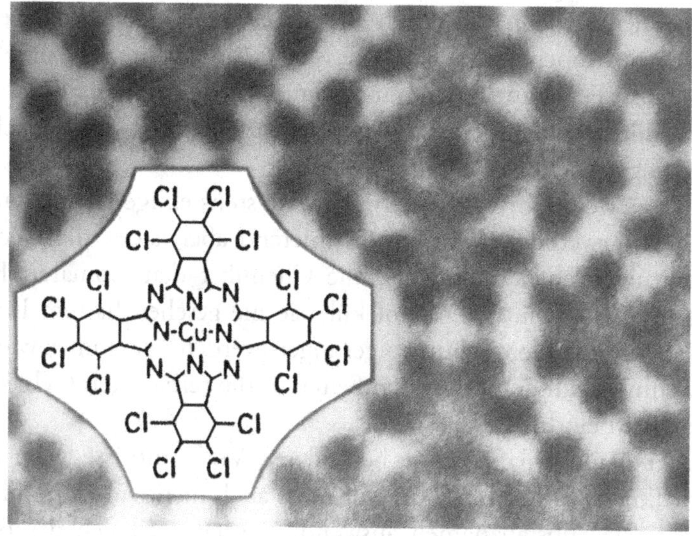

Abb. 1

Das war ein ungeheurer Triumph des menschlichen Geistes, durchaus vergleichbar mit der Erkundung des Universums durch die Astronomen oder mit den Erkenntnissen der Physiker über die Welt der Quanten!

Chemie – ein Buch mit sieben Siegeln?

Aber die meisterhafte detektivische Leistung der modernen Chemiker blieb ziemlich unbeachtet und unbekannt, während die sehr viel schwieriger zu verstehenden Ergebnisse der Relativitätstheorie oder der Quantenmechanik zu Recht bewundert und in Hunderten von populärwissenschaftlichen Schriften mehr oder minder erfolgreich erklärt wurden.

Im Gegenteil: Ein plötzlicher Paradigmenwechsel machte die Chemie wegen ihrer Umweltprobleme zum ungeliebten Schmuddelkind unter den Naturwissenschaften. Viele junge Menschen wählten sie als Unterrichtsfach ab, anderen wurde sie nur noch als Sündenbock der Ökologie vorgestellt. Zur Unwissenheit kam bald die Angst vor einer Wissenschaft, die „stinkt und knallt", stets als schwierig galt und den Ahnungslosen lebenslang ein Buch mit sieben Siegeln bleibt.

So sind vielen Gebildeten selbst die einfachsten Erkenntnisse der Chemie ziemlich unbekannt. Sie wissen nicht, dass wir alle aus Atomen bestehen, dass wir mit jedem Atemzug Atome aufnehmen und andere abgeben, dass die Atome unseres Körpers nach dem Tode erhalten bleiben, dass wir ohne chemische Reaktionen nicht denken, sehen, riechen oder fühlen können, dass unsere Nahrung durch chemische Reaktionen entsteht, durch chemische Reaktionen verdaut und durch chemische Reaktionen in körpereigene Substanzen wie Knochen, Sehnen, Nerven und Muskeln verwandelt wird. Oder dass selbst Feuer anzünden ohne chemische Reaktionen unmöglich ist. Manche Gebildete geben gern zu, dass sie von Chemie nichts verstehen, ja, einige sind sogar noch stolz darauf.

Dabei ist es weiß Gott nicht schwer, wenigstens einige Grundkenntnisse in Chemie zu erwerben. Geradezu faszinierend aber ist es, die Gedankengänge nachzuvollziehen, mit denen die Chemiker den atomaren Feinbau von Stoffen erforschten, deren Moleküle sie nie gesehen hatten. Ihren kriminalistisch anmutenden Schlussfolgerungen werden wir immer wieder begegnen, wenn wir auf den folgenden Seiten in die reizvollsten Gebiete unserer Wissenschaft eindringen.

Der Leser braucht dafür keine besonderen Vorkenntnisse. Von unnötigem Formelkram wird er verschont. Er muss auch nicht eine Unzahl schwer auszusprechende Substanznamen auswendig lernen, weil sich das Buch jeweils auf wenige typische, oft auch aus dem Alltag bekannte Verbindungen konzentriert (das Kupfer-Perchlor-Phthalocyanin soll also eine Ausnahme bleiben). Kleingedrucktes kann er übergehen, ohne den Faden zu verlieren. Ein paar einfache und sicher durchzuführende Versuche sollen sein Verständnis fördern und das Gedächtnis stützen. So eignet sich das Buch für interessierte Schüler, Studenten mit Nebenfach Chemie oder Laien, die im Berufsleben plötzlich mit Chemie zu tun kriegen und gern mitreden möchten; selbst Umweltschützern wird es eine anregende und abwechslungsreiche Lektüre bieten und hier und da zeigen, dass ihr Anliegen nicht ohne, sondern nur mit der Chemie verwirklicht werden kann.

Ich wünsche mir, dass dabei ganz nebenher ein paar unbegründete Vorurteile gegen die Chemie, diese faszinierend schöne Unbekannte unter den Wissenschaften, ins Wanken geraten. Noch wichtiger ist es mir allerdings, einige wenig verbreitete Erkenntnisse zu vermitteln, ohne die das Verständnis unserer Welt unvollkommen bleibt. Für Ratschläge und Anregungen, die aufzeigen, wie dies noch besser gelingen könnte, bin ich jederzeit dankbar.

Erster Ausflug: Ins Traumland Kekulés

Anorganische Verbindungen umgeben uns, wo immer wir hinschauen. Der Blick zum gestirnten Himmel über uns entdeckt eine Welt, in der von einer Million Atomen 999 000 entweder Wasserstoffatome oder Heliumatome sind. Nur tausend Atome sind weder das eine noch das andere. Gerade diese tausend sind indessen zum Glück für uns alle auf unserer Erde ungewöhnlich oft vertreten.

Auf der Suche nach einem ziemlich seltenen Element

Aber auch hier, auf unserem schönen blauen Planeten, spielt das wichtigste Atom der organischen Chemie, das Kohlenstoffatom, bei weitem keine Hauptrolle. Die Ozeane bestehen aus Wasser, Natriumchlorid und vielen anderen Metallsalzen, die Luft aus Sauerstoff und Stickstoff, die feste Erdrinde aus Verbindungen des Siliciums, des Phosphors, des Schwefels und des Sauerstoffs, der Erdkern aus Nickel und Eisen, lauter anorganischen Stoffen also – bis jetzt ist uns der Kohlenstoff noch nicht begegnet. Mischten wir alle Atome der Erde zu einem einheitlichen Brei und zögen daraus eine Probe von 1000 Atomen, so fänden wir in ihr 489 Sauerstoff- und 189 Eisenatome. Das Silicium belegte mit 140 Atomen den dritten Platz; dicht gefolgt von Magnesium mit 125 Atomen. Weit abgeschlagen kämen Schwefel, Nickel und Aluminium mit 13–14 Atomen auf die nächsten Plätze. Die 6 bzw. 5 Atome Natrium und Calcium wären immerhin noch fünfmal häufiger als Phosphor, Wasserstoff und Kohlenstoff, von denen wir mit Mühe nur ein einziges Atom entdecken könnten. Nur ein Promille Kohlenstoffatome auf Erden, obwohl wir doch außer all der „Biomasse" in Wäldern, Dschungeln, Steppen, Kulturland und Savannen riesige anorganische Gesteinsmengen, nämlich die Kalk- und Dolomitgebirge[3] in unseren Atombrei miteingearbeitet haben!

---

[3] Kalkstein enthält 12 Gewichtsprozent Kohlenstoff, Dolomit 13.

Aber dieses ziemlich seltene Element hat es in sich! Nicht nur, weil es allein mindestens zehnmal mehr chemische Verbindungen bildet als alle anderen Elemente zusammen, sondern weil es ohne seine „organischen" Verbindungen weder Mensch noch Tier oder Pflanze gäbe, weil wir nicht sehen, fühlen, denken, handeln und nicht leben könnten. Die organische Chemie ist nicht nur die Chemie der Arzneimittel, Kunststoffe, Fasern, Farben und Lebensmittel – sie ist die Chemie des Lebens selbst. Und weil kein anderes Element fähig ist, den Kohlenstoff in diesen Materialien zu ersetzen, können wir getrost behaupten, dass es auch im Weltall nur dort Leben geben kann, wo Kohlenstoff vorkommt.

Warum hat sich das Leben dieses ziemlich seltene Element als Grundlage ausgewählt?

Geheimnisvolle „Lebenskraft"

Darüber haben die Chemiker lange vergeblich gerätselt. Bis 1828 glaubten sie, eine geheimnisvolle „Lebenskraft" sei erforderlich, um aus Kohlenstoff und wenigen anderen Elementen die Unzahl von Verbindungen herzustellen, die ein lebender Körper enthält. Aber in diesem Jahr erwärmte Friedrich Wöhler[4] eine Lösung von Ammoniumcyanat, die er eindampfen wollte, längere Zeit auf Siedetemperatur. Als er sie abkühlen ließ, schieden sich erwartungsgemäß Kristalle ab. Aber unter dem Mikroskop sah er mit geübtem Blick: Es waren keine Ammoniumcyanatkristalle, sondern Harnstoffkristalle. Ein Irrtum war ausgeschlossen, schließlich war er kurz zuvor für eine Arbeit über Harnstoff aus Urin ausgezeichnet worden. Offensichtlich hatte das lange Erhitzen der Ammoniumcyanatlösung die Umwandlung ausgelöst.

Zum ersten Male war es gelungen, aus einer rein anorganischen Verbindung ohne Mitwirkung eines Lebewesens oder einer geheimnisvollen „Lebenskraft"[5] eine organische Verbindung zu gewinnen. Triumphierend schrieb er am 22. Januar an seinen Lehrer Berzelius: „Ich kann sozusagen mein chemisches Wasser nicht halten und muss Ihnen sagen, daß ich Harnstoff machen kann, ohne Nieren oder überhaupt ein Thier, sey es Mensch oder Hund, nöthig zu haben." Sein synthetischer Harnstoff erwies sich auch bei

[4] Friedrich Wöhler (1800–1882) entdeckte Acetylen, Siliciumwasserstoff und Beryllium. Er stellte außer Harnstoff auch die im Sauerklee und im Rhabarber vorkommende Oxalsäure aus rein anorganischen Verbindungen her. Zusammen mit Justus von Liebig gilt er als der Begründer der modernen Chemie.

[5] Überreste dieses Glaubens an die „Lebenskraft" halten sich dennoch hartnäckig in der Vorstellungswelt chemischer Laien. So meinen viele von ihnen auch heute noch, „natürliches" Vitamin C sei gesünder als „künstliches", oder „Bio-Essigsäure" sei biologisch leichter abbaubar als chemisch erzeugte Essigsäure, zahlen auch gern dafür höhere Preise.

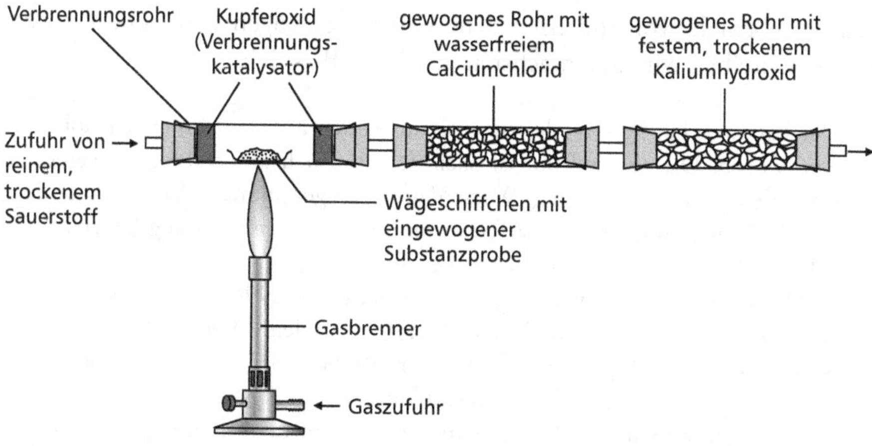

Abb. 1.1 Verbrennungsapparatur nach Liebig

weiteren Untersuchungen als völlig gleich mit Harnstoff, „den ich in jeder Hinsicht selbst gemacht habe."

Ein erster Schritt war getan. Die „organische" Chemie schien den gleichen Gesetzen zu gehorchen wie die „anorganische". Voller Forschungsdrang und Wissensdurst stürzten sich Wöhlers Kollegen in ihre Laboratorien. Gerade rechtzeitig hatte sein Freund Justus von Liebig[6] eine ziemlich einfache Verbrennungsapparatur entwickelt, mit der es möglich war, den Kohlenstoff-, Wasserstoff- und Sauerstoffgehalt einer unbekannten Substanz zu bestimmen (Abb. 1.1).

Sie wird im Prinzip heute noch verwendet. Ihr Kernstück ist ein Glasrohr, in dem man mit Hilfe von reinem trockenem Sauerstoff eine genau gewogene Probe der zu untersuchenden Substanz vollständig verbrennt. Bei diesem Vorgang werden alle Kohlenstoffatome der Probe in Kohlendioxid (CO_2) und alle Wasserstoffatome in Wasserdampf (H_2O) umgewandelt. Den Wasserdampf fängt man in einem zweiten Glasrohr auf, das man ebenfalls gewogen hat. Es ist mit einer Substanz gefüllt, die ihn bindet (Calciumchlorid). Nach dem Versuch ist das Glasrohr um soviel schwerer, wie es Wasserdampf aufgenommen hat. Die Kohlendioxidmenge bestimmt man in einem dritten Glasrohr, das mit einer Substanz gefüllt ist, die CO_2 bindet

[6] Justus von Liebig wurde 1803 in Darmstadt geboren, lehrte bereits mit 21 Jahren als Professor in Gießen Chemie, wechselte später nach München. Begründer der Agrarchemie, führte die Düngung mit Mineralsalzen ein, beschrieb als erster Ameisensäure, Milchsäure, Äpfelsäure, Chloral, Chloroform, Aceton, Atropin, Cyanamid und Gerbsäure, erfand ein Verfahren zur Herstellung von umweltfreundlichen Spiegeln, das Backpulver und das Fleischextrakt. Er starb 1873 als der weitaus berühmteste Chemiker seiner Zeit. Aus seiner Schule gingen viele hervorragende Chemiker wie Kekulé und Wurtz hervor.

und das ebenfalls vor und nach dem Versuch gewogen wird. Die Auswertung beschreiben wir am einfachsten durch ein Beispiel:

Der Laborant hat 900 mg der zu untersuchenden Substanz im ersten Rohr eingewogen. Das zweite Rohr ist nach dem Versuch um 760 mg schwerer geworden, hat also 760 mg Wasserdampf aufgenommen. Weil Wasser 11,1 % Wasserstoff enthält, waren in unserer Probe von 900 mg Substanz 0,111 × 760 mg = 84 mg Wasserstoff enthalten.

Das dritte Rohr ist während des Versuchs um 2990 mg schwerer geworden, hat also 2990 mg Kohlendioxid gebunden. Weil CO_2 27,3 % Kohlenstoff enthält, waren in unserer Probe von 900 mg Substanz 0,273 × 2990 mg = 816 mg Kohlenstoff enthalten.

Jetzt können wir eine Proberechnung machen, denn 816 mg + 84 mg muss nach Adam Riese 900 mg ergeben. Tatsächlich! Unsere Probe besteht also nur aus Kohlenstoff und Wasserstoff. Hätte sie auch noch Sauerstoff enthalten, so hätten wir dies daran gemerkt, dass die Summe aus den Milligrammen Kohlenstoff + Milligrammen Wasserstoff weniger als das Gewicht der Probe (900 mg) ergeben hätte.

Nun weiß der Chemiker aus vielen anderen Versuchen, dass ein Kohlenstoffatom zwölf Mal so viel wiegt wie ein Wasserstoffatom. Der Laborant dividiert deshalb die 816 mg Kohlenstoff durch 12 und erhält 68. Nun erkennt er, dass auf 68 Kohlenstoffatome 84 Wasserstoffatome in der unbekannten Substanz vorkommen. Die Summenformel ist also $C_{68}H_{84}$ oder gekürzt und gerundet C_8H_{10}.

Warum nicht gleich weiter kürzen und C_4H_5 anschreiben? Das ist deshalb nicht erlaubt, weil sein Kollege inzwischen das Molekulargewicht[7] der unbekannten Substanz bestimmt hat und als Ergebnis 106 erhielt. Das passt ganz gut zu C_8H_{10}, aber nicht zu C_4H_5, denn zehn Wasserstoffatome steuern zum Gesamtgewicht 10 bei und acht Kohlenstoffatome 8 × 12 = 96, das ergibt zusammen 106.

Bei modernen Apparaturen dieser Art genügt eine Einwaage von wenigen Milligramm Substanz.

Damit war es im Prinzip möglich, die atomare Zusammensetzung organischer Verbindungen aufzuklären, zumal Dumas in Paris eine Methode entwickelt hatte, mit der sich die Stickstoffatome in den Molekülen bestimmen ließen.

---

[7] Das Molekulargewicht einer Verbindung ist gleich der Summe der Gewichte aller gebundenen Atome. Man bestimmt es, indem man zum Beispiel misst, um wie viel Grad Celsius sich der Siedepunkt eines Lösungsmittels nach oben verschiebt, wenn man eine gewogene Probe unserer Substanz darin auflöst.

Aber nun begann erst recht eine ungeheure Verwirrung. Denn es zeigte sich bald, dass es außer dem Methan mit der Formel CH_4[8] eine Verbindung der Zusammensetzung CH_3, das Ethan gab. Eine Bestimmung des Molekulargewichts bewies, dass die richtige Formel C_2H_6 lauten musste. Ähnlich gab es ein Gas der Zusammensetzung C_2H_4, das Ethylen und eine Flüssigkeit namens Benzol mit der Formel C_6H_6. Das Gas Propan dagegen hatte die Formel C_3H_8. Wenige Jahre später entdeckte Wöhler ein Gas mit der Zusammensetzung C_2H_2, das Acetylen.

Chemie in der Sackgasse

Diese Erkenntnisse lösten eine heftige Diskussion aus über die Zahl der Bindearme des Kohlenstoffatoms. Die Anorganiker hatten nämlich herausgefunden, dass sie ihren Elementen ganzzahlige „Wertigkeiten" (Bindearme, „Valenzen") zuschreiben konnten, also dem Wasserstoff immer 1, dem Sauerstoff 2 und dem Stickstoff 3 oder 5. Wieder ein einfaches Beispiel: Im Wassermolekül mit der bekannten Formel H_2O binden zwei Wasserstoffatome mit jeweils einem Bindearm die beiden Bindearme des Sauerstoffatoms, anschaulich dargestellt durch die „Strukturformel" H–O–H. Nun berechneten die Organiker die „Wertigkeit" des Kohlenstoffs beim Methan (CH_4) als 4:1 = 4, beim Ethan (C_2H_6) als 6:2 = 3, beim Ethylen (C_2H_4) als 4:2 = 2 und beim Acetylen (C_2H_2) als 2:2 = 1. Beim Benzol (C_6H_6) ergab sich ebenfalls 6:6 = 1. Das war noch hinnehmbar, denn auch bei anderen Elementen kamen ja bisweilen verschiedene „Wertigkeiten" vor; wie schon gesagt, beim Stickstoff zum Beispiel 3 und 5. Aber schon beim Propan mit der Formel C_3H_8 war die Wertigkeit des Kohlenstoffs 8:3 = 2,67 Bindearme für jedes der drei Kohlenstoffatome im Molekül. Bei unserer oben verwendeten Substanz mit der Formel C_8H_{10} war sie 10:8 = 1,25. Wie sollte man sich Bruchteile von Bindearmen vorstellen?

Die Chemiker gerieten vollends ganz aus der Fassung, als Liebig in seiner Verbrennungsapparatur kompliziertere Verbindungen wie beispielsweise Gallussäure untersuchte und ihr die Zusammensetzung $C_7H_6O_5$ zuschreiben musste. Beim Strychnin fand er gar die Formel $C_{21}H_{22}O_2N_2$. Misstrauisch

[8] Die Chemiker benutzen eine Art Kurzschrift zur Beschreibung von Verbindungen. Die Formel CH_4 für Methan besagt, dass im Methanmolekül ein Kohlenstoffatom (C) vier Wasserstoffatome (H) bindet. Andere wichtige Symbole sind: O für Sauerstoff, N für Stickstoff, Cl für ein Chloratom und S für Schwefel. Die zugehörigen „Atomgewichte" betragen 12, 1, 16, 14, 35,5 und 32. Das Atomgewicht 12 des Kohlenstoffatoms besagt, dass das Kohlenstoffatom die zwölffache Masse eines Wasserstoffatoms hat.

prüften sie seine Experimente nach: sie stimmten. Wie aber sollten solche Verbindungen gebaut sein?

Verwirrung durch unbekannte Doppelgänger

Zu allem Unglück tauchten auch immer häufiger Verbindungen mit gleicher Zusammensetzung, aber grundverschiedenen Eigenschaften auf. So gab es offensichtlich zwei Gase mit der Zusammensetzung C_4H_{10}: eines siedete bei –1 °C, das andere bei –12 °C. Die Formel C_2H_6O fand man ebenfalls bei zwei verschiedenen Verbindungen, die eine altbekannt und hochgeschätzt, nämlich der Alkohol, die andere ein noch nicht sehr lange bekanntes Gas namens Dimethylether.

Solche „Isomere" waren seit 1823 bekannt, denn damals hatte Justus von Liebig entdeckt, dass das von ihm hergestellte Silbersalz der Knallsäure die gleiche Zusammensetzung AgNCO hatte wie das von Wöhler beschriebene Silbersalz der Cyansäure. Während aber das letztere eine ziemlich harmlose Substanz ist, erwies sich das erstere als hochexplosiv (von daher auch die Namen „Knallsäure" und „Silberfulminat"). Bald darauf fand der Schwede Jacob Berzelius[9], dass auch Traubensäure und Weinsäure chemisch verschieden, aber gleich zusammengesetzt sind ($C_4H_6O_6$!) und schlug für solche rätselhafte Verbindungspaare die Bezeichnung „Isomere" (griechisch, etwa „gleichteilig") vor. Das war natürlich nur eine neue Bezeichnung für einen nach wie vor ganz und gar unverständlichen Sachverhalt. Solche Isomere fand man nach und nach in immer größerer Zahl; keiner konnte sich einen rechten Reim auf sie machen (auch Wöhler erhielt ein Isomeres des Ammoniumcyanats, als er daraus Harnstoff machte). Sie schienen jedenfalls die Regel und keineswegs die Ausnahme zu sein. Auf die Chemiker wirkten sie wie Doppelgänger auf Detektive, die eine heiße Spur verfolgen: äußerst verwirrend. Hinzu kam, dass bei etwas komplizierteren Formeln die Doppelgänger gleich in der Mehrzahl auftraten. So entdeckten die Forscher nach und nach nicht weniger als sieben verschiedene Stoffe mit der Summenformel $C_4H_{10}O$!

Kein Wunder, dass Wöhler 1835 an Berzelius schrieb: „Die Organische Chemie kann einen jetzt ganz toll machen. Sie kommt mir wie ein Urwald der Tropenländer vor, voll der merkwürdigsten Dinge, ein ungeheures Dickicht, in das man sich nicht hinein wagen mag." Vorsichtig, wie er war, forschte er lieber in der anorganischen Chemie.

---

[9] Jöns Jacob Freiherr von Berzelius (1779–1848) erfand die Formelschreibweise der Chemiker (s. Fußnote 8), entdeckte die Elemente Selen, Silicium, Zirkon, Thorium, Titan und Tantal, begründete die Elektrochemie. Er war der Lehrer Wöhlers.

Kekulés tollkühne Behauptungen

Den Scharfsinnigsten unter seinen Zeitgenossen war immerhin klar, dass außer der Summenformel die Anordnung der Atome im organischen Molekül eine wichtige Rolle spielen musste. Nur hatte keiner eine zündende Idee, die geeignet gewesen wäre, das Gewirr der verschiedenen Isomeren zu entflechten. Allein für das schlichte Molekül der altbekannten Essigsäure mit der Summenformel $C_2H_4O_2$ gab es mehr als zwei Dutzend Strukturformelvorschläge!

Abb. 1.2 Kekulé

Erst 1859 gelang es August Kekulé[10] (Abb. 1.2) nach einer gründlichen Durchsicht aller damals bekannten Forschungsergebnisse mit einer genial einfachen Strukturlehre die höchst komplex erscheinenden Sachverhalte zu entschlüsseln. Dazu traf er folgende Annahmen:

1. Der Kohlenstoff betätigt in den organischen Verbindungen immer vier „Valenzen" (Abb. 1.3), also genau so viele wie in seinen anorganischen (z.B. CCl_4, CO_2). Das war angesichts der Bruchteile von Bindearmen in den komplizierteren Verbindungen eine tollkühne Behauptung.

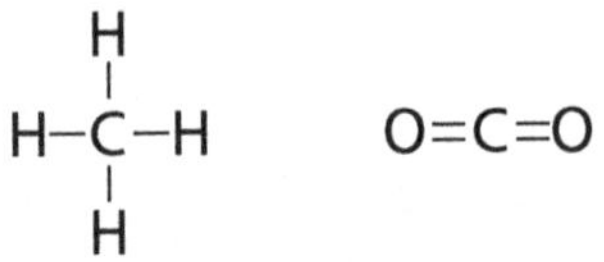

```
   H
   |
H—C—H        O=C=O
   |
   H
```

Abb. 1.3

2. Auch Wasserstoff, Sauerstoff und Stickstoff haben in der organischen Chemie die gleichen „Wertigkeiten" wie in der anorganischen, also 1 bzw. 2 bzw. 3 oder 5. Im Grunde besagt diese Forderung, dass für die organische Chemie die selben Gesetzmäßigkeiten gelten wie für die anorganische (Abb. 1.4). Auch damit waren bei weitem nicht alle seine Zeitgenossen einverstanden.

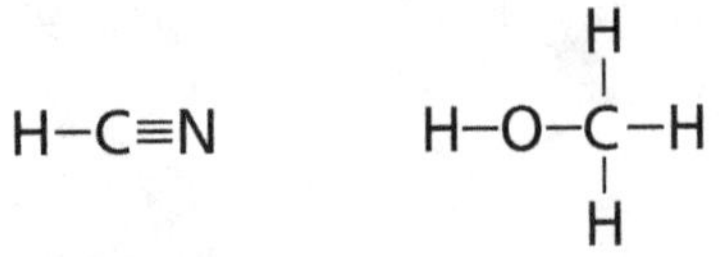

```
                  H
                  |
H—C≡N        H—O—C—H
                  |
                  H
```

Abb. 1.4

3. Das Kohlenstoffatom kann Bindearme („Valenzen") für Bindungen mit anderen Kohlenstoffatomen verwenden und so Kettenmoleküle bilden. Da es mit seinen vier Bindearmen bis zu vier andere Kohlenstoffatome binden kann, sind auch verzweigte Kohlenstoffketten möglich. Damit konnte er erklären, wieso in komplizierteren Molekülen der Kohlenstoff weniger Bindearme zu betätigen scheint oder sogar Bruchteile von Bindearmen aufzutreten scheinen (Abb.1.5).

---

[10] Friedrich August Kekulé von Stradonitz wurde 1829 in Darmstadt geboren, studierte Chemie bei Liebig in Gießen, bei Wurtz und Dumas in Paris und bei englischen Forschern in London. Nach einer Lehrtätigkeit in Heidelberg ging er 1858 als Professor nach Gent (Belgien) und von da 1865 an die Universität Bonn. Er starb 1896, einige Jahre zu früh für den ersten Nobelpreis. Nicht weniger als drei der ersten fünf Chemie-Nobelpreise fielen an seine Schüler Jacobus Hendricus van 't Hoff (1901), Emil Fischer (1902) und Adolf von Baeyer (1904).

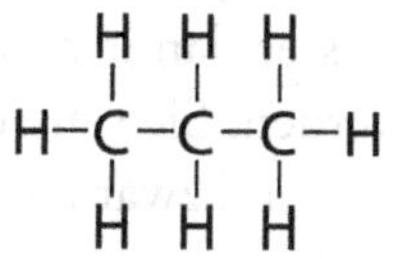

```
    H   H   H
    |   |   |
H - C - C - C - H
    |   |   |
    H   H   H
```

Propan C_3H_8

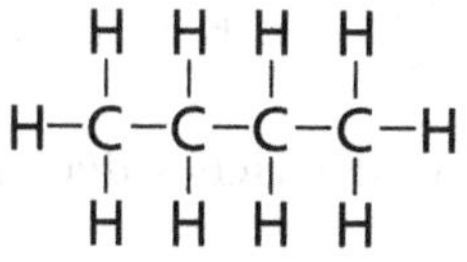

```
    H   H   H   H
    |   |   |   |
H - C - C - C - C - H
    |   |   |   |
    H   H   H   H
```

Butan C_4H_{10}

```
    H   H   H
    |   |   |
H - C - C - C - H
    |   |   |
    H   |   H
        |
    H - C - H
        |
        H
```

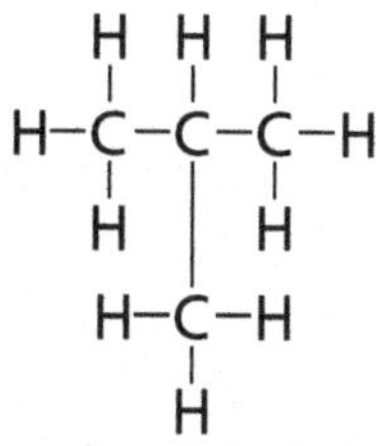

Isobutan, auch C_4H_{10}

Abb. 1.5

Schon mit diesen wenigen Forderungen konnte Kekulé erklären, wie das Ethanmolekül aussehen muss, wie das Propanmolekül und wie die beiden isomeren Butanmoleküle gebaut sein müssen (s. Abb. 1.5). Die ungewöhnlichen Wertigkeiten und Bruchteile von Bindearmen verloren ihren Schrecken und wanderten in den Mülleimer der Chemiegeschichte.

Er konnte vorhersagen, dass es genau drei Pentane C_5H_{12}, fünf verschiedene Hexane C_5H_{14} usw. gibt und tatsächlich traf er damit ins Schwarze. Soweit noch nicht alle gefunden waren, blieb es späteren Generationen vorbehalten, die Lücken aufzufüllen.

Unendlich viele Kohlenstoffverbindungen?

Weil auch andere Atome wie Stickstoff, Sauerstoff oder Schwefel in die Atomketten eingebaut werden können, weil ferner Doppelbindungen und Dreifachbindungen zwischen zwei Kohlenstoffatomen möglich sind, wächst die Zahl der möglichen Kohlenstoffverbindungen *nahezu ins Unendliche.* Kein anderes Element hat diese Fähigkeiten.

Das ist der Grund, warum sich das Leben den Kohlenstoff als Grundlage ausgewählt hat!

Ein ordentlicher Chemiker hätte sich mit diesem schönen Erfolg zufrieden in seinem Lehrstuhl zurückgelehnt und den Rest seiner aktiven Dienstzeit damit verbracht, Isomere zu erklären oder seinen neidischen Kollegen vorherzusagen. Aber Kekulé war in allem außerordentlich und ging konsequent einen Schritt weiter: Er forderte Übereinstimmung zwischen Struktur und chemischem Verhalten. Was er damit meinte, soll uns am Beispiel der beiden Isomeren C_2H_6O klar werden. Sie mussten, wenn seine Strukturlehre stimmte, verschieden gebaut sein, und zwar das eine so:

$$\begin{array}{ccccc} & H & & H & \\ & | & & | & \\ H- & C & - & C & -OH \\ & | & & | & \\ & H & & H & \end{array} \quad \text{und das andere so:} \quad \begin{array}{ccccccc} & H & & & & H & \\ & | & & & & | & \\ H- & C & - & O & - & C & -H \\ & | & & & & | & \\ & H & & & & H & \end{array}$$

Aber welches Molekül war dem Alkohol und welches dem Dimethylether zuzuordnen?

Kekulé stellt Fragen an die Natur ...

Die beiden Isomeren unterscheiden sich dadurch, das bei dem linken *ein* Wasserstoffatom eine Sonderstellung einnimmt: Es ist nämlich an den Sauerstoff gebunden und nicht wie alle fünf anderen an Kohlenstoff. Man könnte auch sagen, dass hier ein Teil des Wassermoleküls (H–O–H) vorliegt, während der Rest $-C_2H_5$ dem Ethan verwandt ist (man nennt ihn daher auch „Ethylrest“). Kekulé erwartete von diesem privilegierten Wasserstoffatom Reaktionen, zu denen die übrigen fünf Wasserstoffatome des Moleküls nicht fähig sein sollten. Und selbstverständlich auch keines der sechs völlig gleichberechtigten Wasserstoffatome des rechten Isomers.

Welche Art von Reaktionen konnte er von diesem Wasserstoffatom erwarten? Es mussten Reaktionen sein, zu denen auch die Wasserstoffatome des Wassermoleküls fähig sind. Eine der bekanntesten davon ist die Umsetzung mit dem Metall Natrium. Wirft man ein Stückchen dieses höchst reaktionsfähigen Elements in Wasser, so reagiert es sehr heftig. Es schwimmt auf der Oberfläche der Flüssigkeit und entwickelt an der Berührungsstelle gasförmigen Wasserstoff. Dabei entsteht so viel Wärme, dass das Metall schmilzt. Das Wasser reagiert hinterher alkalisch, weil das Natrium verbraucht wird und dabei Natriumhydroxid bildet:

$$H{-}OH + Na \longrightarrow NaOH + \tfrac{1}{2}\,H_2$$

Tatsächlich reagiert der Alkohol mit elementarem Natrium ähnlich wie das Wasser, wenn auch weniger heftig. Es entsteht „Natriumalkoholat“ und elementarer Wasserstoff:

$$H{-}OC_2H_5 + Na \longrightarrow NaOC_2H_5 + \tfrac{1}{2}\,H_2$$

Die Ähnlichkeit springt ins Auge, wenn wir diese Reaktionsgleichung mit der vorhergehenden vergleichen.

Demgegenüber ist der Dimethylether gegen Natrium völlig beständig. Ihm kommt daher die Formel $H_3C\text{–}O\text{–}CH_3$ zu, dem Alkohol die Formel $C_2H_5\text{–}OH$.

Aber auch damit war Kekulé noch nicht zufrieden. Er forderte zur endgültigen Bestätigung Synthesen der verschiedenen Isomeren. In unserem Beispiel musste der Dimethylether durch Wasserabspaltung aus Methanol (Methylalkohol, CH_3OH) herstellbar sein:

$$(1)\quad \begin{array}{rcl} & H & \\ & | & \\ H- & C & -OH \\ & | & \\ & H & \end{array} + \begin{array}{rcl} & H & \\ & | & \\ HO- & C & -H \\ & | & \\ & H & \end{array} \longrightarrow HOH + \begin{array}{rcccl} & H & & H & \\ & | & & | & \\ H- & C & -O- & C & -H \\ & | & & | & \\ & H & & H & \end{array}$$

der Alkohol (Ethanol oder Ethylalkohol) dagegen zum Beispiel durch Umsetzung von Ethylchlorid oder Ethyliodid mit Natronlauge:

$$(2)\quad \begin{array}{rcccl} & H & & H & \\ & | & & | & \\ H- & C & - & C & -Cl \\ & | & & | & \\ & H & & H & \end{array} + NaOH \longrightarrow NaCl + \begin{array}{rcccl} & H & & H & \\ & | & & | & \\ H- & C & - & C & -OH \\ & | & & | & \\ & H & & H & \end{array}$$

Bei der Reaktion (1) kann kein Ethylalkohol entstehen, bei der Reaktion (2) kein Dimethylether.

Der Laborbefund bestätigte beide Vorhersagen. Erst jetzt sah es Kekulé als erwiesen an, dass dem Alkoholmolekül die Strukturformel C_2H_5OH und dem Dimethylethermolekül die Formel $CH_3\text{–}O\text{–}CH_3$ zukommt.

... und die Natur verrät ihre Geheimnisse

Es lohnt sich unbedingt, hier innezuhalten und sich zu vergegenwärtigen, was Kekulé mit seiner Strukturlehre geschaffen hatte: ein brauchbares Werkzeug, um mit vertretbarem Laboraufwand und detektivischem Spürsinn die geometrische Anordnung der Atome im Molekülverband zu ermitteln. Mit anderen Worten: Mit Hilfe von makroskopischen Experimenten den Bau der unvorstellbar kleinen Moleküle aufzuklären. Ganz so, als ob wir sie in die Hand nehmen und betrachten könnten!

Ein Ariadnefaden im Labyrinth der organischen Chemie

In den Jahren nach der Veröffentlichung seiner Strukturlehre kehrte allmählich wohltuende Ordnung in die organische Chemie ein. Sie erwies sich buchstäblich als ein Ariadnefaden im Labyrinth der unzähligen Kohlenstoffverbindungen. Ausgehend von der Aufklärung der einfacheren Moleküle gelang es den Chemikern, nach und nach immer kompliziertere Stoffe zu untersuchen, wobei sie sich geschickt die Tatsache zunutze machten, dass bei genau gelenkten Zersetzungsreaktionen aus unbekannten Verbindungen häufig Bruchstücke entstanden, die bereits bekannt waren und sich eventuell auch wieder zu der komplizierteren Verbindung zusammensetzen ließen (wir werden auf diese Weise das Aspirin zerlegen und „aufklären"). Sie arbeiteten also wie die Archäologen, die Bruchstücke einer bemalten Vase finden, Köpfe, Arme, Beine, Kleider, Pflanzen und Ornamente erkennen und anschließend zu einer Rekonstruktion zusammensetzen.

Der Zeitaufwand war mitunter erheblich: so benötigte Kekulés Schüler Adolf von Baeyer 18 Jahre, um den Naturfarbstoff Indigo mit der Summenformel $C_{16}H_{10}O_2N_2$ und der Strukturformel

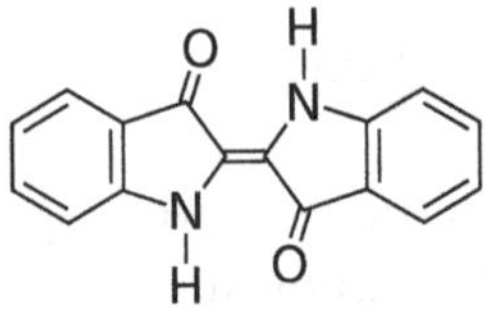

Indigo

aufzuklären. Krönender Abschluss war eine sechsstufige Synthese, die sozusagen das Eis brach.

Denn kurz danach entwickelte er zwei weitere Synthesen und sieben bzw. 10 Jahre später glückten Heumann die zwei ersten technisch brauchbaren Herstellungsverfahren. Der Preis für Naturindigo (aus der tropischen Indigo-Pflanze oder dem einheimischen Färberwaid, schon von den Pharaonen als Textilfarbstoff und von den britannischen Gegnern Caesars zur Kriegsbemalung eingesetzt) verfiel, aber die Menschheit gewann wertvolles Ackerland für die Ernährung der Hungernden zurück.

Das Indigo-Molekül ist ein eindrucksvolles Beispiel für die Vielseitigkeit des Kohlenstoffatoms, denn in ihm kommen C–C-Einfachbindungen, C=C-Doppelbindungen, C–N–C-Bindungen, C=O-Doppelbindungen, Fünfringe mit N als Fremdatom und „ankondensierte" Sechsringe aus lauter Kohlenstoffatomen vor. Die letzteren sind nur möglich, weil von den senkrecht eingezeichneten C=C-Doppelbindungen Seitenketten abzweigen, die sich dann zu Ringen zusammenschließen.

Im Prinzip arbeiten die Chemiker heute noch nach Kekulés Vorschriften, obwohl ihnen die Physiker inzwischen mit der Röntgenstrukturanalyse und den Infrarot- und Ultraviolett-Spektren sowie den Massen- und kernmagnetischen Resonanzspektren zusätzliche Werkzeuge verschafften, welche die Erarbeitung einer Strukturformel erheblich erleichtern.

Die Anatomie der Bindearme

Bald führten zusätzliche Versuchsergebnisse schrittweise zu einem besseren Verständnis der „Valenzen" Kekulés. Schon 1874 schloss sein Schüler Jacobus Hendricus van 't Hoff aus genialen Vorarbeiten Louis Pasteurs, dass die vier Bindungsarme des Kohlenstoffatoms in die Ecken eines Tetraeders weisen, in dessen Mittelpunkt das Kohlenstoffatom sitzt (Abb. 1.6). Wir werden auf S. 252 seine Gedanken nachvollziehen.

Der Neuseeländer Ernest Rutherford konnte um 1910 erklären, warum das so ist. Nach seinem aus Durchstrahlungsversuchen gewonnenen Atommodell kreisen nämlich um einen winzigen positiv geladenen Atomkern in mehreren Schalen noch winzigere negativ geladene Elektronen. Die äußersten davon sind als „Valenzelektronen" für chemische Bindungen zuständig. Das Kohlenstoffatom hat davon vier; da sie alle negativ geladen sind, stoßen sie sich gegenseitig ab. Sie versuchen deshalb, möglichst großen Abstand voneinander einzuhalten, ähnlich wie Leute, die sich nicht mögen. Das aber gelingt ihnen am besten, wenn sie in tetraedrischer Anordnung den Atomkern umkreisen. Diese Anordnung bleibt erhalten, wenn die Valenzelektronen chemische Bindungen eingehen (Abb.1.7)

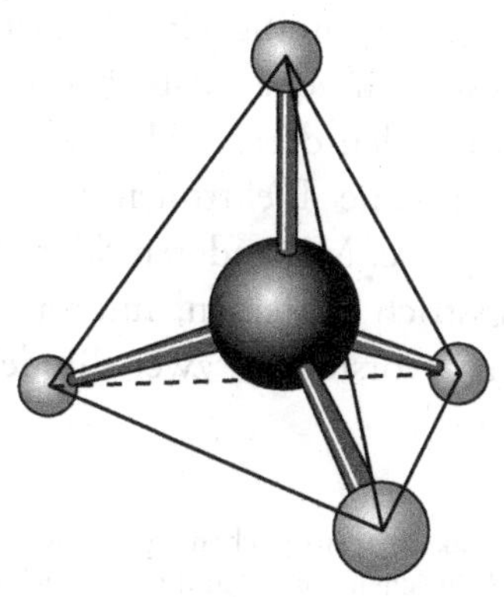

Abb. 1.6 Die Richtung der Valenzen, dargestellt am Beispiel des Methans (CH_4)

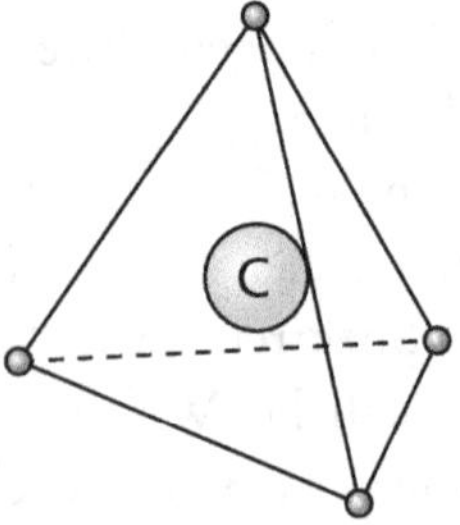

Abb. 1.7 Die räumliche Anordnung des Atomkerns und der Valenzelektronen im C-Atom

Gemeinsamer Elektronenbesitz schafft Bindungen

Der Amerikaner G. N. Lewis erkannte 1902 als erster, dass die treibende Kraft für zahlreiche chemische Reaktionen das Streben der Atome nach vollständig gefüllten Elektronenschalen ist – meist bedeutet dies, dass sie acht Elektronen in der äußersten Schale um sich haben möchten. Eine wichtige Ausnahme bildet der Wasserstoff mit seinem Wunsch nach nur zwei Elektronen. Demnach kommt eine chemische Bindung dadurch zu Stande, dass die Elemente eine Art Ehe mit Gütergemeinschaft gründen, in die sie ihre Valenzelektronen als Mitgift einbringen. So kann ein Kohlenstoffatom mit seinen vier Valenzelektronen vier Wasserstoffatome mit je einem Valenzelektron binden. Dadurch kommt das Kohlenstoffatom zu weiteren vier Elektronen aus der Mitgift der Wasserstoffatome und hat jetzt die Wunschzahl acht; jedes Wasserstoffatom freut sich über ein zusätzliches Elektron aus der Mitgift des Kohlenstoffatoms und hat jetzt die ersehnten zwei. So entsteht das Methan-Molekül mit der Formel CH_4 (Abb. 1.6).

Die C–C-Einfachbindung des Ethans (C_2H_6) entsteht ähnlich, weil hier zwei Kohlenstoffatome sich gegenseitig ein Valenzelektron zureichen und damit ihren Elektronenbesitz auf acht aufstocken (die drei anderen fehlenden Elektronen stammen aus den drei C–H-Bindungen). Eine Doppelbindung erfordert vier gemeinsame Elektronen und eine Dreifachbindung sechs, also drei Elektronenpaare. Mit anderen Worten: Wo wir nach Kekulé einen einfachen Bindungsstrich schreiben, müssen wir uns immer ein gemeinsames Elektronenpaar vorstellen, zwei Bindestriche bedeuten zwei Elektronenpaare und so fort[11].

[11] Die Quantenmechanik der Physiker hat inzwischen ergeben, dass wir uns die Elektronen nicht als konkrete elektrisch geladene Kügelchen vorstellen dürfen. Auch wo sie sich befinden, ist nicht genau bekannt Wir können ihnen lediglich einen Aufenthaltsraum zuweisen, in dem sie mit einer gewissen Wahrscheinlichkeit umherschwirren. Dieser Aufenthaltsraum hat für die σ-Bindungs-

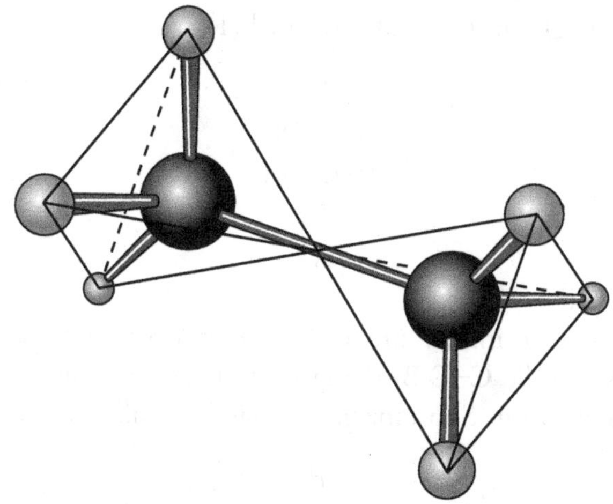

Abb. 1.8 Im Ethanmolekül besetzen die beiden Kohlenstoffatome die Mittelpunkte eines Doppeltetraeders, die sechs Wasserstoffatome die Ecken.

Wegen der tetraedrischen Ausrichtung der Bindungen können wir uns das Ethanmolekül mit seinen beiden Kohlenstoffatomen als eine zweigliedrige Kette von Tetraedern vorstellen, die über eine gemeinsame Ecke miteinander verknüpft sind (Abb. 1.8). Längere C–C–C-Ketten sind notwendigerweise gewinkelt, weil kein Bindungsarm in die Verlängerung einer C–C-Bindung weist.

Warum Kohlenstoff-Kohlenstoffbindungen frei drehbar sind

Die Tetraeder kann man gegeneinander verdrehen; anders ausgedrückt, gilt für die C–C-Einfachbindung, dass sie wie eine Achse wirkt, um die sich die beiden C-Atome als Radnaben drehen lassen. Jedes Rad hat dann sozusagen drei Speichen, an deren Enden je drei Bindungspartner stehen.

Wie kamen die Chemiker zu dieser verblüffend detaillierten Erkenntnis, ohne jemals eine C–C-Bindung im Mikroskop beobachtet zu haben?

---

elektronen einer Einfachbindung etwa die Gestalt einer Wurst, die sich zwischen den beiden Atomkernen befindet, für die π-Elektronen, die bei einer Doppelbindung dazu kommen müssen, jeweils die Gestalt einer Sanduhr. Diese Erkenntnisse haben das Verständnis der chemischen Bindung sehr vertieft, würden aber den Rahmen dieses Buches sprengen.

Als sie das Glykol mit der Strukturformel (1)

$$\begin{array}{rcl} & \mathrm{H} & \\ & | & \\ \mathrm{H}- & \mathrm{C} & -\mathrm{OH} \\ & | & \\ \mathrm{H}- & \mathrm{C} & -\mathrm{OH} \\ & | & \\ & \mathrm{H} & \end{array}$$

(1)

herstellten, fanden sie immer nur eine einzige Verbindung dieser Zusammensetzung. Wenn die C–C-Bindung keine freie Drehung zuließe, müsste es mehr als eine derartige Substanz geben, nämlich außer (1) auch (2):

$$\begin{array}{rcl} & \mathrm{H} & \\ & | & \\ \mathrm{H}- & \mathrm{C} & -\mathrm{OH} \\ & | & \\ \mathrm{HO}- & \mathrm{C} & -\mathrm{H} \\ & | & \\ & \mathrm{H} & \end{array}$$

(2)

Weil es ihnen aber trotz zahlreicher Versuche nie gelang, mehr als eine Verbindung mit der Formel $HO{-}CH_2{-}CH_2{-}OH$ herzustellen, muss (2) durch Drehung des unteren Kohlenstoffatoms um die C–C-Achse aus (1) entstehen.

Ähnlich schlugen alle Versuche fehl, mehr als eine einzige Verbindung $Cl{-}CH_2{-}CH_2{-}Cl$ oder $H_2N{-}CH_2{-}CH_2{-}NH_2$ zu synthetisieren. Die freie Drehbarkeit war also nicht nur beim Glykol, sondern auch bei anderen Substanzen der Zusammensetzung $X{-}CH_2{-}CH_2{-}X$ gegeben.

Kekulés Traum

Da wissen wir schon nach 22 Seiten Lektüre, dass das Kohlenstoffatom vier Valenzen hat, die in die Ecken eines Tetraeders weisen, dass es C–C-Bindungen eingehen kann und dass die frei drehbar sind. Kein Zweifel: Wir stehen sozusagen auf dem Turm der Erkenntnis und haben einen herrlichen Überblick. Umso mehr bewundern wir Männer wie Kekulé, welche aus einem wüsten Trümmerhaufen die Grundsteine für dieses faszinierende Gedankengebäude zusammensuchten. Und um so mehr staunen wir, wenn wir erfahren, dass Kekulé das Kernstück seiner Strukturlehre, die Atome mit ihren Valenzen, im Traum erschien[12]. Sicher war das kein zufälliges Geschenk des

[12] Dies hat er 1890 in einer Rede zum 25. Jahrestag der Entdeckung der Benzolformel freimütig berichtet. Während einer Kutschfahrt durch Gent erschienen ihm Kohlenstoffatome als wild durcheinander schwirrende Kugeln, von denen sich bald einige zu einer Kette aneinander reihten.

Himmels, kein Ergebnis „traumwandlerischer Sicherheit“ sondern intensiven Nachdenkens, das sich im Unterbewusstsein fortsetzte und dort zu einer glücklichen Eingebung führte[13].

Auch Moleküle haben Verwandte

Im Jahre 1980, weniger als 100 Jahre nach Kekulés Tod, schätzte man bereits die Zahl der bekannten organischen Verbindungen auf mehr als drei Millionen. Inzwischen dürfte die Grenze von 70 Millionen überschritten sein. Allen Verdiensten Kekulés zum Trotz wäre das Studium der organischen Chemie eine unerträglich mühsame Aufgabe, wenn jede dieser Verbindungen ein einzigartiges Gebilde, gleichsam ein Individuum wäre. Denn dann müssten die Chemiker jede einzelne der Millionen untersuchen, aufklären, beschreiben und auswendig lernen. Lehrbücher der Chemie hätten den Umfang von ganzen Bibliotheken, schon das Erfinden, und erst recht das Erlernen von vielen Millionen Namen wäre eine unmögliche Aufgabe. Die Verbindungen müssten wahrscheinlich nach dem Alphabet oder nach dem Jahr der Entdeckung geordnet werden.

Glücklicherweise fiel jedoch den Chemikern auf dem von Kekulé vorgegebenen Weg ein unerwartetes Geschenk in den Schoss: sie fanden immer wieder Verbindungen mit gemeinsamen Eigenschaften, Verwandte sozusagen, und ganz im Sinne seiner Strukturlehre stellte sich heraus, dass die gemeinsamen Eigenschaften auf eine allen Verwandten gemeinsame, besondere Atomgruppierung zurückzuführen waren.

So zeigte sich, dass es nicht nur einen „Alkohol“ mit der Formel CH_3–CH_2–OH gibt, sondern viele ähnliche Verbindungen, zum Beispiel einen anderen namens Methanol mit der Formel CH_3–OH, zwei andere Isomere mit der Summenformel C_3H_7OH und den Namen Propanol und Isopropanol, vier isomere Butanole mit der Summenformel C_4H_9–OH usw. So verschieden auch die Kohlenwasserstoffreste sind, ist doch all diesen Verbindungen gemeinsam, dass sie mit elementarem Natrium ähnlich wie das Ethanol Wasserstoff bilden, dass man aus ihnen Wasser herausspalten kann, wobei C=C-Doppelbindungen oder C–O–C-Bindungen entstehen, dass sie mit Säuren reagieren und dabei „Ester“ bilden (das alles werden wir noch genauer kennenlernen) ... Weil das die typischen Reaktionen der OH-Gruppe sind, nennt man alle Familienmitglieder „Alkohole“ und die allen gemein-

[13] Auch dem genialen Russen Dimitrij Iwanowitsch Mendelejew fiel die richtige Anordnung der chemischen Elemente für sein Periodensystem im Traum ein.

same OH-Gruppe eine Alkoholgruppe oder „alkoholische Hydroxylgruppe[14]“. Alle ihre wissenschaftlichen Namen enden auf die Silbe „ol“.

Bei anderen Verbindungen ergab sich als gemeinsame Eigenschaft, dass sie mindestens zwei Sauerstoffatome enthalten, in wässriger Lösung sauer reagieren, dass man aus ihnen CO_2 herausspalten kann und dabei Kohlenwasserstoffe erhält, dass sie mit Alkoholen reagieren und dabei wohlriechende „Ester“ bilden und siehe da: Alle haben sie eine Atomgruppierung

$$-\mathrm{C}{\overset{\displaystyle /\!/ \mathrm{O}}{\underset{\displaystyle \backslash \mathrm{OH}}{}}}$$

die „Carboxylgruppe“ heißt. Die Familienmitglieder heißen „Carbonsäuren“.

Wieder andere zeichneten sich in wässriger Lösung durch stark alkalische Reaktion aus – typisch: sie alle tragen eine NH_2-Gruppe. Die Chemiker nennen sie (primäre) Amine, und die NH_2-Gruppe eine (primäre) Aminogruppe. Oder aber sie haben die gemeinsame Eigenschaft, ihren Reaktionspartnern Sauerstoff zu entziehen, wobei sie sich selbst zu einer Carbonsäure oxidieren – und da zeigte sich, dass jedes Familienmitglied eine

$$-\mathrm{C}{\overset{\displaystyle /\!/ \mathrm{O}}{\underset{\displaystyle \backslash \mathrm{H}}{}}}$$

Gruppierung aufweist. Sie heißen „Aldehyde“, weil sie alle aus *Al*koholen durch *Dehyd*rierung (= Wasserstoffabspaltung) entstehen. Und die CHO-Gruppe heißt natürlich „Aldehydgruppe“. Wieder andere tragen eine NO_2-Gruppe und heißen „Nitroverbindungen“, weil man diese funktionelle Gruppe als „Nitrogruppe“ bezeichnet.

Sie sehen schon: es kommt gar nicht so sehr auf die Länge und Gestalt der Kohlenwasserstoffketten an, wenn man eine Verbindung charakterisieren will, sondern mehr auf diese „funktionellen Gruppen“. Nach ihnen lässt sich die organische Chemie wunderbar und zweckmäßig untergliedern: in die Chemie der Alkohole, Ether, Säuren, Ester, Amine, Aldehyde und so weiter. Und selbstverständlich gibt es auch Verbindungen mit zwei oder noch mehr funktionellen Gruppen: die Aminosäuren oder die Aminoalkohole, um nur zwei Beispiele zu nennen.

---

[14] Zusammengesetzt aus den griechisch-lateinischen Wortschöpfungen für Wasserstoff (Hydrogenium) und Sauerstoff (Oxygenium).

Wegweiser im Dickicht der Chemie: die funktionellen Gruppen

Der Hauptvorteil liegt natürlich nicht in den Einteilungsmöglichkeiten, sondern in den gemeinsamen Eigenschaften. Wer *eine* Carbonsäure, zum Beispiel die Essigsäure (= „Ethansäure“) kennt, weiß schon das wichtigste über *alle* Carbonsäuren, wer *einen* Alkohol, zum Beispiel den Ethylalkohol kennt, kann schon viel über *andere* Alkohole sagen, wenn *ein* Amin durch Hydrierung (Umsetzung mit Wasserstoff) aus einer Nitroverbindung entsteht, werden auch andere Amine durch Hydrierung aus anderen Nitroverbindungen herstellbar sein: Welche Erleichterung für das Gedächtnis der Chemiestudenten und die Lehrbuchautoren!

Auch wir werden auf diesen letztlich von Kekulé entdeckten Pfaden durch die Landschaft der chemischen Verbindungen wandern. Doch zuvor und zwischendurch immer wieder wollen wir uns den reinen Kohlenwasserstoffen widmen, weil sie die Träger der „funktionellen Gruppen“ sind. Wir werden dabei sehen, dass auch sie mit zunehmender Länge der Kohlenstoffketten langsam, aber stetig andere Eigenschaften annehmen. Was ihnen allerdings fehlt, sind die sprunghaften Änderungen der Eigenschaften, die dann auftreten, wenn funktionelle Gruppen entstehen, umgewandelt werden oder verschwinden. Doch genug der rätselhaften Andeutungen! Mit den nächsten Kapiteln wird all das viel klarer werden.

Gemeinsame Eigenschaften organischer Verbindungen

Gibt es nun bei aller durch die funktionellen Gruppen bedingten Verschiedenheit auch gemeinsame charakteristische Eigenschaften organischer Verbindungen?

Ja – es sind folgende:

1. Organische Verbindungen sind meist brennbar

Dies deshalb, weil die C–C- und C–H-Bindungen in der Flamme zerlegt werden und der Kohlenstoff unter kräftigem Leuchten mit Luftsauerstoff zu Kohlendioxid, der Wasserstoff dagegen zu Wasserdampf umgesetzt („oxidiert“) wird. Am Beispiel des Methans (CH_4) erarbeiten wir schrittweise die Reaktionsgleichung, der die Verbrennung folgt:

Zuerst zerlegen wir die C–H-Bindungen:

$$(1) \quad CH_4 \longrightarrow C + 2\,H_2$$

Dann setzen wir die Wasserstoffmoleküle mit Sauerstoff zu Wasser um:

$$(2) \quad 2\,H_2 + O_2 \longrightarrow 2\,H_2O$$

Und zuletzt „oxidieren" wir den Kohlenstoff zu Kohlendioxid:

$$(3) \quad C + O_2 \longrightarrow CO_2$$

Wenn wir die drei Gleichungen (1), (2) und (3) addieren, erhalten wir als Summengleichung der Verbrennung von Methan

$$CH_4 + 2\,O_2 \longrightarrow CO_2 + 2\,H_2O$$

Die Reaktionsgleichung für die Verbrennung komplizierterer organischer Verbindungen können wir nun nach diesem Schema erarbeiten.

Die beiden Endprodukte der Verbrennung organischer Verbindungen, nämlich Wasserdampf und Kohlendioxid, werden wir in unserem ersten Versuch nachweisen:

Versuch 1: Verbrennung

1.1. Wir halten ein mit kaltem Wasser gefülltes Reagenzglas kurz über die Flamme unseres Spiritus- oder Gasbrenners (oder über eine Kerzenflamme). Es beschlägt sich mit Wassertröpfchen.

1.2. Wir halten einen umgekehrten Trichter über die Flamme und lassen die so gesammelten Verbrennungsgase in ein umgekehrtes leeres Reagenzglas aufsteigen. Nach einer halben Minute drehen wir das Reagenzglas um und führen mit Hilfe einer Pinzette ein feuchtes Lackmuspapier ein. Es färbt sich langsam rot, zeigt also das Vorhandensein einer Säure an. Diese entsteht, weil das Verbrennungsprodukt Kohlendioxid mit dem Wasser des feuchten Papiers Kohlensäure bildet.

Bei Sauerstoffmangel wird zwar der Wasserstoff zu Wasserdampf verbrannt, für den Kohlenstoff aber ist kein Bindungspartner greifbar. Er scheidet sich daher aus der Flamme als Ruß ab (Ruß ist ziemlich reiner Kohlenstoff), wie wir im Versuch 2 erkennen:

Versuch 2: Unvollständige Verbrennung

Wir entzünden eine Kerze mit kurzem Docht und lassen sie einige Zeit brennen. Durch den Verbrauch an Kerzenwachs wird der aus dem Wachs herausragende Docht immer länger, die Flamme wird größer und heller. Schließlich beginnt sie zu rußen, weil jetzt der Docht so viel Wachs aus der Schmelze anliefert, dass der Luftsauerstoff nicht mehr schnell genug an die Flamme herankommt, um alles Brennbare vollständig zu oxidieren. Während vorher aus dem Kohlenstoff des Wachses Kohlendioxid entstand, bleibt nun Kohlenstoff in Form von Ruß übrig. Wenn wir den Docht mit einer Schere kürzen, wird die Flamme wieder kleiner, das Rußen hört auf. Der Versuch lässt sich auch mit einer Petroleumlampe ausführen. Sie rußt, wenn man den Docht zu weit herausdreht.

Aus ähnlichen Gründen entsteht viel Ruß bei Großbränden von Benzin oder Heizöl in Raffinerien oder Tankanlagen, bei gut kontrollierter Verbrennung der selben Stoffe im Benzinmotor oder im Heizungskessel dagegen nicht. Auch das Rußen von Dieselmotoren lässt sich stark vermindern, wenn man für genügende Luftzufuhr sorgt.

2. Organische Verbindungen sind hitzeempfindlich

Es gibt praktisch keine organische Verbindung, die Temperaturen von mehr als 400 °C aushält. Die meisten zersetzen sich bereits bei erheblich milderen Bedingungen.

Versuch 3: Verkohlen von Zucker

Wir erhitzen in einem Reagenzglas eine Messerspitze voll Zucker über dem Spiritusbrenner. Er schmilzt zu einer sirupösen gelbbraunen Masse, die nach und nach Wasserdampf abgibt und schwarz wird. Durch Zersetzung ist Zuckerkohle entstanden.

Zum Vergleich erhitzen wir eine Prise Kochsalz. Keine Veränderung.

Die Empfindlichkeit gegen höhere Temperaturen beruht darauf, dass bei höherer Temperatur die einzelnen Atome einer organischen Verbindung stärker ins Schwingen geraten als bei niedrigerer Temperatur. Weil jedes Atom ein Individualist ist und auf seine eigene Weise schwingt, zerreißen schließlich die Kohlenstoff-Kohlenstoff-Bindungen. Wir können uns diesen Effekt klarmachen, wenn wir an einen Schulhof denken, in dem die Kinder sich an den Händen festhalten und dadurch mehr oder weniger lange Ketten bilden. Wenn nun alle versuchen, trotzdem unkoordiniert hin- und herzuspringen, werden die Ketten reißen.

Mit diesem Gedankenversuch verstehen wir, warum die meisten Kunststoffe hitzeempfindlich sind. Das ist einer der wenigen Nachteile dieser idealen Werkstoffe.

3. Organische Verbindungen sind weich

Diese Eigenschaft ist geradezu sprichwörtlich: „Wachsweich" kochen wir das Ei, „butterweich" werden unsere Knie vor Schrecken, „windelweich" wird ein bedauernswerter Prügelknabe geschlagen. Sie fällt besonders auf, wenn wir zum Vergleich einen Abstecher ins Reich der Schmucksteine und Schleifmittel machen:

Diamant hat die Härte 10[15], Saphir und Rubin haben 9, Topas, Smaragd und Aquamarin 8, Granat, Bergkristall, Amethyst und Achat immer noch 7. Dagegen hat Bernstein, einer der wenigen organischen Schmucksteine, die Härte 2. Niemanden wird es einfallen, eine raue Oberfläche mit Hilfe von Kunststoffpulver oder Puderzucker zu schleifen. Stattdessen nimmt er Glaspapier (Härte 6), Sandpapier (7), Schmirgel (9) oder gar Siliciumcarbid (Härte 10).

Selbst das Leben greift auf anorganische Verbindungen zurück, wenn größere Härte gefragt ist. Die Schalen der Muscheln und Schnecken bestehen aus Kalk (Calciumcarbonat) oder Dolomit (Härte 3 bzw. 3,5), für Knochen und Zähne verwendet unser Körper Apatit (ein fluoridhaltiges Calciumphosphat) mit der Härte 5. Die härtesten organischen Stoffe dienen zum Aufbau von Krallen, Klauen, Hörnern, Hufen, Haaren und Nägeln. Es sind eiweißhaltige Verbindungen, die immerhin die Härte 2 erreichen können.

Anorganische Verbindungen sind oft „steinhart" oder „stahlhart", weil sie überwiegend heteropolar gebaut sind (das heißt, dass ihre chemischen Bindungen durch die starke Anziehungskraft zwischen positiven und negativen Ionen[16] zustande kommen). Demgegenüber werden organische Festkörper meist durch relativ schwache „zwischenmolekulare Anziehungskräfte" zusammengehalten.

4. Organische Verbindungen haben niedrige Schmelz- und Siedepunkte

Auch das folgt aus der Tatsache, dass zwischen den Molekülen organischer Verbindungen nur die schwachen „van der Waals'schen Kräfte"[17] wirken.

---

[15] Nach der Härteskala des deutschen Mineralogen Mohs, der schon 1822 10 häufig vorkommende Mineralien durch Ritzversuche nach abnehmender Härte ordnete und dabei willkürlich dem Diamanten 10, dem Talk die Härte 1 zuschrieb.

[16] Ionen sind elektrisch geladene Atome. Sie entstehen, wenn ein Atom Elektronen abgibt oder zusätzlich aufnimmt. Im ersten Fall bilden sich die positiv geladenen „Kationen", im zweiten die negativ geladenen „Anionen". Treibende Kraft für diese Vorgänge ist wieder das Bestreben der Atome, vollständig gefüllte Elektronenschalen zu erringen.

[17] Benannt nach dem Entdecker der zwischenmolekularen Anziehungskräfte, dem Niederländer Johannes Diderik van der Waals, 1837–1923, Nobelpreis 1910. Solche Kräfte bewirken zum Beispiel, dass Flüssigkeiten Tropfen bilden, dass sie in dünnen Kapillaren hochsteigen, als Farbe an der Wand oder Decke haften usw.

Klar, dass solche Moleküle eher ihre Gitterplätze im Kristall verlassen (d.h. schmelzen) oder in den Dampfraum entweichen (d.h. sieden) als die von allen Seiten elektrisch festgehaltenen Ionen einer typisch anorganischen Verbindung.

Deshalb sind Schmelz- und Siedepunkte organischer Verbindungen selten höher als 350–400 °C, meist aber viel niedriger. Reine Essigsäure schmilzt bei 17 °C und siedet bei 118 °C. Zum Vergleich: Natriumchlorid (Stein- oder Kochsalz) schmilzt bei 801 °C und siedet bei 1440 °C. Calciumcarbonat (Kalkstein) zersetzt sich bei 900 °C, ohne zu schmelzen.

5. Organische Stoffe bilden niedrigsymmetrische Kristalle

Anorganische Stoffe kristallisieren oft in Form von Würfeln, Oktaedern, Quadern oder regelmäßig sechseckigen Säulen. All diese Körper kann man mit einem Messer in gleich aussehende Teile zerschneiden. So jeden Würfel in Hälften, und zwar auf viele verschiedene Arten und Weisen: In eine obere und untere Hälfte, oder eine vordere und hintere, oder eine linke und rechte. Damit noch nicht genug: man kann ihn auch so zerschneiden, dass der Schnitt diagonal durch zwei seiner Flächen durchgeht; es entstehen zwei gleiche dachförmige „Prismen" usw. Man sagt deshalb von würfelförmigen Kristallen, dass sie eine hohe Symmetrie besitzen. In „Demokrit lässt grüssen"[18] haben wir die Oktaeder des Kochsalzes genauer untersucht und auch verstanden, warum diese Ionenverbindung so regelmäßig kristallisiert.

Organische Substanzen dagegen sind meist schon als Moleküle weniger regelmäßig; deshalb sind sie auch als Kristalle weniger symmetrisch. Die meisten Kristalle organischer Substanzen lassen sich nur mit einem einzigen Schnitt in gleiche Hälften zerlegen, ähnlich wie unser Körper. Oder es gibt überhaupt keine „Symmetrieebene", das heißt: keine Möglichkeit, sie in zwei gleiche Teile zu schneiden. Wenn wir einen wohlausgebildeten Kandiszuckerkristall unter der Lupe betrachten, so stellen wir fest, dass er zwar schöne ebene Flächen aufweist, dass diese aber so unregelmäßig angeordnet sind, dass man ihn nicht einmal in zwei gleiche Teile zerlegen kann. Allenfalls können wir ihn um eine einzige Achse drehen und er sieht nach 180° Drehung genau so aus wie vorher. Er hat also eine einzige Symmetrieachse (die würfel- oder oktaederförmigen Kochsalzkristalle haben viele). Solche Kristalle haben „niedrige Symmetrie".

---

[18] „Demokrit lässt grüssen – Eine andere Einführung in die Anorganische Chemie" von Dieter Neubauer, erschien 1999 im Rowohlt Taschenbuch Verlag, ISBN 3 499 60550 3, 437 Seiten, 54 Abb.

6. Organische Moleküle reagieren meist langsam

Anorganische Reaktionen sind häufig Ionenreaktionen, bei denen sich die Partner wegen ihrer entgegengesetzten Ladungen elektrisch anziehen. So wird das positiv geladene Wasserstoff-Ion H^+ vom negativ geladenen Hydroxid-Ion OH^- angezogen und bildet sofort Wasser; die doppelt negativ geladenen CO_3^{2-}-Ionen ziehen H^+-Ionen an, um zu HCO_3^--Ionen zusammenzutreten; Ca^{2+} zieht SO_4^{2-}-Ionen an und bildet schwerlösliches $CaSO_4 \cdot 0{,}5\ H_2O$. Organische Moleküle müssen meist ohne solche Anziehungskräfte auskommen. Sie können daher nur reagieren, wenn sie sich treffen, und das bleibt dem Zufall überlassen. Hohe Temperaturen wirken beschleunigend, weil sie die Umherstreifgeschwindigkeit der Moleküle erhöhen und dementsprechend das Zusammentreffen wahrscheinlicher machen. Im allgemeinen steigt die Reaktionsgeschwindigkeit auf das doppelte, wenn die Temperatur um 10 °C erhöht wird. Bei der Temperatur eines siedenden Wasserbads läuft demnach eine Reaktion 256 mal schneller ab als bei einer Raumtemperatur von 20 °C. Wegen der fehlenden Anziehungskräfte und der Temperaturempfindlichkeit organischer Moleküle bleiben auch die meisten Reaktionen unvollständig – Ausbeuten von 90 % der Theorie sind meist schon sehr befriedigend.

Als Nebenprodukte entstehen oft Schmieren und Öle, von denen der Chemiker seine Reaktionsprodukte meist durch Abdestillieren, Extrahieren oder Umkristallisieren abtrennt. Deshalb ist die Arbeitsweise des „Organikers" ziemlich verschieden von der des „Anorganikers". Der Bedarf an Destillierapparaturen und anderen komplizierteren Laborgeräten macht es uns schwerer als in der anorganischen Chemie, Versuche durchzuführen und reine Reaktionsprodukte abzutrennen. Wir werden uns dennoch so oft wie möglich einfache Experimente ansehen, weil sie das geschriebene Wort anschaulich machen und mit Leben erfüllen.

Unser erster Ausflug führte uns auf der Suche nach häufigeren Elementen erst durchs Weltall, dann aber auf unsere schöne Erde zurück. Wir fanden, dass der Kohlenstoff hier wie dort eher zu den seltenen Elementen zählt, dessen ungeachtet aber gut zehnmal mehr verschiedene Verbindungen bildet als alle anderen Elemente zusammen. Vor allem die Lebewesen bauen mit Hilfe von Kohlenstoffatomen eine ungeheure Vielfalt von Stoffen auf. Kein anderes Element kann sie in den „organischen" Verbindungen ersetzen.

Unsere ersten Schritte auf diesem weiten Feld führten bald in einen Urwald, in dem wir uns nur mit Hilfe einer genial einfachen Strukturlehre orientieren konnten. Die aber verschaffte uns durch makroskopische Versuche erstaunliche Einblicke in den atomaren Feinbau der organischen Verbindungen. Die dafür gültigen Regeln ließen uns verstehen, warum der Kohlenstoff so wunderbar viele verschiedenartige Substanzen bilden kann. Weitere Orientierungshilfen im Dickicht der Stoffe verschafften uns die funktionellen Gruppen, welche zum Glück die meisten organischen Moleküle tragen. Allen Unterschieden, die sie erzeugen, zum Trotz entdeckten wir schließlich doch noch Eigenschaften, die fast allen organischen Verbindungen gemeinsam sind. Nebenbei wurde uns klar, warum bei manchen Verbrennungsvorgängen Ruß entsteht, warum Kunststoffe hitzeempfindlich sind, warum organische Substanzen weicher sind als anorganische und warum organische Reaktionen meist langsam und unvollständig verlaufen. Bei unserem nächsten Ausflug werden wir überraschend alte Bekannte treffen und dennoch Neues über sie erfahren.

Zweiter Ausflug: Zu Erdölfeldern und Raffinerien

Wie Erdöl entsteht

Erdöl bildet sich aus organischem Material, und zwar vor allem aus dem Plankton der Meere, das bekanntlich aus unzähligen Mikroorganismen und Kleinlebewesen besteht und die Hauptnahrung mancher Wale darstellt. Dieses Ökosystem reagiert sehr empfindlich auf rasche Temperaturwechsel, wie sie etwa beim Zusammentreffen einer kalten mit einer warmen Meeresströmung auftreten. Es kommt dann zu einem Zusammenbruch; brutaler ausgedrückt, zu einem Massensterben der Lebewesen im Plankton. Ähnlich katastrophal wirkt sich eine Änderung des Salzgehalts im Meerwasser aus, wie sie regelmäßig an der Mündung großer Flüsse stattfindet, oder die massenhafte Vermehrung gewisser Geißeltierchen, die mit ihren Stoffwechselabfallprodukten das Plankton vergiften (dabei kann das Meerwasser beängstigende Farben wie rot oder grün annehmen und nachts leuchten).

Solche Ökokatastrophen spielen sich auch heute noch ohne Zutun des Menschen ab. Sie führen dazu, dass die toten Organismen auf den Meeresboden absinken und dort verfaulen. Es bildet sich unter Mitwirkung von Bakterien und unter Mangel an Sauerstoff der „Faulschlamm" oder das „Sapropel", in großen Mengen besonders dann, wenn günstige Meeresströmungen unaufhörlich neues Plankton zum Sterben herbeitreiben. Der Faulschlamm bleibt aber nicht allein am Meeresboden. Immer wieder wird er mit anorganischen Trübstoffen durchmischt. Die stammen vielleicht aus den Lehm-, Sand- und Tonerdemassen, die ein großer Fluss in das Meer einträgt. (Der Huang Ho oder „Gelbe Fluss" in China hat dem „Gelben Meer" seinen wohlverdienten Namen gegeben, weil er riesige Mengen an gelbbraunem Löss hineinschleppt). Aber auch die heftigen Sand- und Staubstürme, die über dem Wasser an Geschwindigkeit verlieren und ihre Mineralfracht absetzen, tragen zur anorganischen Verunreinigung des Faulschlamms bei. Irgendwann nach einigen Millionen Jahren nimmt schließlich das Massensterben ein Ende, vielleicht, weil sich die Meeresströmungen ändern. Die Ablagerung von Lehm, Sand und Tonerde geht aber immer noch weiter und führt nun dazu, dass sich der Faulschlamm mit anorganischem Material bedeckt. Wenn auch dieser Vorgang einige Millionen Jahre weitergeht und gleichzeitig der Meeresboden langsam absinkt, gerät unser Faulschlamm, dessen Moleküle hauptsächlich aus Kohlenstoff, Wasserstoff, Sauerstoff, Stickstoff und Schwefel bestehen, in größere Tiefen – sagen wir 1000 oder 2000 m unter den Meeresboden. Dort herrscht schrecklicher Sauerstoffmangel, ein Druck von mehreren 100 bar[19] und eine ziemlich unangenehme Hitze, vielleicht 100 bis 180 °C. Solche Bedingungen hält der Faulschlamm nicht aus. Er verändert sich langsam, aber stetig. Anfangs unter Mithilfe von Bakterien, später unter dem segensreichen Einfluss der dazwischengemengten Tonmineralien, die als Katalysatoren[20] wirken, verlieren seine Moleküle Sauerstoff und Stickstoff. Natürlich werden sie dadurch reicher an Kohlenstoff und Wasserstoff. Trotz der Beschleunigung durch die Katalysatoren braucht unser Faulschlamm nochmals ein paar Millionen Jahre, bis er sich über die Zwischenstufe „Kerogen" in das Endprodukt Erdöl umgewandelt hat.

Dieses Erdöl liegt nun nicht als unterirdischer See in der Tiefe, sondern es steckt in den Poren eines „Erdölmuttergesteins". Dieses ist aus den geschilderten Ton- und Sandverunreinigungen des Faulschlamms im Laufe der Zeit durch die Einwirkung von mineralreichen Thermalwässern entstanden, weil diese die Staub-, Sand- und Tonkörnchen nach und nach durch Kalk oder Kieselsäure zusammengekittet haben. Aus den Poren wird das Erdöl im Laufe der nächsten Millionen Jahre auswandern und unwiederbringlich verdunsten. Irgendwelche Mikroorganismen werden es danach als Nahrung nutzen (das heißt: biochemisch – flammenlos verbrennen) und dafür sorgen, dass außer Kohlendioxid und Wasserdampf nichts von ihm übrigbleibt.

Wie es die Natur konserviert

Nur wenn Mutter Natur über dem „Erdölmuttergestein" auch noch ein poröses „Erdölspeichergestein" aus dem Material der Sandabdeckung zusammengebacken hat, wird das aus den Poren des Muttergesteins auswandernde Erdöl von diesem wie von einem trockenen Handtuch aufgesaugt. Aber selbst daraus wird es im Laufe weiterer Millionen Jahre bis auf spärliche Reste von Asphalt verdunsten, es sei denn, dass vorher über dem Erdölspeichergestein durch andere Verkittungsvorgänge ein porenfreies, undurchlässiges „Deckgestein" entstanden ist, das wie der Deckel eines Topfs die ganze Erdöllagerstätte schützend abschließt. Nur wenn alle diese Bedingungen erfüllt

[19] Der Druck von 100 bar entspricht anschaulich gesprochen einer Belastung von 100 kg auf jeden Quadratzentimeter.
[20] Katalysatoren beschleunigen eine langsame Reaktion, ohne sich dabei zu verbrauchen.

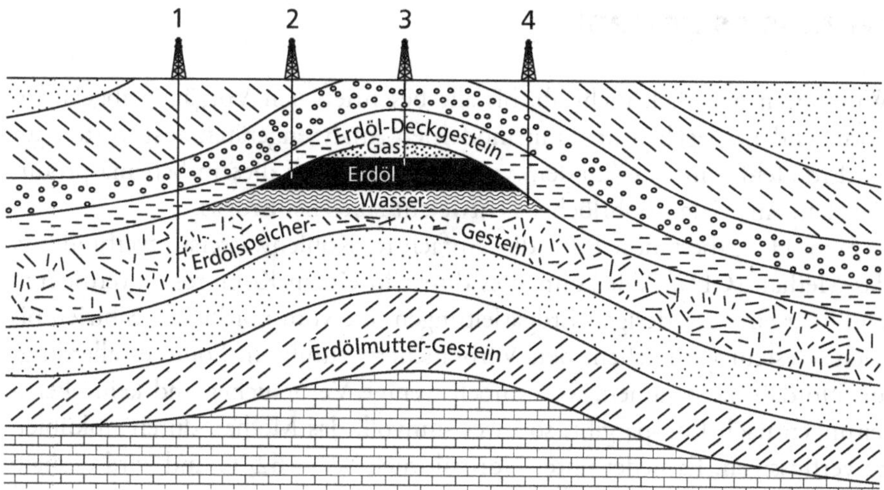

Abb. 2.1 Erdöllagerstätte (vereinfacht)
Bohrung 1 ergibt nur taubes Gestein, Bohrung 2 Erdöl, Bohrung 3 Öl und Gas, Bohrung 4 nur Wasser.

sind, können unsere Nachfahren in vielleicht 50 oder 100 Millionen Jahren das Erdöl erbohren und fördern, dessen Entstehung in unseren bewegten Tagen mit dem Absinken von totem Plankton begonnen hat. Oft finden sie dabei über dem Erdöl eine riesige Blase aus Erdgas, das seine Entstehung ähnlichen Vorgängen verdankt (s. Abb. 2.1). Selbstverständlich füllt auch dieses nicht einen Hohlraum, sondern die Poren des Speichergesteins.

Sie sehen: Jedes Erdölvorkommen auf unserem Planeten ist ein seltenes Naturdenkmal, das in unvorstellbar langer Zeit nur zustande kommen konnte, wenn mehrere außerordentlich günstige Umstände zusammenwirkten. Und dass erschöpfte Lagerstätten ganz sicher nicht in vertretbarer Zeit durch neu entstehende ersetzt werden. Schon deshalb ist ein sparsamer Umgang mit diesem „fossilen" Energieträger geboten. Wie gedankenlos und mit wie wenig Ehrfurcht vor diesem Naturgeschenk füllen wir und erst recht unsere ahnungsloseren Zeitgenossen Tag für Tag und Jahr für Jahr unsere Benzin- und Heizöltanks!

Ganz ohne Zweifel: Wir sind im Augenblick dabei, bedenkenlos die kostbaren Vorräte zu plündern, welche die Erde in unendlich langer Zeit angelegt hat, und unsere Enkel werden uns eines Tages vorwerfen, dass es uns trotzdem nicht einmal gelungen ist, alle unsere Mitmenschen ausreichend zu ernähren.

Woraus es besteht

Wir warten natürlich nicht ab, bis alle beschriebenen Vorgänge abgelaufen sind, sondern begeben uns, mit modernen Analysengeräten ausgerüstet, auf ein Erdölfeld, um zu erkunden, was die Natur nach diesem Schema produziert hat. Aus vielen Bohrlöchern entweicht zunächst Erdgas.

Sein Hauptbestandteil ist die einfachste Kohlenwasserstoffverbindung, das Methan (CH_4). Wir können es direkt in einem Kompressor verdichten und über eine der riesigen Erdgasleitungen, die vom nördlichen Sibirien bis nach Westeuropa reichen, den Verbrauchern zuführen. Sollte es allerdings aus Nordafrika stammen, wo es noch wenige Verbraucher und keine Fernleitungen nach Europa gibt, so ist es sinnvoll, das Methan durch Abkühlen zu verflüssigen. Es siedet unter Normaldruck bei –162 °C und wird deshalb in Kühlschiffen zu den Verbrauchern in Südeuropa transportiert.

Nebenbestandteile des Erdgases sind die nächsthöheren Kohlenwasserstoffe, die uns schon in Kekulés Traumland begegnet sind: Das Ethan (C_2H_6), das Propan (C_3H_8) und das unverzweigte „Normal"-Butan (C_4H_{10}). Die Siedepunkte dieser Verbindungen steigen in der genannten Reihenfolge von –89 über –42 bis auf –1 °C.

Siedepunkt und Molekulargewicht

Das ist nicht weiter verwunderlich. Denn in Flüssigkeiten sind die Moleküle ziemlich frei beweglich, aber nahe beisammen. Sie halten sich mit Hilfe der zwischenmolekularen oder „van der Waals'schen" Kräfte gegenseitig fest, so dass sie eine Flüssigkeitsoberfläche ausbilden, aus der die einzelnen Moleküle nicht einfach in den Dampfraum entwischen können. Die van der Waals'schen Kräfte wirken also wie die Hütehunde, die eine unruhige Herde von Molekülen beisammen halten. Erst bei der Siedetemperatur bewegen sich die Moleküle so heftig in der Flüssigkeit, dass sie es schaffen, die Anziehungskräfte der Nachbarmoleküle zu überwinden und in den freien Gasraum hinaus zu fliegen. Makroskopisch macht sich dieser Vorgang als „Sieden" bemerkbar. Es leuchtet ein, dass annähernd kugelförmige, kleine Moleküle wie das Methanmolekül leichter entwischen als schwerfällige Kettenmoleküle von ziemlich hohem Molekulargewicht wie etwa das Butan. Die Kettenmoleküle brauchen daher höhere Temperaturen, um zu sieden und zwar umso höhere, je höher ihr Molekulargewicht ist und je länger die Ketten sind. Damit haben wir das stetige Ansteigen des Siedepunkts in der Reihe CH_4, C_2H_6, C_3H_8 und n-C_4H_{10} erklärt.

Das können wir auch mit einem anderen Vergleich leicht verstehen. Wir denken zum Beispiel an einen Schulhof, in dem die Kinder durch Händehalten kürzere oder längere Ketten bilden. Klar, dass die Kurzketten beweglicher sind als die Langketten, und wenn es gilt, den Ausgang zu erreichen, sind die ersteren im Vorteil.

Aber misstrauisch, wie wir sind, machen wir eine Probe aufs Exempel. Wenn es wirklich einerseits auf die Kettenlänge und das Molekulargewicht, andererseits auf die kugelähnliche Gestalt des Moleküls ankommt, dann wollen wir die Siedepunkte von Normal-Butan und Iso-Butan miteinander vergleichen. Beide haben die Summenformel C_4H_{10}, aber das *n*-Butanmolekül gleicht einer viergliedrigen Kette, während das *i*-Butan eine dreigliedrige, verzweigte Kohlenstoffkette aufweist. Das *i*-Butanmolekül ist also einer Kugel ähnlicher als das *n*-Butanmolekül. Folglich sollte es leichter sieden als das *n*-Butan. Und das ist tatsächlich der Fall, denn das *i*-Butan kocht bereits bei –12 °C, das *n*-Butan erst bei –1 °C.

Propan und (Normal-)Butan sind den Campern unter uns als in Stahlflaschen abgefüllte, unter Druck verflüssigte Heizgase für ihre Campingkocher wohlbekannt. Auch manche Taxis verwenden sie als Treibstoff. Die Einwohner Sibiriens benutzen diese „Flüssiggase" gern zum Erwärmen ihrer Wohnungen, wenn die Warmwasserheizung ausfällt. Leider funktionieren die Gasbrenner aber nicht mehr, falls die Wohnung im grimmigen sibirischen Winter erst einmal richtig ausgekühlt ist. Denn wenn der Siedepunkt des Propans unterschritten wird, bleibt es schön flüssig in der Flasche und denkt nicht im Traum daran, als Dampf oder Gas zum Brenner aufzusteigen. Das *n*-Butan mit seinem höheren Siedepunkt ist noch weniger sibirientauglich.

Gewissenhafte Leser fragen sich spätestens hier, wie wohl die Chemiker des 19. Jahrhunderts den durch Kekulé geforderten Strukturbeweis mittels Synthese für das Normal-Butan antreten konnten. Der gelang mit einer Reaktion, die auf den französischen Forscher Wurtz zurückgeht und mit dem reaktionsfähigen Metall Natrium arbeitet. Dabei entsteht Kochsalz (NaCl). Sie wird durch die folgende Gleichung beschrieben:

$$CH_3{-}CH_2{-}Cl \; + \; 2\,Na \; + \; Cl{-}CH_2{-}CH_3 \longrightarrow CH_3{-}CH_2{-}CH_2{-}CH_3 \; + \; 2\,NaCl$$

Das Molekül $CH_3{-}CH_2{-}Cl$ seinerseits entsteht aus dem bekannten Ethylalkohol C_2H_5OH durch Umsetzen mit Chlorwasserstoff (HCl). Treibende Kraft dieser Reaktion ist die Entstehung von Wasser als Nebenprodukt.

Wir beginnen zu ahnen, dass wir den nächsten Bestandteil unserer Bodenschätze im flüssigen Erdöl suchen müssen. Tatsächlich siedet das *n*-Pentan[21] (C_5H_{12}) mit seinen fünf Kohlenstoffatomen bei 36 °C , das *n*-Hexan mit sechs Kohlenstoffatomen in der Kette bei 69 °C, *n*-Heptan (C_7H_{16}) bei 98 °C und das *n*-Octan mit seiner achtgliedrigen Kohlenstoffkette bei 126 °C. Und selbstverständlich hört die Reihe der „gesättigten aliphatischen" Kohlenwasserstoffe oder „Alkane" damit nicht auf, sondern geht immer weiter nach der Summenformel C_nH_{2n+2}, die sich ganz einfach ergibt, weil die Moleküle aus einer Anzahl von CH_2-Gruppen bestehen, die in einer Kette angeordnet sind und an beiden Enden noch je ein Wasserstoffatom zusätzlich gebunden haben. Das Octadecan mit seinen 18 Kohlenstoffatomen, das im Flugbenzin und im Dieselöl enthalten ist, siedet zum Beispiel erst bei 308 °C. Verzweigte Kohlenwasserstoffe kommen übrigens im Erdöl sehr selten vor, wohl aber manchmal Ringverbindungen wie zum Beispiel das Cyclohexan (C_6H_{12}), das in Abb. 2.2 mit vereinfachter Schreibweise dargestellt ist. Dabei steht an jeder Ecke des sessel- oder wannenförmigen Sechsrings eine -CH_2-Gruppe. Die beiden „Konformationen" des Cyclohexans gehen wegen der Drehbarkeit der C–C-Bindungen mühelos von einer in die andere Form über.

Erdöldestillation

Es ist gar nicht so leicht, die einzelnen Bestandteile des Erdöls rein zu gewinnen. Wenn wir es destillieren (eine Labor-Destillationsapparatur zeigt Abb. 2.3), so beginnt es – vereinfacht ausgedrückt – bei 36 °C zu sieden und es entweicht hauptsächlich Pentan. Der Pentandampf wird durch Abkühlen verflüssigt und als Destillat abgetrennt; in der siedenden Flüssigkeit nimmt dadurch die Konzentration an Pentan ab. Der Siedepunkt steigt allmählich an und bald ist eine Temperatur erreicht, bei der die Hexanmoleküle in den Dampfraum entweichen. Wenn auch die in der siedenden Flüssigkeit seltener werden, steigt der Siedepunkt weiter und bald ist die Temperatur erreicht, bei der Heptan siedet. So geht das immer weiter. Aber die Substanzen,

Sessel ⇌ Boot (Wanne) ⇌ Sessel

Abb. 2.2

[21] Gesprochen: Normal-Pentan

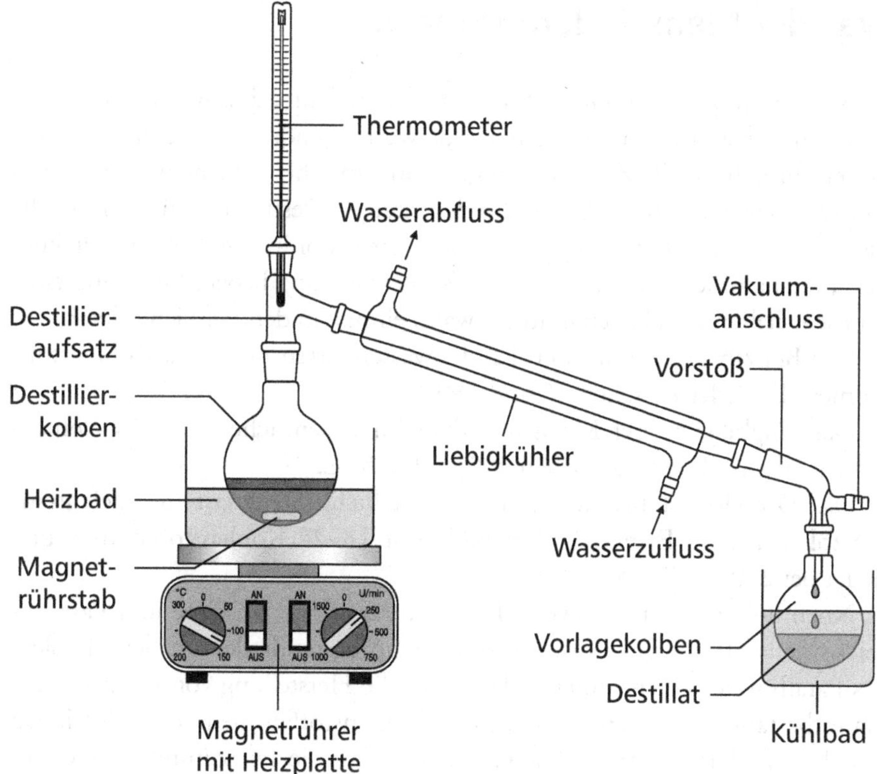

Abb. 2.3 Labor-Destillationsapparatur

die wir als Destillat erhalten, sind nicht so rein, wie wir uns das vorstellen. Denn bei der Siedetemperatur des Pentans (36 °C) verdunsten doch auch schon viele Hexan und einige Heptanmoleküle. Sie verunreinigen den Pentandampf und erscheinen prompt im flüssigen Destillat, wenn wir diesen abkühlen. Umgekehrt gibt das siedende Erdöl die letzten Pentanmoleküle erst bei höheren Temperaturen als 36 °C her, weil sich das Pentan ideal mit den längerkettigen Molekülen mischt und die pentanarme, aber hexanreiche Mischung einen Siedepunkt in der Nähe des Hexan-Siedepunkts hat. Der Siedepunkt steigt also nicht sprunghaft an, wie wir es erwarten würden, wenn reine Substanzen nacheinander überdestillierten, sondern allmählich und es sieden immer Substanzgemische.

Nur wenn man durch geeignete Einbauten dafür sorgt, dass ein Teil des verdampfenden Gemischs sich in einer röhrenförmigen senkrechten „Destillationskolonne" wieder verflüssigt und diese Flüssigkeit die dampfförmigen Bestandteile auswäscht, kann man auch die einzelnen Stoffe mehr oder minder rein gewinnen. Dies ist aber mit hohem Energie- und Investitionsaufwand verbunden.

Was der Mensch daraus macht

So ist es ein ungeheures Glück für die Raffinerieleute, dass wir die sauber getrennten Substanzen fast nur für Laborzwecke benötigen und dass es stattdessen für nahezu alle Zwecke genügt, Stoffgemische mit einem Siedebereich zu gewinnen. Und so zerlegen sie in den riesigen Destillationstürmen, welche die Silhouette der Raffinerien bestimmen, das Erdöl in verschiedene „Fraktionen", die natürlich auch unterschiedliche Verwendung haben. Diese Substanzgemische haben wir alle schon irgendwann einmal in den Händen gehabt:

Das **Benzin** besteht aus den Kohlenwasserstoffen mit 5–10 Kohlenstoffatomen. Es siedet zwischen 36 und 180 °C.

Das Flugbenzin oder **Kerosin** enthält im wesentlichen C_{11}–C_{18}-Kohlenwasserstoffe und siedet zwischen 200 und 275 °C.

Das **Dieselöl** ist bis auf die unterschiedliche Steuerlast mit „leichtem" **Heizöl** identisch. Es enthält Moleküle mit 18–22 Kohlenstoffatomen und siedet bei 270 bis 370 °C.

Noch höher sieden „schweres Heizöl", Paraffinöl, Vaseline und Paraffinwachs[22]. Paraffinöl und Vaseline sind Hauptbestandteile von Schmierölen, das Paraffinwachs dient unter anderem für die Herstellung von Kerzen. Seine Hauptbestandteile haben 24 oder mehr Kohlenstoffatome in den Molekülen und bilden damit schon so lange Ketten, dass sie bei Zimmertemperatur nicht mehr flüssig, sondern fest sind.

Gewissenhafte Leser fragen sich wieder, warum offenbar nicht nur die Siedepunkte, sondern auch die Schmelzpunkte in der Reihe der Kohlenwasserstoffe mit zunehmender Kettenlänge ansteigen. Zur Erklärung dieses Phänomens erinnern wir uns an das Verhalten der Moleküle in einer Flüssigkeit: Sie bewegen sich weitgehend frei, während sie in den Kristallen eines Festkörpers feste Plätze in einem „Kristallgitter" einnehmen müssen. Es leuchtet ein, dass die langen Kettenmoleküle mit ihren trägen, schwerfälligen Bewegungen schon bei höheren Temperaturen bereit sind, sich auf ihre Ruheplätze zu begeben. Die lebhafteren kurzkettigen Moleküle müssen dagegen erst einmal durch Abkühlen gebremst werden, bevor sie bereit sind, sich zur Ruhe zu setzen. Sie erstarren also bei tieferen Temperaturen. Selbstverständlich ist der Gefrier- oder Erstarrungspunkt eines Stoffes gleich dem Schmelzpunkt. (Das bekannteste Beispiel dafür liefert das Wasser, das bei 0 °C gefriert und als Eis auch bei 0 °C schmilzt.)

---

[22] Das Wort „Paraffin" haben die Chemiker aus dem Lateinischen „Parum affinis" gebildet. Übersetzt heißt das „wenig verwandt". Die Chemiker wollten vor rund 200 Jahren damit ausdrücken, dass diese Verbindungen nur mit wenigen anderen Reaktionen eingehen. Heute ist diese Bedeutung vergessen; man nennt aber die gesamte Reihe der aliphatischen Kohlenwasserstoffe nicht nur gern „Alkane", sondern auch „Paraffine".

Die Kohlenwasserstoffgemische, die das Paraffinöl oder gar Paraffinwachs bilden, zersetzen sich beim Erhitzen, noch bevor sie sieden. Das können wir uns leicht erklären, wenn wir uns vorstellen, dass in jedem Molekül die einzelnen Atome nicht unbeweglich fest gebunden sind, sondern in allen Richtungen hin- und herschwingen. Bei höheren Temperaturen werden diese Schwingungen immer heftiger. Zuletzt führen sie dazu, dass die Molekülketten an irgend einer Stelle zerreißen. Wieder können wir uns ihr Verhalten mit einem Bild aus dem Schulhof anschaulich machen: Wenn Kinder lange Ketten bilden, indem sie sich an den Händen festhalten und nun ungeregelt hin- und herspringen, bleibt es nicht aus, dass die Kette irgendwo zerbricht.

Will man solche höhere Kettenverbindungen dennoch destillieren, so muss man mit geeigneten Saugpumpen den Atmosphärendruck über der siedenden Flüssigkeit vermindern, also sozusagen die Moleküle aus der Flüssigkeit heraus in den Dampfraum saugen, wissenschaftlicher ausgedrückt, „unter Vakuum" destillieren[23]. Selbstverständlich werden besonders bei der Diesel- und Schmierölherstellung, aber auch beim Benzin nach der Destillation weitere Substanzen, die sogenannten „Additive" zugesetzt, um besonders günstige Eigenschaften und damit Vorteile gegenüber der Konkurrenz zu erzielen.

Zurück bleibt schließlich, wenn auch die Parffinwachse abdestilliert sind, ein undestillierbares, schwarzes, pechähnliches Material: der Asphalt. Wir treten ihn tagtäglich mit Füssen und überfahren ihn gedankenlos mit unseren Autoreifen. Eigentlich hat er ein besseres Los verdient, denn er ist …

… ein Werkstoff seit 5000 Jahren

Gerade diesen Siederückstand des Erdöls nutzt der Homo sapiens seit der Jungsteinzeit. Asphalt entsteht nämlich auf natürliche Weise, wenn Erdöl aus einer Lagerstätte durch Risse und Spalten des Deckgesteins nach oben dringt und schließlich als echte Erdölquelle zu Tage tritt[24]. Im Laufe der Zeit verdunsten dann alle leichtsiedenden Bestandteile und zurück bleibt das feste „Erdpech" oder „Erdharz", Asphalt oder auch Bitumen genannt.

---

[23] Wir erinnern uns an den Erdkundeunterricht: Auf den Hochebenen Boliviens siedet das Wasser nicht bei 100, sondern schon bei 85 °C, weil der Atmosphärendruck vermindert ist. Ähnlich erniedrigt sich der Siedepunkt der Erdölbestandteile bei der Destillation unter erniedrigtem Druck.

[24] Dass dies nicht nur im ölreichen Vorderen Orient, sondern sogar in unseren Breiten gelegentlich geschah, verraten manche Ortsnamen, wie zum Beispiel der von Pechelbronn, einem Städtchen im Elsass.

Abb. 2.4: Rettung in letzter Minute! Die Arche Noahs maß nach den Angaben der Bibel 300 × 50 × 30 Ellen. Sie hatte drei Decks („Böden"), ein Fenster und eine Tür, und bestand aus Holzbrettern, die mit Asphalt innen und außen verpicht waren.

Unsere frühen Urahnen klebten mit ihm Feuersteinsplitter an ihre aus Ton gebrannten Sicheln, oder sie formten es zu Statuetten. Die findigen Sumerer verwendeten es vor über fünftausend Jahren als Mörtel für ihre Bauten aus rohen oder gebrannten Lehmziegeln[25], aber auch als Holzschutzmittel. Holz war im Zweistromland so teuer, dass die Häuser ohne Türen vermietet wurden. Der neue Mieter brachte seine Tür mit. Im Gilgamesch-Epos, das vor 3500 Jahren aufgeschrieben wurde, aber viel früher spielt, erzählt Utnapischtim, der Noah der Sumerer: „Ich nahm festes Erdöl und schüttete es in den Brennofen. Damit bestrich ich die Innen- und Außenwand" (der Arche, die ihn vor der Sintflut rettete). Erstaunlicherweise erwähnt die Bibel ebenfalls diesen Arbeitsgang (Gen 6,14 ; Abb. 2.4). In Ägypten diente Asphalt als Hilfsmittel zur Mumifizierung. Aber auch die Mutter des Moses verklebte das „Kästlein von Rohr", in welchem sie den Säugling „im Schilf, am Ufer des Wassers" aussetzte (Ex 2,3), mit „Erdharz und Pech".

Fehlplanung der Natur

Heute werden fast 100 % des weltweit geförderten Erdöls in Raffinerien zu Benzin, Heiz- oder Dieselöl, Paraffinöl, Wachsen und Asphalt verarbeitet. Diese „Erdölfraktionen" sind in ihren Eigenschaften auf die Anforderungen

[25] Die Bibel berichtet, dass auch beim Turmbau von Babel Erdharz als Mörtel verwendet wurde (Gen 11,3).

der Benzin-, Flugzeug- oder Dieselmotoren bzw. Heiz- und Schmierölverbraucher zugeschnitten. Leider enthalten aber viele Erdölsorten nur lächerlich wenig Benzin, auch nicht viel Kerosin und Dieselöl, dagegen viel mehr hochsiedende Bestandteile, als die Schmierölproduzenten und Kerzenhersteller verwenden können. Etwas salopp könnte man sagen, dass Mutter Natur in den letzten 100 Millionen Jahren bei der Herstellung des Erdöls am realen Bedarf des Jahres 2000 n. Chr. vorbei produziert hat. Das müsste eigentlich katastrophale Folgen für die Weltwirtschaft haben (astronomische Benzin- und Dieselölpreise, Entsorgungsprobleme für die hochsiedenden Bestandteile des Erdöls).

Aber zum Glück haben ideenreiche Chemiker schon vor mehr als 100 Jahren ein Verfahren entwickelt, mit dem sich die Ausbeute an Benzin und leichtem Heizöl erheblich steigern lässt.

Cracken erhöht die Ausbeute

Zu diesem Zweck zerbrechen sie die langen Kohlenstoffketten durch starkes Erhitzen absichtlich zu kürzeren Teilstücken, die dann natürlich niedriger sieden und sozusagen ein künstliches Benzin ergeben. Es lohnt sich sehr, diese „Crackreaktion“[26] etwas genauer zu betrachten, denn sie ergibt niemals ein einziges Reaktionsprodukt, sondern immer eine ganze Palette von Substanzen. Es entstehen Gase, Flüssigkeiten und Festkörper, und die Zahl der Kohlenstoffatome in diesen Verbindungen geht von 1 bis nahezu unendlich (hier strahlen die Mathematiker). Und es entstehen sowohl wasserstoffreiche als auch wasserstoffarme oder gar wasserstofffreie Produkte. Mit anderen Worten: Methan ist ebenso ein Reaktionsprodukt wie elementarer Kohlenstoff. Warum ist das so?

Die Antwort ist gar nicht so schwierig. Es genügt, uns stellvertretend für die langkettigen Moleküle der hochsiedenden Erdölbestandteile das Eicosanmolekül mit seinen 20 Kohlenstoffatomen und der Summenformel $C_{20}H_{42}$ anzusehen:

```
  H H H H H H H H H H H H H H H H H H H H
  | | | | | | | | | | | | | | | | | | | |
H-C-C-C-C-C-C-C-C-C-C-C-C-C-C-C-C-C-C-C-C-H
  | | | | | | | | | | | | | | | | | | | |
  H H H H H H H H H H H H H H H H H H H H
```

Die Formel zeigt, wie eintönig unser Molekül gebaut ist: zwischen zwei CH_3-Endgruppen stehen 18 CH_2-Gruppen in einer Reihe. Wenn wir nun

[26] Aus dem Englischen: to crack = zerbrechen

einem solchen Kettenmolekül Energie zuführen, mit anderen Worten: es erhitzen, so nimmt die Schwingungsbewegung der einzelnen Kohlenstoffatome immer mehr zu. Irgendwann ist eine Temperatur erreicht, bei der das Auspendeln um die Mittellage so beängstigend stark geworden ist, dass das Molekül an einer Stelle zerbricht. Welche Stelle wird das sein?

Kettenmoleküle ohne Sollbruchstelle

Beim Zerbrechen einer C–C-Bindung wird Energie verbraucht. Dieser Energieverbrauch ist gleich hoch, unabhängig davon, ob die Bruchstelle zwischen den ersten beiden Kohlenstoffatomen des Eicosans liegt oder zwischen dem zweiten und dritten, oder zwischen dem dritten und vierten ... oder genau in der Mitte des Moleküls, also zwischen dem 10. und 11. Kohlenstoffatom. Deshalb wird die Kette *irgendwo* zwischen dem ersten und dem neunzehnten Kohlenstoffatom entzweigehen, es ist sozusagen keine Sollbruchstelle in das Molekül eingebaut. Wenn wir sehr viele solche Eicosanmoleküle erhitzen, so werden sie an allen möglichen Stellen zerbrechen.

Jetzt greifen wir als Beispiel eine Reaktionsgleichung heraus, bei der die $C_{20}H_{42}$-Moleküle in der Mitte zerbrechen. Es sollen sich also zwei Moleküle $C_{10}H_{22}$ bilden. Dafür brauchen wir 44 Atome Wasserstoff, haben aber nur 42 im Ausgangsmolekül. Die beiden zusätzlichen H werden für die Bildung zweier Methylgruppen an den Enden der beiden Decanmoleküle $C_{10}H_{22}$ benötigt. Woher kommen sie?

Dieser Wasserstoff wird durch Spaltung von C–H-Bindungen aus anderen Eicosanmolekülen oder Bruchstücken davon gewonnen. Die Trennung von C–H-Bindungen erfordert fast 20 % mehr Energie als die Spaltung von C–C-Bindungen, findet aber unter den Bedingungen der Crackreaktion ebenfalls statt. Wenn nun zwei Wasserstoffatome durch Spaltung von C–H-Bindungen gewonnen werden, müssen Kohlenstoffatome übrigbleiben, welche weniger Wasserstoffatome gebunden haben. So entstehen unter nicht allzu gewalttätigen Bedingungen als Nebenprodukte Kohlenwasserstoffe mit C=C-Doppelbindungen, zum Beispiel aus C_2-Bruchstücken das Ethylen mit der Formel $H_2C{=}CH_2$, oder aus längeren Bruchstücken das benzinähnliche Octen $H_2C{=}CH{-}C_6H_{13}$, eventuell auch ringförmige wie das Cyclohexan. Meistens kann man aber nicht verhindern, dass einige Kohlenstoffatome schließlich allen Wasserstoff verlieren und zuletzt sozusagen nackt dastehen. Solche Kohlenstoffatome haben vier Valenzen frei. Sie tun sich natürlich sofort zusammen, binden sich gegenseitig und scheiden sich als „Petrolkoks" an den Wänden der Apparatur ab. Das wäre noch zu ertragen, schließlich könnte man die Reaktionsgefäße nach einiger Zeit reinigen und dann wieder verwenden. Leider bleibt aber immer ein Teil des Kohlenstoffs im Reaktionsgemisch und verwandelt als Ruß das mühsam hergestellte Crackbenzin in eine unschöne schwarze Pampe. Ein sehr hässlicher Nebeneffekt des thermischen Crackens, denn der Ruß ist gar nicht so leicht zu entfernen und neigt dazu, die Apparatur zu verstopfen. Die Raffineriechemiker sind auch über die wasserstoffarmen Nebenprodukte mit den C=C-Doppelbindungen nicht glücklich, denn vor allem die längerkettigen „Olefine" vermindern die Haltbarkeit des Benzins und Dieselöls, weil sie sich langsam in harz- und gummiartige Stoffe umwandeln.

Beim Cracken tritt also insgesamt Wasserstoffmangel auf, und Ruß ist ein Nebenprodukt. Dies können wir auch experimentell nachweisen:

Versuch 4: Crackreaktionen in der Kerzenflamme

1.1. Wir lassen eine Kerzenflamme gegen eine kalte Oberfläche, (z. B. ein mit kaltem Wasser gefülltes Reagenzglas) brennen. Es scheidet sich Ruß ab. Er entsteht, weil im Inneren der Kerzenflamme das Stearin (im Prinzip ein langkettiges Kohlenwasserstoffgemisch) durch die hohen Temperaturen gecrackt wird. Da kürzerkettige Moleküle entstehen, bleibt Kohlenstoff übrig. Die Kühlung der Flamme durch die kalte Wand des Reagenzglases verhindert, dass der Kohlenstoff in heißem Zustand an den Saum der Flamme gelangt und dort mit Luftsauerstoff zu Kohlendioxid verbrennt.

Dass im Inneren der Kerzenflamme Crackreaktionen ablaufen, beweist der zweite und dritte Teil dieses Versuchs.

1.2.Wir entfernen das Saughütchen von einer gläsernen Tropfpipette und bringen sie mit der Spitze nach oben schräg in den innersten Teil der Kerzenflamme. Aus dem Inneren der Flamme entweichen jetzt durch das Röhrchen unverbrannte Gase, Crackprodukte des Kerzenparaffins. Wir können sie dadurch nachweisen, dass wir sie mit einem Streichholz an der Spitze des Glasrohrs anzünden. Es gelingt allerdings nur selten, eine länger brennende Flamme zu erzeugen.

1.3. Noch eindrucksvoller ist der Nachweis der brennbaren Gase in der Kerzenflamme, wenn wir sie gegen ein Drahtnetz von 10 × 10 cm mit ca. 1 mm Maschenweite brennen lassen. Die Flamme bleibt unterhalb des Drahtnetzes; oberhalb entweichen Rußpartikel und Gase oder Dämpfe, die aus dem Flammeninneren stammen und die wir mit einem Feuerzeug entzünden können. Hier leitet das Metalldrahtnetz so viel Wärme aus der Flamme ab, dass die Verbrennung der gecrackten Zwischenprodukte zu CO_2 und H_2O unterbunden wird. Auch der Kohlenstoff als Nebenprodukt der Crackreaktion bleibt unverbrannt und wird direkt als Ruß sichtbar.

1.4. Die ölartigen Crackprodukte, welche entstehen, können wir nachweisen, wenn wir ein Reagenzglas mit kaltem Wasser einige Sekunden in den Bereich der brennbaren Gase und Dämpfe halten. Natürlich schlägt sich auf ihm Ruß nieder, aber eine Geruchsprobe verrät, dass der Ruß außerdem eine brenzlig riechende Substanz enthält. Dass diese eine ölartige Flüssigkeit ist, sehen wir, wenn wir nun das Reagenzglas in eine Schüssel mit kaltem Wasser eintauchen. Sofort breitet sich auf dem Wasser ein hauchdünner Ölfilm aus, der natürlich auch Ruß und vielleicht sogar etwas unverbranntes Kerzenparaffin mitführt. Wir können ihn besonders schön sichtbar machen, wenn wir die Wasseroberfläche vorher ganz dünn mit Bärlappsporen (Lycopodium, in guten Apotheken erhältlich) oder Farnsporen bestäubt haben. Auch geriebene Muskatnuss ist geeignet! Wir sehen dann, dass die Bärlappsporen sich sofort von unserem eingetauchten Reagenzglas entfernen. In Kontrollversuchen weisen wir nach, dass eingetauchtes Kerzenwachs diesen Effekt nicht auslöst, wohl aber ein mit etwas Nähmaschinenöl beschmiertes Reagenzglas.

Warum Kerzen brennen und Wachs nicht

Offensichtlich wird also das geschmolzene Paraffinwachs der Kerze nicht direkt verbrannt, sondern zuerst durch die Hitze im Flammenzentrum, wo außerdem Sauerstoffmangel herrscht, zu Kohlenstoff und gas- oder dampfförmigen Zwischenprodukten gecrackt. Tatsächlich ist geschmolzenes Wachs nicht brennbar. Im Gegenteil: es löscht sogar die Flamme unserer Kerze zuverlässig aus, wenn wir den Docht in die Flüssigkeit eintauchen, und es lässt sich keineswegs mit einem Streichholz entzünden. Erst der Docht ermöglicht, dass die Kerze brennt, weil er mit Hilfe der zwischenmolekularen Anziehungskräfte heißes, flüssiges Wachs aufsaugt und bis zur Flamme aufsteigen lässt. Dort sorgt die hohe Temperatur für Zersetzungsreaktionen, bei denen Kohlenstoff und brennbare Crackprodukte entstehen. Die Kohlenstoffpartikel verbrennen unter heftigem Aufglühen, sie bewirken das schöne Leuchten der Kerzenflamme.

Ähnlich wirkt der Docht einer Öllampe, wie sie seit dem Altertum von der Menschheit benutzt wird. Etwas überrascht erkennen wir, dass ihr Erfinder van der Waals'sche Kräfte und Crackreaktionen sozusagen blindlings ausnutzte, um die Dunkelheit seiner Behausung aufzuhellen.

Wasserstoff verhindert die Koksbildung

Um die Entstehung von Ruß und Petrolkoks in ihren Cracköfen zu verhindern, setzen die Raffinerieingenieure natürlich keinen Luftsauerstoff ein (das wäre sehr gefährlich), sondern Wasserstoff zu. Jetzt ist es aus und vorbei mit der Entstehung von Ruß und Koks, denn er wird sozusagen zu Methan „hydriert“[27]:

$$C + 2\,H_2 \longrightarrow CH_4$$

Das Methan ist viel weniger störend als der Ruß, denn es ist ja ein Gas und ein solches lässt sich sehr leicht aus dem flüssigen Reaktionsgemisch abtrennen. Es wird dann als Heizgas (sozusagen künstliches Erdgas) im Dampfkesselhaus der Raffinerie verbrannt. Gleichzeitig wird die Entstehung von wasserstoffärmeren Verbindungen stark zurückgedrängt, weil ja jetzt Wasserstoff in Hülle und Fülle da ist. Und weil Wasserstoff englisch Hydrogen heißt, nennt man dieses verbesserte Crackverfahren auch „Hydrocracking“. Man kann es noch weiter optimieren, wenn die Petrochemiker Katalysatoren einsetzen. Das geschieht im „Catcracker“.

Mit den Reaktionsbedingungen steuern

Wir haben gesehen, warum es nahezu beliebig viele Crackreaktionsgleichungen gibt. Und weil der Riss in der Kohlenstoffkette aus energetischen Gründen an jeder Stelle eintreten kann, sieht es auf den ersten Blick so aus, als sei eine Steuerung dieser Reaktion unmöglich. Das ist aber nicht ganz richtig: eine zu hohe Temperatur ist unvorteilhaft, denn zu viel Energiezufuhr zertrümmert die langen Kohlenstoffketten in zu viele und zu kurze Stücke. Umgekehrt führt eine zu niedrige Reaktionstemperatur dazu, dass zu lange Ketten entstehen oder die Crackreaktion zu langsam läuft. Die Katalysatoren bewirken, dass die Reaktionstemperaturen und Reaktionszeiten deutlich abgesenkt werden können, ferner begünstigen sie die Entstehung von verzweigten Kohlenstoffketten. Auch Benzol und andere „Aromaten“ treten als Nebenprodukte auf. Der Wasserstoffdruck im Hydrocracker beeinflusst ebenfalls die Ausbeute an den gewünschten Produkten. Sicher können Sie jetzt verstehen, warum man mit geschickt ausgewählten Reaktionsbedingungen die Crackreaktion in gewissen Grenzen ganz gut steuern kann.

Diese Kunst des möglichst gezielten Zerbrechens haben die Raffineriechemiker sehr perfektioniert. Bei der ungeheuren Vielfalt der möglichen Crackreaktionen leuchtet es uns ein, dass sie andererseits die Entstehung von unerwünschten Nebenprodukten nie ganz unterdrücken können und immer nur einen Teil der höheren Erdölverbindungen in Benzin und Heiz-

---

[27] Beim „Hydrieren“ wird Wasserstoff angelagert. Das Wort kommt von der neugriechisch-lateinischen Bezeichnung für Wasserstoff, „Hydrogenium“. Hydor war der Ausdruck der Griechen für Wasser.

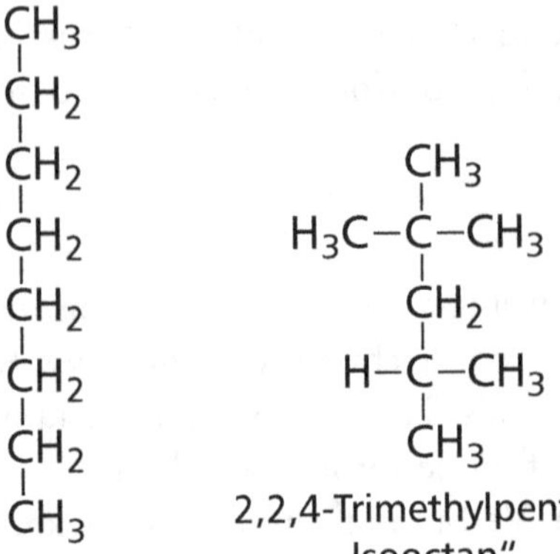

CH_3
|
CH_2
|
CH_2
|
CH_2
|
CH_2
|
CH_2
|
CH_2
|
CH_3

n-Octan

CH_3
|
$H_3C-C-CH_3$
|
CH_2
|
$H-C-CH_3$
|
CH_3

2,2,4-Trimethylpentan
„Isooctan"

Abb. 2.5

öl verwandeln. So wird in mehreren Etappen aus den längerkettigen Bestandteilen des Erdöls immer wieder Benzin und Dieselöl herausgekitzelt und ganz zuletzt bleibt nur noch eine geringe Menge an kohleähnlicher Substanz zurück, die nun wirklich der Umwandlung in kurzkettige Kohlenwasserstoffe zu viel Widerstand entgegensetzt: Der „Petrolkoks". Man kann ihn verbrennen oder zur Herstellung von Graphitelektroden für Batterien und Elektrolysezellen der Chemischen Industrie einsetzen.

Erstaunlicherweise ist jedoch das „Naphtha" oder Rohbenzin, das wir auch als Feuerzeugbenzin schon in der Hand gehabt haben, ohne Zusätze kein guter Kraftstoff für unsere Ottomotoren. Es verbrennt im Zylinder unregelmäßig, sozusagen mit kleinen Explosionen und bewirkt, dass der Kolben schlagartig angetrieben wird. Der Motor „klopft" oder „klingelt". Abhilfe schafft der Zusatz von verzweigtkettigen Kohlenwasserstoffen wie das in Abb. 2.5 vorgestellte „Isooctan". Diese Verbindung ist als Benzin so ideal, dass man ihr willkürlich die „Octanzahl" 100 zuschreibt. Ein Benzin der Octanzahl 95 benimmt sich also im Motor so, als ob es zu 95 % aus diesem Isooctan bestünde.

Warum manche Benzine klopfen

Die Wissbegierigen unter uns fragen sich natürlich, warum ein Isooctanzusatz zum gewöhnlichen Benzin die Klopffestigkeit des Kraftstoffs erhöht. Die Antwort finden wir, wenn wir die Molekülgestalt dieser Verbindung mit der des *n*-Octans (einem typischen Bestandteil des Benzins) vergleichen. Bei der Verbrennung des *n*-Octans können die Sauerstoffmoleküle der Luft an jedes Kohlenstoffatom der Kette ungehindert herankommen. Denn jedes Kohlenstoffatom ist direkt erreichbar, keines hinter anderen versteckt. Die

Verbrennung eines Gemischs aus *n*-Octandampf und Luft wird also sehr, sehr rasch, nahezu explosionsartig verlaufen und, wenn sie im Zylinder eines Ottomotors stattfindet, dem Kolben einen heftigen Schlag versetzen. Bei einem Vierzylindermotor folgen solche Schläge schnell aufeinander; sie gehen natürlich nicht ohne Lärm ab und gelangen an das empfindliche Ohr des Autofahrers als „Klopfen“ oder „Klingeln“. Auf die Dauer zerstören sie nicht nur das Fahrvergnügen, sondern auch die Lager der Pleuelstangen und der Kurbelwelle, weswegen das Klopfen selbst von lärmbegeisterten Automobilisten ungern vernommen wird.

Ziemlich anders ist die Sache bei unserem Isooctan. Hier sind die Moleküle mehr klumpenförmig; der Luftsauerstoff hat weniger Platz zum Angreifen und mehr Schwierigkeiten, schnell an alle Kohlenstoffatome heranzukommen. Denn hier sind zwei Kohlenstoffatome hinter anderen Kohlenstoffatomen versteckt. Eines, das zweite von oben, ist von vier Kohlenstoffatomen abgedeckt, ein anderes, das vierte von oben, steckt hinter drei benachbarten Kohlenstoffatomen. Die Verbrennung läuft deshalb langsamer, sozusagen nach und nach ab, und der Kolben des Motors wird behutsam weggeschoben. Kein Klingeln oder Klopfen, sondern die hochgeschätzte „Laufruhe“ (ein schönes, aber widersprüchliches Wort!) stellt sich ein.

Im Grunde spielen sich hier Vorgänge ab, die wir auch im Ofen beobachten können: lange, dünne Holzscheite verbrennen rascher als rundliche Eierbriketts.

Nur 5 % des Erdöls für höhere Zwecke

Sie sehen schon: die am meisten hergestellten Erdölprodukte sind solche, die wir in Motoren, Kraftwerken oder Heizungen verbrennen oder allenfalls als Schmiermittel verwenden. Nur 5 % des Erdöls dienen einem anspruchsvolleren Zweck und etwas salopp können wir sagen, dass nur 5 % seiner Kohlenstoffatome eine höhere Laufbahn erreichen. Denn das „Naphtha“ (Rohbenzin) ist für die Chemiker ein höchst wertvoller Rohstoff [28]. Auch sie zerbrechen seine Moleküle in kleinere Bruchstücke. Aber im Gegensatz zu den Raffinerieleuten setzen sie keinen Wasserstoff zu, sondern erzeugen absichtlich wasserstoffärmere Verbindungen. Und im Gegensatz zu ihren Kollegen gewinnen sie einige der durch die Crackreaktionen entstehenden gasförmigen Stoffe rein, indem sie sie durch Abkühlen verflüssigen und sorgfältig destillieren. Selbstverständlich müssen auch sie etwas tun, um die Entstehung von Kohlen-

[28] Auch leichtere oder schwerere Erdölfraktionen sind als Rohstoff für die „Petrochemie“ geeignet, wenn man die Apparaturen entsprechend abändert.

stoff zu verhindern: sie setzen aber nicht Wasserstoff, sondern Wasserdampf zu und deshalb heißen die kostspieligen Anlagen, in denen sie das alles machen, „Steamcracker“[29]. Wir wollen wenigstens eine von vielen durcheinanderlaufenden Crackreaktionen herausgreifen, wobei wir uns die Wirkung des Wasserdampfs getrennt ansehen:

$$(1)\ 2\ C_8H_{18} + \text{Wärmeenergie} \longrightarrow 3\ C_2H_4 + 3\ C_3H_8 + C$$
$$(2)\quad C + H_2O \longrightarrow CO + H_2$$

In der Summengleichung (3) bildet sich deshalb kein Kohlenstoff:

$$(3)\quad 2\ C_8H_{18} + H_2O + \text{Wärmeenergie} \longrightarrow 3\ C_2H_4 + 3\ C_3H_8 + CO + H_2$$

Das CO setzen sie mit überschüssigem Wasserdampf an einem Katalysator zu Wasserstoff und Kohlendioxid um und diese beiden Gase lassen sich bequem abtrennen:

$$CO + H_2O \longrightarrow CO_2 + H_2$$

Aus dem wilden Gemisch der Crackprodukte trennen sie die Hauptbestandteile Ethylen, Propylen und Butadien destillativ als reine Substanzen ab:

```
H     H      H   H H         H  H       H
 \   /        \  | |          \ |       /
  C=C          C=C-C-H         C=C-C=C
 /   \        /    |          /    | \
H     H      H     H         H     H  H
```

Ethylen Propylen Butadien[30]

Nun beginnen selbst die Chemiemuffel unter uns zu ahnen, wofür die Petrochemiker diese Produkte einsetzen, denn jeder hat schon Gegenstände aus Polyethylen oder Polypropylen in der Hand gehabt. Diese Kunststoffe entstehen, wenn man Ethylen oder Propylen in Gegenwart von Katalysatoren unter geeigneten Bedingungen „polymerisiert“. Das klingt rätselhaft, ist aber nichts anderes, als dass sich die Zweierketten der Doppelbindungen viele Male aneinander reihen, wobei lauter Einfachbindungen und dadurch nahe-

[29] Aus dem Englischen: steam = Dampf. Ein moderner Steamcracker kostet je nach Standort und Auslegung 0,5 bis 1 Milliarden Euro. Er produziert mühelos 800 000 t Ethylen jährlich, das sind etwa 100 t stündlich!

[30] Wird „Butadi-en“ ausgesprochen!

zu unendlich lange wirr miteinander verknäuelte Kettenmoleküle[31] entstehen. Klar, dass so ein Gebilde mit 5000 bis 50 000 Kettengliedern nicht mehr ein Gas sein kann wie das Ethylen, auch nicht mehr eine Flüssigkeit wie etwa das Benzin mit seinen kurzkettigen Kohlenwasserstoffmolekülen, sondern fest sein muss und nicht leicht auseinanderzureißen ist. Im Grunde ist also Polyethylen ein aliphatischer, im wesentlichen geradkettiger Kohlenwasserstoff mit (nahezu) unendlich langen Molekülen, während Polypropylen im Gegensatz dazu verzweigt ist, weil es Methylgruppen als Seitenketten trägt. Die beiden Kunststoffe gehören also durchaus zu den „aliphatischen Kohlenwasserstoffen" oder „Paraffinen", die wir als Bestandteile des Erdöls kennen gelernt haben, zeichnen sich aber dadurch aus, dass sie extrem lange Kettenmoleküle aufweisen, die in der Natur so nicht vorkommen.

Cracken, Destillieren und Polymerisieren auf dem Schulhof

Wieder hilft uns ein Gedankenversuch im Schulhof, die Vorgänge anschaulich zu machen. Anfangs bilden die Kinder Ketten von 5 bis 10 Schülern, die sich an der Hand halten. Sie entsprechen den Kohlenwasserstoffen mit 5–10 Kettengliedern des Rohbenzins. Auf ein Kommando des Lehrers werden die Schülerketten zu Zweier- oder Dreierketten „gecrackt". Die Beweglichkeit der Ketten nimmt dadurch bedeutend zu; aus der Flüssigkeit Benzin sind jetzt die Gase Ethylen und Propylen entstanden. Auf ein weiteres Kommando des Lehrers sammeln sich die Zweiergruppen in der einen Ecke und die Dreiergruppen in der anderen Ecke des Schulhofs – diese Trennung entspricht der Destillation. Und nun können die reinen Gase Ethylen und Propylen polymerisieren, indem die Schüler möglichst lange Ketten bilden. Solche Riesenschülerketten haben praktisch alle Beweglichkeit eingebüsst. Zwei feste Kunststoffe sind entstanden.

Besonders im Falle des Ethylens verstehen wir auch den Mechanismus der Polymerisation, wenn wir uns vorstellen, dass die Schüler in den Zweiergruppen sich mit zwei Händen aneinander festhalten (das entspricht der Doppelbindung). Die unendlich langen Polymerketten mit Einfachbindungen entstehen, wenn alle diese Kinder je eine Hand freimachen und mit ihr die ausgestreckte Hand eines Schülers aus der benachbarten Zweiergruppe ergreifen.

[31] Es gibt bei manchen Kunststoffen (z. B. „Niederdruck-Polyethylen") auch Bereiche, in denen die Kettenmoleküle kristallin geordnet sind.

Molekülbau und makroskopische Eigenschaften

Verblüffend deutlich erkennen wir abermals, dass die makroskopischen Eigenschaften den Chemikern Rückschlüsse auf die Molekülstruktur erlauben: Gase wie Ethylen und Propylen haben kurzkettige Moleküle, Flüssigkeiten wie Benzin mittelkettige, Festkörper wie Paraffinwachs oder Polyethylen haben extrem langkettige Moleküle. Selbstverständlich gilt der Schluss auch umgekehrt: Wenn wir uns eine Synthese ausdenken, bei der Riesenmoleküle entstehen, dürfen wir nicht erwarten, dass das Reaktionsprodukt ein gasförmiger Stoff sein wird, und wenn wir in einer anderen Reaktion ein leichtes, übersichtliches Molekül herstellen, dürfen wir annehmen, dass es ein Gas oder eine leichtsiedende Flüssigkeit sein wird und sicher kein Wachs oder Kunststoff.

Unzerstörbar wie Diamanten

Im Gegensatz zu den Bestandteilen des Erdöls gibt es Kunststoffe erst seit etwa 70 Jahren und nicht seit Hunderten von Millionen Jahren. Deshalb gibt es noch keine Mikroorganismen, die Polyethylen oder Polypropylen biologisch abbauen können. Chemiegegner und Feinde des „Plastiks" beanstanden das, sehen überall Müllberge entstehen und fordern die Entwicklung biologisch abbaubarer Kunststoffe, soweit sie nicht gleich für ein Kunststoffverbot eintreten. Dies ohne zu bedenken, dass doch gerade die Unzerstörbarkeit der Hauptvorteil dieser vielseitigen Werkstoffe ist. Im Ernst: Wären Sie entzückt über Kunststoffgeschirr, das nach einiger Zeit zu schimmeln anfängt? Oder über einen Stoßfänger an Ihrem Auto, der allmählich verfault? Nein, wer die Kunststoffe wieder aus der Welt schaffen will, sollte sie verbrennen. Dabei entwickeln sie so viel Wärmeenergie wie Heizöl, weil sie ja im Grunde nichts anderes als besonders reines Petroleum mit lauter unendlich langen Molekülen sind. Gerade aus Polyethylen und Polypropylen entsteht dabei kein „Dioxin", weil sie kein Chlor enthalten, und bei den anderen kann man die Dioxinbildung durch geeignete Maßnahmen verhindern.

Drei Recycling-Verfahren zur Auswahl

Die Energiebilanz der Kunststoffe ist dann insgesamt außerordentlich günstig, denn von etwa 20 000 Kilokalorien, die man für die Herstellung eines Kilos Polyethylen verbraucht, gewinnt man beim Verbrennen eines Kilos 10 000 zurück. Man kann deshalb auch mit Recht die Verbrennung als „thermisches Recycling" bezeichnen.

In vielen Fällen ist es möglich und sinnvoll, die Kunststoffe vor dem Verbrennen mehrfach zu verwenden. Müllsäcke, Mülleimer, Blumentöpfe, Paletten, Parkbänke, Landwirtschaftsfolien, Wasserrinnen und tausend andere Alltagsobjekte werden heute aus gebrauchtem Kunststoff durch Umschmelzen hergestellt. Man nennt diese Art der Wiederverwendung deshalb „stoffliches Recycling". Damit wird die Energiebilanz noch weiter verbessert.

Und selbstverständlich lassen sich Kunststoffe ähnlich wie das chemisch verwandte Paraffinwachs auch problemlos zu benzin- und ölähnlichen Substanzen cracken, die dann den Petrochemikern erneut als Rohstoffe dienen („rohstoffliches Recycling"). Weil diese Art des Recyclings chemisch am interessantesten ist und ein weiteres Beispiel für die oben geschilderten Crackreaktionen darstellt, sehen wir sie uns im nächsten Versuch genauer an:

Versuch 5: Rohstoffliches Recycling von Polyethylen

Wir zerschneiden ein 10 × 10 Zentimeter großes Stück dünne Polyethylenfolie (z. B. aus einem Müllsack) in kleine Schnipsel und erhitzen diese in einem Reagenzglas über der Spiritusflamme. Der Kunststoff wird weich und schmilzt langsam. Anschließend beginnt eine kräftige Gasentwicklung und wir können am oberen Ende des Reagenzglases ein brennbares Gas anzünden. Die Flüssigkeit wird langsam gelb und braun, stellenweise auch schwarz, weil Kohlenstoff als Nebenprodukt entsteht. Wir beobachten auch ölige Produkte, die sich an den kühleren Stellen des Glases abscheiden. Wenn wir jetzt das Erhitzen abbrechen, stellen wir nach dem Abkühlen der Flüssigkeit fest, dass aus dem Polyethylen eine leicht schmelzbare, paraffinwachsartige Masse entstanden ist. Sie schmilzt in siedendem Wasser, also noch unterhalb von 100 °C und besteht aus Kohlenwasserstoffen mit etwa 30 Kohlenstoffatomen. Mit besser geeigneten Apparaturen entstehen natürlich noch kürzerkettige Produkte.

Insgesamt haben wir also aus Polyethylen gasförmige, flüssige und wachsartige Crackprodukte erhalten.

Produkte der Petrochemie

Aber Polyethylen ist nicht das einzige Folgeprodukt des Ethylens. Andere sind Styrol und Polystyrol, Vinylchlorid und Polyvinylchlorid, Ethylenoxid, Tenside und Glykol (ein bekanntes Frostschutzmittel für Autokühler), Essigsäure, Propionsäure (ein naturidentisches Konservierungsmittel für Mehl und Brot) und viele andere. Kurzum, es gibt einen ganzen Stammbaum von

Verbindungen, die sich aus dem Ethylen und damit indirekt aus den aliphatischen Kohlenwasserstoffen des Benzins herstellen lassen. Einige von ihnen werden wir demnächst genauer kennenlernen. Ähnlich dient auch das Propylen nicht nur zur Herstellung von Polypropylen, sondern als Rohstoff für Lösungsmittel, Weichmacher, Dispersionen und Klebstoffe.

Wozu die Chemiker das dritte Hauptprodukt der Steamcracker, das Butadien brauchen, wird uns erst später klar. Aber schon hier ahnen wir, wie wichtig für unser modernes Leben die Crackreaktionen sind und Sie beginnen zu verstehen, warum wir dieser Gewaltreaktion so viele Seiten gewidmet haben. Mit Recht nennt man dieses Teilgebiet der Chemie, das seine Produkte letzten Endes aus dem Erdöl oder „Petroleum" herstellt, „Petrochemie". Das Wort Petroleum selbst stammt aus dem Lateinischen. Es ist zusammengezogen aus „Petrus" = Stein und „Oleum" = Öl.

Wir kehren von den so überaus nützlichen Riesenmolekülen der Kunststoffe zurück zu unseren reaktionsträgen Paraffinen mit überschaubarer Kettenlänge. Bis jetzt haben wir von ihnen nur die Crackreaktion genauer kennengelernt. Das ist ein bisschen wenig, finden Sie nicht auch?

Aggressive Partner für Phlegmatiker

Phlegmatische Charaktere brauchen stürmische Partner, um Bindungen einzugehen. In unserem Falle sind es vor allem die hochaktiven Oxidationsmittel Chlor und Sauerstoff, welche die aliphatischen Kohlenwasserstoffe („Alkane") chemisch angreifen. Im ersten Falle entstehen die „Chloralkane" oder „Alkylchloride", die zu der riesigen Familie der Chlorkohlenwasserstoffe gehören. Das einfachste von ihnen ist das Chlormethan oder Methylchlorid:

$$CH_4 + Cl_2 \longrightarrow CH_3Cl + HCl$$

Ein Gas, das sich im Sonnenlicht aus Methan und Chlor bildet, wenn das eine Chloratom dem Kohlenstoff ein Wasserstoffatom entreißt und das andere an seine Stelle tritt[32]. Die Chemiker nennen solche Ersatzreaktionen „Substitutionen". Leider lässt sich die Reaktion nicht ganz leicht steuern, weil auch stärker chlorierte Verbindungen wie das Dichlormethan CH_2Cl_2, Trichlormethan $CHCl_3$ und Tetrachlormethan CCl_4 entstehen. Die beiden zuletzt

[32] In der Natur entsteht Methylchlorid in riesigen Mengen. Es bildet sich über den Wellen der Ozeane aus Salzwassertröpfchen und Methan, einem Stoffwechselprodukt des Planktons. Die Reaktion wird durch intensives Sonnenlicht angestoßen. Sie ist nicht ganz leicht zu verstehen, da sie ja nicht Chlor, sondern Natriumchlorid (Kochsalz) als Chlorierungsmittel verwendet. Das Reaktionsprodukt Methylchlorid scheint aber zur Entstehung des „Ozonlochs" erheblich beizutragen.

genannten sind unter ihren Trivialnamen „Chloroform“ und „Tetrachlorkohlenstoff“ bekannter. Ersteres wurde lange Zeit als Narkotikum bei chirurgischen Operationen verwendet, bis es die Ärzte durch weniger giftige Substanzen ersetzen konnten. Das Letztere dient als Lösemittel zum Entfetten von Metalloberflächen und war lange Zeit einer der Hauptbestandteile von „Fleckenwässern“. Beide Flüssigkeiten sind wasserunlöslich und schwerer als Wasser, weswegen bei schlampigem Umgang mit ihnen die Gefahr einer Grundwasserverunreinigung besteht. Sind sie erst einmal dort angelangt, so dauert es lange Zeit, bis sie abgebaut werden.

Selbstverständlich ist auch das Ethan und jeder höhere Kohlenwasserstoff dieser Chlorierungsaktion zugänglich, und bei etwas anderen Bedingungen kann man auch bromieren oder iodieren statt zu chlorieren. Dabei entstehen normalerweise Reaktionsgemische, deren Komponenten nicht immer leicht auseinander zu destillieren sind. Zu den reinen Verbindungen gelangt der Chemiker deshalb zweckmäßig auf anderen Wegen.

Schwergewichte kommen nicht so leicht zum Kochen

Generell gilt die Regel, dass Chlorkohlenwasserstoffe höher sieden als die entsprechenden Kohlenwasserstoffe:

CH_4	$H_3C{-}CH_3$	$H_3C{-}CH_2{-}CH_3$
Methan	Ethan	Propan
Sdp. –162 °C	–89 °C	–42 °C
CH_3Cl	C_2H_5Cl	*n*-C_3H_7Cl
Methylchlorid	Ethylchlorid	*n*-Propylchlorid
Sdp. –24 °C	+13 °C	+46 °C

Dies kommt daher, dass das Chloratom mit seinem Atomgewicht von 35,5 das Molekül schwerer und träger macht als ein Wasserstoffatom mit dem Atomgewicht 1. Trägere Moleküle entweichen erst bei höheren Temperaturen, wenn ihre Eigenbewegung schneller wird, aus der Flüssigkeit in den Dampfraum. Aus diesem Grund steigt der Siedepunkt weiter an, wenn in das Molekül noch mehr Chloratome eintreten:

CH_3Cl	CH_2Cl_2	$CHCl_3$	CCl_4
Methylchlorid	Dichlormethan	Chloroform	Tetrachlormethan
Sdp. –24 °C	+41 °C	+61 °C	+77 °C

Auch die Giftigkeit steigt mit zunehmendem Chlorgehalt.

Bromverbindungen sieden höher als die entsprechenden Chlorverbindungen und Iodverbindungen höher als Bromverbindungen. Das hat wieder mit dem Molgewicht (unten mit MG abgekürzt) zu tun, denn Brom hat das Atomgewicht 80 und Iod 127. Beide Elemente erhöhen also das Molekulargewicht stärker als Chlor mit seinem Atomgewicht von 35,5. Je schwerer und träger die Moleküle, desto höhere Temperaturen sind erforderlich, um sie aus der Flüssigkeit in den Dampfraum hinauszukatapultieren. Die Moleküle verhalten sich also wie Autos: Schwere Laster brauchen mehr Energie, um auf hohe Geschwindigkeit beschleunigt zu werden als leichte Sportwagen:

C_2H_5Cl	C_2H_5Br	C_2H_5I
Ethylchlorid	Ethylbromid	Ethyliodid[33]
Sdp. +13 °C	38 °C	72 °C
MG 64,5	109	156

So wird verständlich, dass in der gleichen Reihenfolge und aus dem gleichen Grund auch die Dichte zunimmt:

0,910	1,430	1,933 g/ccm

Abermals erkennen wir, wie makroskopische physikalische Eigenschaften, die sich in jedem Labor messen lassen, durch den Bau der winzigen, submikroskopischen Moleküle bestimmt werden. Für den Chemiker ist es dabei erfreulich, dass Regeln und Gesetze gelten, die ihm erlauben, aus dem Molekülbau Siedepunkte, Giftigkeit und Dichten abzuschätzen. Umgekehrt kann er aus solchen makroskopischen Daten häufig auf die wahrscheinliche Strukturformel seiner Reaktionsprodukte schließen. Der Chemiker arbeitet in diesem Falle ähnlich wie die Kriminalisten, die aus den Tatumständen Rückschlüsse auf den Kreis der Verdächtigen ziehen oder einem Verdächtigen gewisse Tatmotive anlasten.

Wie steht es nun um die Reaktionsfähigkeit des gebundenen Halogenatoms? Auch da gibt es Gesetzmäßigkeiten, denn Chlor wird am stärksten gebunden, Brom mittelstark und Iod am schwächsten. Das ist deshalb recht wichtig, weil die Chemiker bisweilen C-Halogenbindungen[34] durch Um-

---

33 Berechnung des Molekulargewichts von Ethyliodid: Formel C_2H_5I. Atomgewichte: C = 12, H = 1, I = 127. Molekulargewicht: $2 \times 12 + 5 \times 1 + 1 \times 127 = 156$

34 Die drei Elemente Chlor, Brom und Iod sind in ihren Reaktionen so ähnlich, dass man sie in einer „Halogen"-Gruppe zusammenfasst. Dem entsprechend kann man auch Methylchlorid, Methylbromid und Methyliodid unter dem Begriff „Methylhalogenide" zusammenfassen. Jede dieser Verbindungen enthält nämlich eine C-Halogen-Bindung.

setzung mit Natriumhydroxid oder Ammoniak in C–OH-Gruppen oder C–NH_2-Gruppen umwandeln:

$$C{-}Cl + NaOH \longrightarrow C{-}OH + NaCl$$
$$C{-}Cl + NH_3 \longrightarrow C{-}NH_2 + HCl$$

Dabei müssen sie zwischen Preis und Bequemlichkeit wählen, denn die Chlorverbindungen sind billig, aber schwierig umzusetzen, während die Brom- und erst recht die Iodverbindungen viel leichter reagieren, aber erheblich teurer, meist auch schwieriger herzustellen sind.

Künstliches Erdgas aus Sonnenenergie

Der Hauptnachteil des Solarstroms liegt bekanntlich in seiner ungleichmäßigen Verfügbarkeit. Bei Sonnenschein entsteht er, auch wenn man ihn nicht braucht, bei Nacht und schlechtem Wetter entsteht er gar nicht, obwohl er vielleicht benötigt wird. Selten hat man das Glück, dass die Windräder gerade die Lücken ausfüllen. Man muss dann Gas- oder Kohlekraftwerke zuschalten, die aber natürlich Kohlendioxid ausstoßen, was man gerade mit Hilfe der Sonnenenergie vermeiden möchte. Einen eleganten Ausweg aus diesen Schwierigkeiten wären Stromspeicher, also Akkumulatoren, die bei gutem Wetter Strom laden und bei Nacht oder schlechtem Wetter wieder abgeben. Leider sind jedoch Akkumulatoren teuer und nicht so leistungsfähig, wie sie für eine Industrienation in dieser Situation sein müssten.

Eine andere Möglichkeit bieten Speicherkraftwerke, in denen überschüssiger Solar- oder Windstrom benutzt wird, um Wasser aus einem niedrig gelegenen Stausee in einen höher gelegenen zu pumpen. Bei Stromknappheit kann dieses Wasser kontrolliert abgelassen werden und dabei Generatoren antreiben. In unserem dichtbesiedelten Land stößt aber der Neubau solcher Stauseen selbst bei grün gestimmten Wählern auf wenig Gegenliebe.

Da liest der interessierte Laie doch mit Staunen, dass man überschüssigen Solarstrom leicht in künstliches Erdgas, also Methan umwandeln kann. Dieses speist man dann in vorhandene Erdgasspeicher ein, bis wieder Strommangel herrscht und ein nahe gelegenes Gaskraftwerk von diesen Vorräten zehrt. Aber wie soll das zugehen? Methan enthält Kohlenstoff und Wasserstoff, Strom enthält weder noch. Wie soll daraus Methan entstehen?

Das Rätsel löst die 1902 von dem französischen Chemiker Paul Sabatier entdeckte Reaktion gleichen Namens. Bei ihr wird Kohlendioxid katalytisch mit Wasserstoff zu Methan und Wasser umgesetzt:

$$CO_2 + 4\,H_2 \longrightarrow CH_4 + 2\,H_2O$$

Die Reaktion verläuft besonders gut unter 16 bar Druck und bei Temperaturen um 280 °C. Die Ausbeute liegt wohl unter 70 %, kann aber vielleicht noch gesteigert werden. Das Kohlendioxid kommt per Rohrleitung von einem Kohlekraftwerk, einem Gaskraftwerk oder einer Industrieanlage in der Nähe. Und es freut uns als eifrige Klimaschützer, dass es auf diese Weise verbraucht wird. Aber woher kommt der Wasserstoff?

Er entsteht, wenn man Wasser mit Hilfe von Gleichstrom nach der Gleichung

$$2\,H_2O \longrightarrow 2\,H_2 + O_2$$

in seine Bestandteile Wasserstoff und Sauerstoff zerlegt. Der Gleichstrom kann direkt einer Solarstromanlage entnommen werden. Im Gegensatz zu dem Teil der Stromproduktion, der in das Stromnetz eingespeist wird, entfällt hier die Umwandlung in Wechselstrom.

Dieses Verfahren wollen wir uns im

Versuch 6. Herstellung von Wasserstoff aus Wasser

ansehen. Wir verwenden dafür Gleichstrom aus einer 4,5 Volt-Taschenlampenbatterie und eine selbst gebastelte Elektrolyseapparatur, die in Abb. 2.6 dargestellt ist. Sie besteht aus der oberen Hälfte einer Kunststoffflasche und einem dazu passenden Korken, den wir mit Hilfe eines 1,8 mm starken Nagelbohrers an zwei einander gegenüber liegenden Stellen durchbohrt haben. Durch die Bohrlöcher schieben wir behutsam zwei vier bis fünf Zentimeter lange und 2 Millimeter dicke Graphitminen, wie sie im Schreibwarenladen für Markenbleistifte erhältlich sind. Wir prüfen, ob die mit dem Hals nach unten gehaltene Flaschenhälfte wasserdicht ist. Wenn dies der Fall ist, setzen wir das leere Gefäß in ein passend angefertigtes Holzgestell. Unter den beiden Graphitminen stellen wir eine 4,5 Volt-Taschenlampenbatterie so auf, dass jeder Pol der Batterie mit einem Graphitstift Kontakt hat.

Jetzt machen wir elektrisch leitfähiges Wasser, indem wir 25 g wasserfreie Soda (Natriumcarbonat) oder Kaliumcarbonat[35] in 100 ml Regenwasser oder entmineralisiertem oder destilliertem Wasser lösen. Von dieser Lösung gießen wir so viel in unsere Zersetzungsapparatur, dass beide Graphitstäbe etwa zwei bis drei Zentimeter hoch überschichtet werden.

Sofort setzt an beiden Elektroden eine deutliche Gasentwicklung ein. An der mit dem Minuspol verbundenen „Kathode" entsteht doppelt so viel Gas wie an der „Anode", die mit dem Pluspol Kontakt hat. Das erste Gas ist Wasserstoff, das zweite Sauerstoff. Wir brechen den Versuch nach einigen

---

[35] Als „Pottasche" im Backzutatenregal des Supermarkts erhältlich, aber auch in manchen Apotheken.

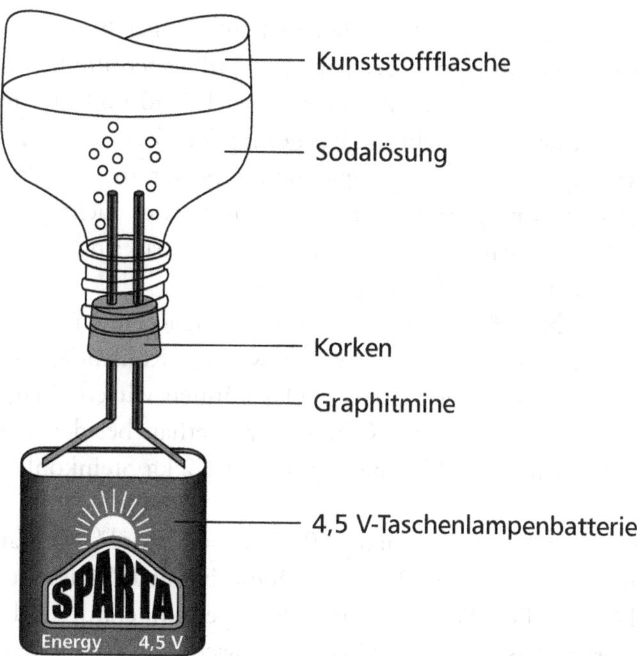

Abb. 2.6 Herstellung von Wasserstoff durch Elektrolyse von Wasser

Minuten ab, indem wir die Batterie entfernen. Die Gasentwicklung hört sofort auf.

Gleichstrom kann also Wasser nach der obigen Gleichung in Wasserstoff und Sauerstoff zerlegen. Das Natrium- oder Kaliumcarbonat wirkt dabei nur als Katalysator.

Sie sehen, ein Stromspeicherwerk, welches das Sabatierverfahren benutzt, stellt Wasserstoff aus alternativ erzeugtem Strom her, wandelt damit Kohlendioxid in Methan um und speist dieses direkt in das Erdgasnetz oder einen Erdgasspeicher ein. Das Methan kann in einem Gaskraftwerk verbrannt werden, wenn Strommangel herrscht.

In Gedanken können wir sogar das dabei entstehende Kohlendioxid gleich wieder aus dem Rauchgas des Kraftwerks abtrennen und erneut mit Wasserstoff umsetzen, womit dann tatsächlich das Kohlendioxid im Kreis läuft und nur noch Verluste ergänzt werden müssen. Das Verfahren ist so elegant, dass wir uns fragen, warum nicht überall solche Speicherwerke aus dem Boden sprießen.

Das hat natürlich seine guten Gründe. Man kann sie nicht überall errichten, weil sie sinnvoller weise in der Nähe einer großen Solarstromanlage *und* bei einer Kohlendioxidquelle stehen sollten. Auch ein Erdgasspeicher oder wenigstens eine Erdgasleitung sollte leicht erreichbar sein. Ihr Betrieb ist ganz gewiss nicht einfach, weil sie je nach Strombedarf häufig angefahren oder abgestellt werden müssen. Die Ausbeuten der einzelnen Arbeitsschritte liegen natürlich auch nicht bei 100 %, sondern insgesamt eher bei 50 und die Investitionskosten sind keineswegs vernachlässigbar gering. Zur Zeit wird das Verfahren in Versuchsanlagen erprobt und optimiert („power to gas"-Prozess). Die Tatsache, dass die Energiewende ohne Stromspeicher nicht gelingen wird und dass andere Speicherverfahren kaum realisierbar sind, bestärkt unser Vertrauen auf Sabatiers Entdeckung.

Noch Fragen? Natürlich! Hier kommt die naheliegende und zum Thema passende Frage auf, warum Gaskraftwerke weniger Kohlendioxid emittieren als Kohlekraftwerke gleicher Leistung. Das können wir erklären, wenn wir uns vor Augen halten, dass ein Kubikmeter Methan bei der Verbrennung grob gerechnet ebenso viel Wärme abgibt wie 1,2 kg Steinkohle. Und jetzt geht's los!

Ein Kubikmeter Methan enthält 1000:22,4 = 45 Mol[36] Methan, weil bekanntlich ein Mol eines Gases 22,4 Liter Rauminhalt aufweist (bei 0 °C und 1,033 bar Druck, aber die Korrektur auf Tagestemperatur und -luftdruck können wir vernachlässigen). Das Molekulargewicht von CH_4 beträgt 12 + 4 = 16, ein Mol wiegt also 16 g. In einem Kubikmeter sind demnach 45 × 16 g = 720 g Methan enthalten, ihr Kohlenstoffgehalt beträgt 45 × 12 g = 540 g. Aus 12 g C entstehen 44 g Kohlendioxid (weil sie mit 32 g Sauerstoff zu CO_2 reagieren und 12 + 32 = 44 ist). Aus 540 g Kohlenstoff bilden sich folglich 2000 g Kohlendioxid.

Steinkohle enthält etwa 85 % Kohlenstoff, 1,2 Kilogramm Steinkohle dem entsprechend etwa 1000 g Kohlenstoff. Aus 1000 g Kohlenstoff entstehen 3650 g Kohlendioxid. Vergleichen wir diese Zahl mit den 2000 g Kohlendioxid aus Methan, so erkennen wir, dass ein Steinkohlekraftwerk etwa 1,8 mal so viel Kohlendioxid ausstößt wie ein gleich starkes Gaskraftwerk. Bei der Verbrennung von Braunkohle entsteht noch mehr Kohlendioxid.

Etwas erschöpft, aber doch zufrieden sind wir am Ziel dieses langen Ausflugs zu den Paraffinen angekommen. Er begann auf den Erdölfeldern, wo wir den Rohstoff kennenlernten, aus dem die Raffinerieleute mit sparsamen Methoden ihre Erdölfraktionen destillieren. Überraschend entdeckten wir in ihnen alte Bekannte: Erdgas und Benzin, Kerosin und Dieselöl, Heizöl, Paraffinöl, Vaseline, Paraffinwachs und Asphalt. Neu war für uns, dass in diesen Gemischen die aliphatischen Kohlenwasserstoffe gewissermaßen in Reih und Glied auftreten. In der Kerzenflamme vollzogen wir die Reaktionen nach, mit denen schlaue Raffineriechemiker ihre Ausbeute an Benzin und

[36] Ein Mol wiegt so viel Gramm, wie die Summe der Atomgewichte angibt.

Heizöl erhöhen. Den dabei auftretenden Wasserstoffmangel, als Ruß sichtbar, beseitigten wir nur anfangs durch Wasserstoffzusatz, als fortgeschrittene Kenner der Petrochemie dann durch Dampfbeimengung. Ob Benzine klopfen, lasen wir bereits an den Molekülformen ab, und mindestens einer der Gründe, warum die Petrochemiker aus Rohbenzin Ethylen und Propylen rein herstellen, wurde uns beim Polymerisieren klar. Wieder fiel uns auf, wie eng die unsichtbare Molekülstruktur mit den makroskopischen Eigenschaften zusammenhängt: Die kurzkettigen Moleküle erwiesen sich als Gase, die mittelkettigen als Flüssigkeiten und die langkettigen als Wachse, Festkörper oder gar als Kunststoffe. Nach einem Abstecher in die Frühgeschichte der Menschheit und einem anderen zu den giftigen Chlorkohlenwasserstoffen endete unsere Reise damit, dass wir grünen Strom in Erdgas verwandelten – für die übergroße Mehrheit unserer Mitmenschen die reinste Hexerei. Ganz nebenbei wurde uns klar, warum Gaskraftwerke weniger das Klima belasten als Kohlekraftwerke.

Doch damit genug von Kohlenwasserstoffen und chemischen Energiespeicherverfahren. Wir sehnen uns nach reaktionsfreudigeren Verbindungen mit funktionellen Gruppen. Zu ihnen sollen uns die nächsten beiden Ausflüge führen.

[illegible]

Dritter Ausflug: Dahin, wo sauer sein normal ist

Die Ethnologen versichern uns, dass es kaum ein Volk gibt, dem die Herstellung alkoholischer Getränke unbekannt blieb. Tatsächlich gehört die Zubereitung von Wein zu den ältesten biochemischen Fertigkeiten der Menschheit, sumerische Rollsiegel und ägyptische Wandmalereien beweisen es. Schon vor 5000 Jahren wurden die Trauben durch Treten gekeltert, anschließend führte man den Gärprozess in großen Tonkrügen durch. Die erbauliche Geschichte vom trunkenen Noah (Gen 9,18–27) beginnt mit der Feststellung: „Noah aber fing an und ward ein Ackermann und pflanzte Weinberge". Auch Lot war nach dem Untergang von Sodom und Gomorrha einem kräftigen Schluck keineswegs abgeneigt, wie die pikante Nachricht von der Sünde seiner geschockten Töchter beweist (Gen 19,30–38).

Bierbrauen und Pantschen im Altertum

Die Kunst des Bierbrauens ist keineswegs viel jünger. Bevor die Sumerer um 2500 v. Chr. das Rösten von Malz erfanden, war das Brauen Frauensache. Sie mussten Brot kauen, mit Wasser anmaischen und in großen Gefäßen vergären. Dabei spalten, wie wir heute wissen, die Fermente des Speichels die Stärke in Traubenzucker (s. Versuch 33). Dieser wird unter Luftabschluss durch die allgegenwärtigen Hefepilze oder mit Hilfe eines Zusatzes von hefehaltigem Bier zu Alkohol und Kohlendioxid umgesetzt:

$$C_6H_{12}O_6 \longrightarrow 2\,C_2H_5OH + 2\,CO_2 + \text{Wärmeenergie}$$

Nach einem ähnlichen, aber unabhängig erfundenen Verfahren erzeugten schon vor der Ankunft der Spanier die Untertanen der Inkas ihre „Chicha" aus Mais. Sie ist auch heute noch das Nationalgetränk der Peruaner, wird inzwischen aber mit appetitlicheren Methoden hergestellt.

Fast so alt wie die Braukunst ist offenbar das Pantschen. Gesetze des babylonischen Königs Hammurabi belegten bereits um 1750 v. Chr. das Fälschen von Bier mit drakonischen Strafen. Das war offensichtlich notwendig, obwohl sich das damalige Bier von unserem heutigen doch ziemlich unterschied.

Alkohol – mit Wasser verwandt?

Der Alkohol ist im Grunde ein Abkömmling des Wassers; die Ähnlichkeit fiel uns schon auf S. 16 auf. Wenn wir in seinem Molekül ein Wasserstoffatom durch die Ethylgruppe ersetzen, erhalten wir die Formel des Ethanols:

$$H{-}OH \qquad H_3C{-}CH_2{-}OH$$

Der reine Alkohol hat ein Molekulargewicht von 46 und siedet bei 78 °C. Das ist eine erstaunlich hohe Zahl, wenn wir bedenken, dass das Propan (C_3H_8) bei annähernd gleichem Molekulargewicht schon bei frostigen –42 °C kocht. Selbst das *n*-Butan (C_4H_{10}) mit seinem Molekulargewicht von 58 siedet noch rund 80 °C tiefer als unser Alkohol mit seinem Molgewicht von 46.

Wir können diese auffällige Anomalie nur erklären, wenn wir annehmen, dass außer den schwachen zwischenmolekularen Kräften, welche die Kohlenwasserstoffmoleküle ziemlich locker zusammenhalten, zwischen den Alkoholmolekülen erheblich stärkere Kräfte wirken. Ihretwegen klammern sich die Alkoholmoleküle heftiger aneinander und können deshalb nicht so leicht in den Dampfraum hinausfliegen.

Wenn wir die Formeln des Alkohols und des Propans miteinander vergleichen, wird uns sofort klar, dass für dieses Sich-aneinander-krallen die OH-Gruppe verantwortlich sein muss, denn sobald wir im Propanmolekül

$$\begin{array}{c} CH_3 \\ | \\ CH_2 \\ | \\ CH_3 \end{array} \qquad \begin{array}{c} CH_3 \\ | \\ CH_2 \\ | \\ OH \end{array}$$

rein formal eine CH_3-Gruppe durchstreichen und dafür eine OH-Gruppe einsetzen, springt der Siedepunkt um 120 °C hoch.

Nun fragen wir uns, wie es die OH-Gruppen des Alkoholmoleküls fertig bringen, andere Alkoholmoleküle festzuhalten. Magnetische Kräfte scheiden aus, denn Alkohol lässt sich nicht magnetisieren. Aber vielleicht elektrische Kräfte?

Die OH-Gruppe – ein elektrischer Dipol?

Vielleicht ist es so, dass die OH-Gruppe wie ein elektrischer Dipol wirkt, wobei das O-Atom negativ geladen sein könnte und das H-Atom positiv (oder umgekehrt). Wenn das so wäre, könnten sich wegen der Anziehung zwi-

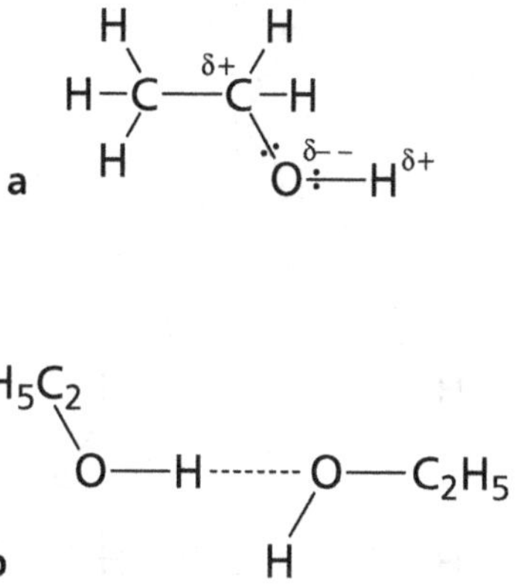

a
```
H       H
 \  δ+ /
H–C——C–H
 /      \   δ– –
H        O÷—H^δ+
```

b
```
H5C2
    \
     O—H·······O—C2H5
              /
             H
```

Abb. 3.1 a: Die alkoholische OH-Gruppe ist ein elektrischer Dipol, weil das Sauerstoffatom die Bindungselektronen zu sich heranzieht. b: Ein Anlagerungskomplex aus zwei Ethanolmolekülen

schen positiver und negativer elektrischer Ladung Alkoholmoleküle so aneinander festhalten, wie dies Abb. 3.1 zeigt.

Das ist eine so kühne Vermutung, dass wir für sie unbedingt noch einige stützende Argumente sammeln sollten. Deshalb fragen wir uns: Gibt es weitere Tatsachen, die unsere Theorie bestätigen könnten?

Zunächst einmal fällt es auf, dass *alle* Alkohole deutlich höhere Siedepunkte aufweisen als Kohlenwasserstoffe mit vergleichbarem Molekulargewicht: Methylalkohol (Methanol) siedet bei 65 °C, das vergleichbare Ethan bei –89 °C; *n*-Propanol bei 97 °C, die Vergleichssubstanz *n*-Butan bei –1 °C. Die funktionelle OH-Gruppe wirkt also nicht nur beim Ethanol, sondern generell siedepunktserhöhend.

Aber am ausgeprägtesten ist der Sprung der Siedetemperatur, wenn wir H–OH, also Wasser mit H–CH_3, also Methan vergleichen:

```
  H          H
  |          |
H–C–H        O–H
  |
  H
```

Methan	Wasser
Molgewicht 16	Molgewicht 18
Sdp. –162 °C	Sdp. 100 °C

Wieso springt hier der Siedepunkt um sage und schreibe 262 °C hoch, wenn statt einer CH_3-Gruppe eine OH-Gruppe in das Molekül eintritt?

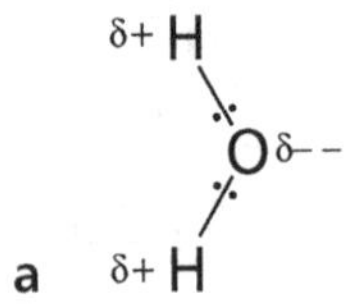

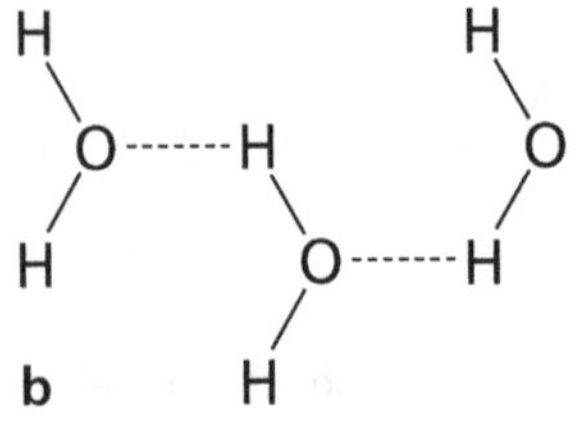

Abb. 3.2 **a**: Das Wassermolekül ist ein elektrischer Dipol, weil das Sauerstoffatom die Bindungselektronen an sich heranzieht. Die Wirkung der beiden polarisierten Wasserstoffatome addiert sich in einem Kräfteparallelogramm. **b**: Ein Anlagerungskomplex („Cluster") aus drei Wassermolekülen, die über zwei „Wasserstoffbrücken" aneinander gebunden sind.

Wasser – ein Extremfall

Offensichtlich ist die Anziehungskraft zwischen den H–O–H-Molekülen besonders stark, weil in ihnen *zwei* Wasserstoffatome eine positive Teilladung annehmen können und das Sauerstoffatom dementsprechend zwei negative. Dabei muss das Wassermolekül gewinkelt gebaut sein, denn bei gestrecktem Bau entsteht kein Dipol, und zwar deshalb nicht, weil ein gestrecktes Molekül an beiden Enden positiv geladen wäre:

H–O–H

Bei gewinkeltem Bau dagegen addiert sich die Wirkung der positiven Teilladungen in der Art eines Kräfteparallelogramms. Die Seite des Wassermoleküls, an der die H-Atome sitzen, ist positiv, die andere Seite (das O-Atom) negativ aufgeladen. Weil positive und negative Ladungen sich gegenseitig anziehen, hängen sich mehrere Wassermoleküle über sogenannte „Wasserstoffbrücken" aneinander (Abb. 3.2).

Solche „Cluster" entlassen ihre Kettengliedermoleküle erst bei höherer Temperatur in den Dampfraum, wenn die Bewegungen der einzelnen Moleküle schon so heftig geworden sind, dass an einen echten Zusammenhalt nicht mehr zu denken ist. Das Wasser hat deswegen einen viel höheren Siedepunkt, als er von einzeln auftretenden H–O–H-Molekülen zu erwarten wäre.

Hier bleiben noch zwei Fragen offen:

1. Ist es richtig, dass sich im Wassermolekül der Sauerstoff negativ, der Wasserstoff positiv auflädt, oder ist es vielleicht gerade umgekehrt?

Antwort auf diese Frage gibt uns der Versuch 6, mit dem wir schon auf Seite 58 Wasserstoff erzeugten. Er entstand an der negativ geladenen Graphitelektrode.

Deshalb ist es plausibel, anzunehmen, dass auch im unzersetzten Wassermolekül die H-Atome positive Teilladung tragen. Die Sauerstoffatome sind dagegen negativ geladen und wandern deshalb zur positiven Graphitmine. Unsere bisherige Annahme war also zufällig richtig erraten. Vor lauter Freude hätten wir fast die zweite Frage vergessen. Hier ist sie:

2. Wie kommen die Teilladungen der Wasserstoff- und Sauerstoffatome im Wassermolekül zustande?

Ein feuriger Elektronenliebhaber

Das Sauerstoffatom hat sechs Valenzelektronen. Es fühlt sich damit überhaupt nicht ausgelastet, kennt sozusagen die Oktettregel von Lewis (S. 20), und möchte unbedingt acht haben. Aber es ist selbst dann noch nicht zufrieden, wenn ihm im Wassermolekül zwei Wasserstoffatome je ein Elektron zureichen. Zwar hat es jetzt acht Elektronen, aber die, welche die H–O-Bindung zustande bringen, sind diesem feurigen Elektronenliebhaber zu weit weg. Er zerrt sie, so gut es geht, an sich heran; das wehrlose Wasserstoffatom gibt nach, aber es gibt nicht auf. Zuletzt einigen sich Sauerstoff und Wasserstoff auf einen Kompromiss: Das Sauerstoffatom zieht die Bindungselektronen ein Stück weit zu sich herüber und wird dadurch teilweise negativ aufgeladen („polarisiert"). Das Wasserstoffatom wird teilweise von Elektronen entblößt und dadurch positiv polarisiert. Ein ähnliches Endergebnis zeitigt der Kampf um die gemeinsame Bettdecke zwischen zwei ungleichen Bettgefährten: Der egoistischere zieht sie ein Stück weit zu sich herüber, hat nun davon mehr als ihm zusteht und entblößt dadurch irgendein Körperteil seiner benachteiligten Bettgefährtin.

Im Wassermolekül kann der elektronenliebende Sauerstoff dieses Spiel mit beiden H–O-Bindungen treiben.

Im Alkoholmolekül dagegen gelingt dem elektronengierigen Sauerstoffatom das Bindungselektronen-an-sich-heran-zerren nur mit der H–O-Bindung, nicht aber mit der C_2H_5-Gruppe. Die gibt nämlich *nicht* nach. Dies kommt daher, dass der Kohlenstoff für die Wasserstoffatome ein fairerer Bindungspartner ist als der Sauerstoff. Er ist als Elektronenliebhaber weniger leidenschaftlich, lässt also die gemeinsamen Bindungselektronen der C–H-

Bindung schön in der Mitte der Bindung als echten gemeinsamen Besitz, und sieht sozusagen gar nicht ein, warum er dem Sauerstoffatom gegenüber auf diese friedenstiftende Gewohnheit verzichten soll. Das Alkoholmolekül ist also nur an einem Wasserstoffatom und damit erheblich schwächer polarisiert als das Wasser. Dennoch gibt es auch zwischen den Alkoholmolekülen Wasserstoffbrücken (s. Abb. 3.1), wenn sie auch seltener auftreten und weniger stark sind. Deshalb hat Ethanol einen niedrigeren Siedepunkt als Wasser, nämlich 78 °C, und das, obwohl es ein höheres Molekulargewicht hat (46 statt 18).

Ein einfacher Versuch als Beweis

Diese teilweise polarisierten OH-Gruppen des Alkohols können wir mit einem einfachen Versuch nachweisen, denn sie müssen fähig sein, OH-Gruppen des Wassermoleküls mithilfe der Wasserstoffbrücken locker zu binden. Dabei zieht das positiv polarisierte Wasserstoffatom des Alkohols ein negativ polarisiertes Sauerstoffatom des Wassermoleküls an. Umgekehrt können die positiv polarisierten Wasserstoffatome des Wassers sich eng an das negativ polarisierte Sauerstoffatom des Ethanols anschmiegen (Abb. 3.3).

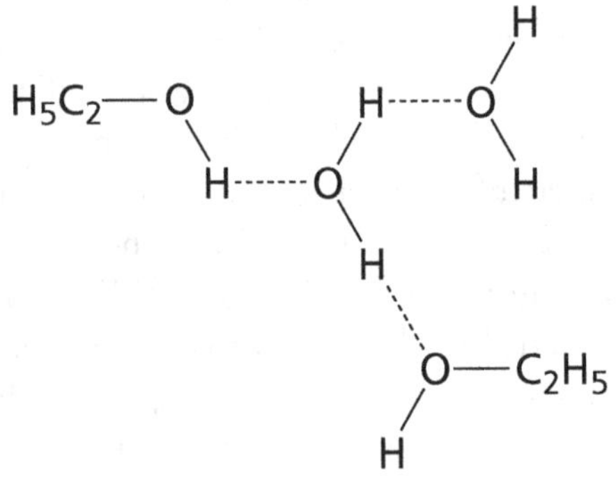

Abb. 3.3 Ein Anlagerungskomplex aus je zwei Wasser- und Alkoholmolekülen

Durch dieses Zusammenrücken der Wasser- und Alkoholmoleküle wird natürlich Platz gespart. Deshalb dürfen wir erwarten, dass ein Raumteil Ethanol mit einem Raumteil Wasser gemischt *weniger* als zwei Raumteile Mischung ergibt. Ob unsere Vorhersage tatsächlich zutrifft, wollen wir im nächsten Versuch nachprüfen.

Versuch 7: Alkohol und Wasser

Wir vermischen 100 ml entmineralisiertes Wasser mit 100 ml Ethanol (Brennspiritus). Unter schwacher Wärmeentwicklung entsteht eine völlig klare Mischung, die tatsächlich nur 194 ml Volumen beansprucht.

Die teilweise polarisierte OH-Gruppe macht sich auch dadurch bemerkbar, dass Ethanol manche Stoffe fast ebenso gut löst wie das Wasser mit seinen beiden polarisierten OH-Bindungen.

Versuch 8: Alkohol als Lösemittel (1)

Wir lösen Natriumhydroxid oder noch besser Kaliumhydroxid in Brennspiritus (Schutzbrille! Spritzer ins Auge verursachen schwere Verätzungen der Hornhaut! Auch Hautkontakt vermeiden!). Unter Wärmeentwicklung lösen sich beträchtliche Mengen.

Demgegenüber löst Alkohol so gut wie gar kein Kochsalz.

Aber auch die Ethylgruppe des Alkoholmoleküls macht sich im Löslichkeitsverhalten bemerkbar. Sie enthält, wie wir oben festgestellt haben, lauter C–H-Bindungen, bei denen die Bindungselektronen redlich zwischen den beiden Bindungspartnern geteilt werden. Diese Bindungsart mit redlich geteilten Bindungselektronen nennt man auch „Atombindung", „homöopolare" oder „kovalente" Bindung. Sie ist die häufigste Bindungsart der Organischen Chemie. Alle Kohlenwasserstoffe, denen wir bei unserem letzten Ausflug begegneten, haben kovalente C–C- und C–H-Bindungen. Weil, wie gesagt, auch in der C_2H_5-Gruppe diese Bindungsart vorherrscht, kann Alkohol Kohlenwasserstoffmoleküle als „Verwandte" betrachten und zwischen seine Moleküle einlagern, so wie Demonstranten gern Gleichgesinnte in ihren Reihen aufnehmen. Dies zeigt uns der folgende Versuch:

Versuch 9: Alkohol als Lösemittel (2)

9.1. Trocknen des Alkohols: Wir erhitzen in einem waagrecht gehaltenen Reagenzglas eine Spatelspitze Kupfersulfat so lange über dem Spiritusbrenner, bis die blauen Kristalle unter Knistern zu einer grauweißen Masse zerfallen sind. Dabei entweicht Wasserdampf, der sich am kälteren Teil des Reagenzglases in Form von Tröpfchen niederschlägt. Wir vertreiben sie aus dem Reagenzglas, indem wir nun auch diesen Teil kräftig erwärmen. Auf das völlig entwässerte Kupfersulfat gießen wir nach dem vollständigen Abkühlen 4 ml Brennspiritus, um ihn zu trocknen (er enthält im allgemeinen etwa 5 % Wasser). Das Reagenzglas verschließen wir mit einem passenden Kork- oder Gummistopfen.

9.2. Lösevermögen für organische Stoffe: Nach etwa einem Tag ist unser Ethanol seinerseits wasserfrei. Wir gießen es vom ehemals wasserfreien Kupfersulfat ab und tropfen es in etwa 2–3 ml Feuerzeugbenzin oder Nähmaschinenöl. Die beiden Flüssigkeiten lassen sich restlos vermischen. Sie entmischen sich aber sofort, wenn wir einige Tropfen Wasser hinzufügen, weil sich jetzt die in Versuch 7 hergestellten Wasser-Alkohol-Anlagerungs-Moleküle bilden, die wegen ihrer vielen OH-Gruppen nicht mehr fähig sind, die Kohlenwasserstoffe des Feuerzeugbenzins zu lösen. Das Benzin oder Öl schwimmt oben, der wasserhaltige Alkohol unten. Wir merken das daran, dass sich die untere Schicht mit weiterem Wasser verdünnen lässt, die obere nicht.

9.3. Feuchter Alkohol löst keine Kohlenwasserstoffe: Der Versuch 9.2. misslingt, wenn wir ihn mit ungetrocknetem Brennspiritus wiederholen. Es bilden sich von Anfang an zwei Schichten: oben schwimmt das Feuerzeugbenzin und darunter befindet sich der ungetrocknete Spiritus.

Das gleichzeitige Vorhandensein einer OH-Gruppe *und* einer Ethylgruppe bewirkt also, dass Alkohol ein sehr vielseitig einsetzbares Lösemittel ist. So viel zu den physikalischen Eigenschaften des Ethanols und deren Ursachen im Molekül! Wie aber steht es mit den chemischen Eigenschaften?

Bekanntschaft mit einer funktionellen Gruppe

Naturgemäß werden diese überwiegend von der alkoholischen OH-Gruppe gesteuert. Vielleicht erinnern Sie sich, dass in der anorganischen Chemie die an Nichtmetalle gebundenen OH-Gruppen in wässriger Lösung dazu neigen, ein positiv geladenes Wasserstoff-Ion, ein so genanntes Proton abzuspalten und deshalb sauer reagieren. Als Beispiel wählen wir die Salpetersäure:

$$\text{H–O–NO}_2 \longrightarrow \text{H}^+ + \text{NO}_3^-$$

Umgekehrt liegen OH-Gruppen, die an Metalle gebunden sind, im allgemeinen als negativ geladene Hydroxid-Ionen vor. Dies führt dazu, dass Metallhydroxide in wässriger Lösung basisch reagieren:

$$\text{NaOH} \longrightarrow \text{Na}^+ + \text{OH}^-$$

Natürlich möchten wir nun gern wissen, wie sich eine an Kohlenstoff gebundene OH-Gruppe benimmt.

Versuch 10: Reaktionen der alkoholischen OH-Gruppe

Wir verdünnen Brennspiritus oder Wodka[37] mit der vierfachen Menge destilliertem Wasser und befeuchten mit der Lösung einen kurzen Streifen pH-

---

[37] Wodka besteht praktisch nur aus Alkohol und Wasser.

Papier. Wir finden den pH-Wert 7, also weder basische noch saure Reaktion. Wir versuchen, Wodka in unserem Elektrolysegefäß Abb. 2.6 zu zersetzen: Keine Gasentwicklung. Es fließt auch kein Strom. Folgerung: Die alkoholische OH-Gruppe ist nicht ionisch, sondern kovalent an die Ethylgruppe gebunden. Sie ist nicht fähig, in Wasserstoff-Ionen H^+ einerseits und $C_2H_5O^-$-Ionen andererseits zu dissoziieren, und erst recht nicht in OH^--Ionen und einen positiv geladenen Ethylrest.

Wasser abspalten aus Alkohol

Der Weg von unserem Alkoholmolekül zum Wassermolekül ist kurz, denn die OH-Gruppe muss nur noch von irgendwoher ein Wasserstoffatom an sich reißen, und schon haben wir alle Atome für H_2O beisammen. Im einfachsten Falle gelingt die Abspaltung von Wasser aus ein und dem selben Alkoholmolekül mit Katalysatoren bei ziemlich hohen Temperaturen oder mit Hilfe von wasserabspaltenden Reaktionspartnern. Konzentrierte Schwefelsäure, die ein ungeheures Bedürfnis hat, sich zu verdünnen, ist ein derartiger Reaktionspartner. Wenn wir Ethanol mit ihr erhitzen, so entwickelt sich ein farbloses Gas, das mit leuchtender Flamme brennt. Es ist das Ethylen, das wir bereits beim vorigen Ausflug kennengelernt haben:

$$C_2H_5OH - H_2O \longrightarrow C_2H_4$$

Nach Kekulés Strukturlehre muss es eine C=C-Doppelbindung enthalten:

```
H     H
 \   /
  C=C
 /   \
H     H
```

Das ist allerdings nicht die einzige Methode, nach der Wasser aus Alkohol abgespalten werden kann, denn statt mit einem an Kohlenstoff gebundenen Wasserstoffatom kann die OH-Gruppe auch mit einem Wasserstoffatom aus der OH-Gruppe eines zweiten Alkoholmoleküls reagieren, wobei ein anderes Produkt, nämlich der Diethylether entsteht:

$$2)\quad C_2H_5{-}OH + HO{-}C_2H_5 \longrightarrow C_2H_5{-}O{-}C_2H_5 + HOH$$

Normalerweise finden beide Reaktionen nebeneinander statt. Wir können allerdings durch geeignete Versuchsbedingungen die Entstehung des Diethylethers *oder* die des Ethylens fördern. Verwenden wir verhältnismäßig viel Alkohol und wenig Schwefelsäure als wasserabspaltendes Mittel, so wird die

Reaktion 2) begünstigt; mit viel Schwefelsäure und wenig Alkohol die Reaktion 1). Das ist leicht zu verstehen, denn die Reaktion 2), die laut Gleichung mehr Ethanol verbraucht, wird durch vermehrten Alkoholeinsatz bevorzugt.

Leichtflüchtig, brennbar und narkotisierend: der Diethylether

Unsere neue Substanz, der Diethylether, hat einen erfrischenden, ziemlich angenehmen Geruch, der sich von dem des Ethanols deutlich unterscheidet. Er ist mit Wasser nicht mischbar, sondern bildet auf dessen Oberfläche eine zweite „organische" Schicht. Zum Ausgleich dafür mischt er sich beliebig mit Kohlenwasserstoffen wie Feuerzeugbenzin oder Nähmaschinenöl. Ähnlich wie diese ist er ziemlich reaktionsträge, wenn man von der leichten Entzündbarkeit mal absieht. Sein Siedepunkt liegt bei 35 °C. Dies alles müssen Sie nicht auswendig lernen, denn das, was wir bisher über die Zusammenhänge zwischen Eigenschaften und Molekülbau gelernt haben, genügt vollauf, um das Benehmen des Diethylethers zu erklären.

Wir lesen Eigenschaften aus der Formel ab

Auch der Diethylether ist nämlich ein Abkömmling des Wassers. Aber bei ihm sind zwei Ethylreste anstelle der Wasserstoffatome an den Sauerstoff gebunden und es gibt im Gegensatz zum Alkohol überhaupt keine OH-Gruppen mehr. Alle Bindungen sind kovalent und der Elektronenliebhaber Sauerstoff bemüht sich vergeblich, Bindungselektronen an sich zu ziehen, weil der Kohlenstoff nicht nachgibt, sondern die Bindungselektronen mit allen seinen Partnern, auch dem Sauerstoff, redlich teilt. Dementsprechend herrscht im Ethermolekül elektrostatische Langeweile. Es gibt nicht einmal ein negativ polarisiertes Sauerstoffatom, an dem das Wassermolekül mit seinen positiv polarisierten Wasserstoffatomen anbandeln könnte. Es entstehen deshalb keine Anlagerungsverbindungen wie etwa zwischen Alkohol und Wasser. Im Gegenteil: Der Ether empfindet Wasser als fremdartig, zeigt ihm deshalb die kalte Schulter und lässt es nicht zwischen seine Moleküle eindringen.

Viel freundlicher benimmt er sich gegenüber Molekülen, die genau wie er unpolarisiert sind. Die Kohlenwasserstoffmoleküle des Feuerzeugbenzins oder des Nähmaschinenöls zum Beispiel sind elektrisch genau so langweilig neutral wie seine eigenen. Deshalb empfindet er sie als sympathische Verwandte und nimmt sie gerne auf (Gleich und Gleich gesellt sich gern).

Eben weil er keine negativ oder positiv polarisierten Atome im Molekül hat, hängen sich diese auch nicht aneinander. Statt der elektrischen Anziehungskräfte wirken zwischen seinen Molekülen nur die schwachen Zwischenmolekularen Anziehungskräfte, die van der Waals erforscht hat. Die Moleküle schwirren ziemlich ungebunden hin und her und haben es verhältnismäßig leicht, in den Dampfraum zu entkommen. Folglich liegt der Siedepunkt des Diethylethers niedrig, deutlich niedriger als der des Ethanols oder gar des Wassers.

Wie niedrig? Sogar das können wir abschätzen. Er wird etwa so hoch sein wie der Siedepunkt eines möglichst ähnlich gebauten Kohlenwasserstoffs, weil ja in diesem auch nur die van der Waals'schen Kräfte zwischen den Molekülen wirken. Wir vergleichen also die Siedepunkte von *n*-Pentan und Diethylether, weil beide Stoffe sich nur in der Molekülmitte unterscheiden:

$H_3C{-}CH_2{-}O{-}CH_2{-}CH_3$	$H_3C{-}CH_2{-}CH_2{-}CH_2{-}CH_3$
Diethylether, MG 74	*n*-Pentan, MG 72

Wie wir sehen, weisen sie auch fast das gleiche Molekulargewicht (MG) auf, und tatsächlich siedet das Pentan bei 36 °C, nur 1 °C Grad höher als der Diethylether!

Selbst die Reaktionsträgheit des Ethers wird uns verständlich, wenn wir die Ähnlichkeit zwischen den beiden Molekülen betrachten und daran denken, dass Pentan zu den Paraffinen gehört, die bekanntlich reaktionsträge sind. Natürlich ist er noch leichter entflammbar als das Pentan, denn er trägt einen Teil des zur Verbrennung notwendigen Sauerstoffs bereits im Molekül mit sich herum.

Uff! Da ist es uns zum zweiten Mal gelungen, aus der Formel einer Verbindung ihre physikalischen und chemischen Eigenschaften abzuleiten, ohne sie in der Hand gehabt zu haben, und das, obwohl wir noch vor 70 Seiten fast nichts von Chemie wussten!

Der Dampf des Diethylethers wirkt beim Einatmen narkotisierend. Diese Eigenschaft, die seit 1846 bekannt ist, nutzten die Ärzte bis weit ins zwanzigste Jahrhundert bei schmerzhaften Eingriffen aus. Viele lebensrettende Operationen wurden durch den Einsatz eines mit „Äther" getränkten Wattebauschs vor der Nase des Patienten überhaupt erst möglich. Sein Hauptnachteil war nicht nur, dass er sich leicht entzünden lässt und im Gemisch mit Luft sogar leicht explodiert (Verpuffungen und Brände sind im Operationssaal ziemlich unerwünscht), sondern auch, dass er nicht ganz ungiftig ist (das beweist der äußerst unangenehme Kater nach einem „Ätherrausch"). Deshalb haben ungefährlichere, auch leichter dosierbare Substanzen den „Äther" nach einem Jahrhundert aus den Zahnarztpraxen und Operationssälen vollständig verdrängt.

Natürlich gibt es auch Ether von anderen Alkoholen – der Dimethylether hat uns schon auf Seite 16 beschäftigt. Soweit sie flüssig sind, sind es beliebte, wenn auch nicht ganz ungefährliche Löse- und Extraktionsmittel für unpolare oder wenig polare Stoffe im Labor und in der Technik. Warum gefährlich? Sie neigen beim längeren Stehenlassen an der Luft zur Bildung von Peroxiden, die wir als Abkömmlinge des Wasserstoffperoxids H–O–O–H auffassen können:

$$2\ C_2H_5\text{–}O\text{–}C_2H_5 + O_2 \longrightarrow 2\ C_2H_5\text{–}O\text{–}O\text{–}C_2H_5$$

Diese reichern sich an, wenn peroxidhaltige Etherlösungen eingedampft werden und führen dann zu bösartigen Explosionen. Selbstverständlich können die Chemiker solche Unglücke vermeiden, und zwar dadurch, dass sie vor dem Eindampfen auf Peroxide prüfen und diese, wenn vorhanden, durch Reduktionsmittel zerstören.

Versuch 11: Oxidation von Alkohol

Wir stellen uns verdünnte Schwefelsäure her, indem wir in einem Becherglas oder einem anderen wärmebeständigen Glasbehälter 5 ml Wasser vorlegen und 1 ml konzentrierte Schwefelsäure langsam einrühren (niemals umgekehrt!). Ratsamer ist es, die verdünnte Schwefelsäure direkt beim Apotheker zu kaufen.

Wir lösen eine Spatelspitze Kaliumpermanganat in 2–3 ml dieser verdünnten Schwefelsäure (niemals in konzentrierter Schwefelsäure, da sich sonst das unberechenbar explosive Mn_2O_7 bildet!). Anschließend fügen wir etwa 0,5 ml Brennspiritus dazu und erwärmen das Ganze in einem Reagenzglas über dem Spiritusbrenner. Die Farbe der Mischung geht von tiefviolett nach braunschwarz, gleichzeitig wird die vorher klare Lösung trüb und eine leichtflüchtige Substanz entweicht. Der Spiritusgeruch verschwindet und macht einem fruchtigen Geruch (etwa nach unreifen Äpfeln) Platz. Schließlich wird die Lösung weitgehend klar und nahezu farblos.

Aldehyde sind dehydrierte Alkohole

Der Geruch nach unreifen Äpfeln ist typisch für den Acetaldehyd, der aus Ethanol durch Dehydrierung (Wasserstoffabspaltung)[38] entsteht:

1) $H_3C\text{–}CH_2\text{–}OH - 2\,H \longrightarrow H_3C\text{–}C(=O)\text{–}H$

[38] Von dieser Dehydrierung leitet sich die Bezeichnung der Stoffgruppe ab: *Al*kohol *dehyd*rogenatus (dehydrierter Alkohol) wurde zu „Aldehyd" zusammengezogen.

Es entsteht also eine sauerstoffreichere Substanz, die Reaktion ist eine Oxidation. Als Oxidationsmittel wirkt das Kaliumpermanganat, welches dabei reduziert wird. Den nachfolgenden Text bis zu „Hier geht's weiter" können alle, die an anorganischer Chemie nicht interessiert sind, getrost überschlagen. Die anderen werden ihn nur verstehen, wenn sie zum Beispiel „Demokrit lässt grüssen – Eine andere Einführung in die Anorganische Chemie" gelesen haben.

Verständlich wird die Reaktionsweise des Kaliumpermanganats, wenn wir uns vorstellen, durch die verdünnte Schwefelsäure sei vorübergehend Übermangansäure ($HMnO_4$) entstanden:

$$2)\quad 2\,KMnO_4 + H_2SO_4 \longrightarrow K_2SO_4 + 2\,HMnO_4$$

Die Übermangansäure verliert Wasser:

$$3)\quad 2\,HMnO_4 \longrightarrow HOH + Mn_2O_7$$

Das Oxid des siebenwertigen Mangans gibt in Stufen (über braunes MnO_2) Sauerstoff ab, bis zum MnO, dem Oxid des zweiwertigen Mangans:

$$4)\quad Mn_2O_7 \longrightarrow 2\,MnO + 5\,O$$

Dieses ist wie alle Metalloxide ein Basenanhydrid, deshalb reagiert es mit Schwefelsäure zu Mangansulfat und Wasser:

$$5)\quad 2\,MnO + 2\,H_2SO_4 \longrightarrow 2\,MnSO_4 + 2\,H_2O$$

Jedes Sauerstoffatom kann einem Molekül Ethanol zwei Wasserstoffatome entreißen, dabei entsteht Wasser und Acetaldehyd (hier verkürzt als CH_3–CHO geschrieben). Weil wir aus Gleichung 3) fünf Sauerstoffatome zur Verfügung haben, oxidieren wir fünf Moleküle Alkohol:

$$6)\quad 5\,CH_3\text{–}CH_2\text{–}OH + 5\,O \longrightarrow 5\,CH_3\text{–}CHO + 5\,H_2O$$

Wenn wir nun die Gleichungen 2) bis 6) addieren, heben sich die – ohnehin hypothetischen – Zwischenprodukte auf und wir erhalten die Reaktionsgleichung

$$7)\quad 5\,CH_3\text{–}CH_2\text{–}OH + 3\,H_2SO_4 + 2\,KMnO_4 \\ \longrightarrow 5\,CH_3\text{–}CHO + 2\,MnSO_4 + K_2SO_4 + 8\,H_2O$$

die wir sicher nur durch langes Herumprobieren gefunden hätten, wenn uns nicht die hypothetischen Zwischenprodukte als Ariadnefaden zu Hilfe gekommen wären.

Warum CH_3–CHO ?

Natürlich fragen wir uns, auf Grund welcher Experimente die Chemiker des 19. Jahrhunderts zu der Formel CH_3–CHO kamen. Die Antwort ist in unserem Falle ziemlich leicht, denn die Elementaranalyse nach Liebig ergab die Zusammensetzung C_2H_4O, die Molekulargewichtsbestimmung ergab 44. Das stimmte gut überein, denn 2 × 12 + 4 × 1 + 16 = 44. Nach den Grundsätzen der Valenztheorie von Kekulé erfüllen nur die Strukturformeln

```
   H   O            H     H
   |  //             \   /
 H-C-C      und       C=C
   |  \              /   \
   H   H            H     OH
```

die Bedingungen, dass Wasserstoff einen Bindungsarm betätigt, Sauerstoff zwei und Kohlenstoff vier. Andere Vorschläge sind nicht möglich. Unser Versuch 11, bei dem der Acetaldehyd durch Wasserstoffabspaltung gemäß Gleichung (1) aus Alkohol entsteht, ist der endgültige Beweis für die obigen Strukturformeln. Wenn nun die rechte Formel richtig wäre, müsste Acetaldehyd einen Siedepunkt etwa wie der Ethylalkohol, also bei 78 °C haben.

Der Acetaldehyd[39] siedet aber bereits bei 20 °C, also deutlich niedriger. Folglich trifft die linke Strukturformel ins Schwarze.

Der Grund für den niedrigeren Siedepunkt ist klar: Die Ethanolmoleküle können sich über die Wasserstoffbrücken der OH-Gruppen aneinander hängen und entweichen deshalb nicht so leicht aus der Flüssigkeit in den Dampfraum (Abb. 3.1). Acetaldehydmoleküle können das nicht, weil es nur Wasserstoff-Kohlenstoffbindungen gibt, in denen die Elektronen redlich geteilt werden.

Andererseits siedet der Acetaldehyd mit seinen 20 °C dennoch erheblich höher als der im Molekulargewicht vergleichbare Kohlenwasserstoff Propan, der seine Moleküle schon bei minus 42 °C in den Dampfraum schickt:

$H_3C–CH=O$	$H_3C–CH_2–CH_3$
MG 44	MG 44

Die Wahrheit zwischen den Extremen

Offensichtlich herrscht im Acetaldehydmolekül doch nicht so ausgeprägte elektrische Langeweile wie in den reinen Kohlenwasserstoffmolekülen. Für

[39] Wissenschaftlicher Name: Ethanal. Er drückt aus, dass das Kohlenstoffgerüst des *Ethans* vorliegt und dass das Molekül eine *Al*dehydgruppe enthält.

etwas Spannung sorgt nämlich die C=O-Doppelbindung. In ihr bewirken *zwei* gemeinsame Elektronenpaare den Zusammenhalt! Von ihnen ist *ein* Elektronenpaar ganz starr und unbeweglich in der Mitte zwischen C und O eingekeilt. Bei ihm hat sich der Kohlenstoff als fairer Bindungspartner durchgesetzt. Das andere Elektronenpaar dagegen ist beweglicher. Der Elektonenliebhaber Sauerstoff zieht diese lockeren Gesellen näher an sich heran, der Kohlenstoff gibt ein wenig nach, lässt sie sich aber nicht ganz abspenstig machen. Dadurch wird das Kohlenstoffatom teilweise von Elektronen entblößt, also positiv polarisiert, während das Sauerstoffatom mit seinem Zuviel an Elektronenhülle negativ polarisiert wird. Das benachbarte Wasserstoffatom sieht dem ganzen Gezerre unbeteiligt zu:

$$H_3C{-}C(=\overline{O})H \longleftrightarrow H_3C{-}C^{+}(-\overline{O}^{-})H$$

Dabei haben wir jedes Valenzelektronenpaar durch einen Strich dargestellt und in der rechten Formel so getan, als ob der Sauerstoff das strittige Elektronenpaar ganz an sich gezogen hätte. In der linken Formel haben wir dagegen so getan, als wären alle gemeinsamen Elektronen wirklich gemeinsamer Besitz. Die beiden Formeln stellen also Extremsituationen dar, ähnlich wie im Gerichtssaal die Plädoyers des Verteidigers und des Staatsanwalts. Der Richter weiß: Die Wahrheit liegt irgendwo dazwischen. So ist es auch mit unseren beiden Formeln; der merkwürdige Doppelpfeil zwischen den beiden „mesomeren Grenzformen“ soll das andeuten.

Solche „mesomere Grenzformen“ werden uns noch oft begegnen. Die Chemiker verwenden sie immer zur Beschreibung eines Zustands, den man mit einer einzigen Formel nicht richtig wiedergeben kann, wir können auch sagen; für den eine komplementäre Betrachtung notwendig ist[40]. Ganz allgemein gilt die Faustregel, dass Verbindungen um so stabiler sind, je mehr sinnvolle mesomere Grenzformen wir von ihnen anschreiben können.

Das Acetaldehydmolekül hat also in der Mitte der C–C–O-Kette ein teilweise positiv geladenes C-Atom und an einem Ende ein teilweise negativ geladenes Sauerstoffatom. Es ist demnach elektrisch nicht so aalglatt wie etwa das Propanmolekül. Wir begreifen, dass zwei Acetaldehydmoleküle nicht so widerwiderstandslos aneinander vorbei rutschen können wie zwei Propanmoleküle, weil es zwischen ihnen doch elektrische Anziehungskräfte gibt. Zwar sind sie bei weitem nicht so stark wie die Wasserstoffbrücken zwischen

[40] Ein bekannteres Beispiel für komplementäre Beschreibung ist die des Lichts: Es hat zugleich Eigenschaften von Teilchen und von Wellen.

Alkoholmolekülen, aber sie verstärken doch fühlbar die zwischenmolekularen Kräfte, die wiederum beim Propan ganz allein für den Zusammenhalt der Moleküle in der Flüssigkeit sorgen müssen. Damit haben wir verstanden, warum der Acetaldehyd höher siedet als das Propan.

Spielzeug der Chemiker: Die funktionellen Gruppen

Drei typische Reaktionen der alkoholischen Hydroxylgruppe haben wir nun kennengelernt. Selbstverständlich reagieren andere Alkohole mit ihrer OH-Gruppe ganz genau so wie unser Ethanol: je nach Reaktionsbedingungen und Reaktionspartnern bilden sie einen Kohlenwasserstoff mit C=C-Doppelbindung (ein „Olefin"), einen Ether oder einen Aldehyd. Immer ist es die OH-Gruppe, die Veränderungen durchmacht, und immer bleibt das Kohlenstoffgerüst des Alkylrests unverändert. So gesehen, können wir schon viele Synthesen mit vielen verschiedenen Alkoholen als Rohstoffen verstehen und erstmals haben wir den ungeheuren Nutzen, den die „Funktionellen Gruppen" beim Erlernen der Chemie bieten, am Beispiel der alkoholischen OH-Gruppe kennengelernt. Allmählich wird uns klar, dass die funktionellen Gruppen sozusagen den Handgriff am Molekül bilden, den der Chemiker packt, wenn er eine chemische Veränderung vornehmen will. Noch zutreffender kann man sagen: Sie sind das Spielzeug der Chemiker.

Unser Ethanol oder Ethylalkohol wird allen Fortschritten der Chemie zum Trotz immer noch – auch für technische Zwecke – überwiegend biochemisch durch Gärprozesse hergestellt: aus Kartoffelstärke, Weizen, Korn, Mais, Reis, Zucker, Honig, Obst, sogar aus Holz oder anderen Celluloserohstoffen. Vergleichsweise dazu treten die chemischen Verfahren in den Hintergrund: Durch Wasseranlagern an Ethylen (also die Umkehrung der Ethylensynthese von S. 71) oder durch Wasserstoffanlagern an Acetaldehyd (Umkehrung von Versuch 11).

Methanol statt Erdgas?

Das ist anders bei seinem niedrigeren Homologen, dem giftigen Methylalkohol oder Methanol, das allenfalls in Spuren bei der alkoholischen Gärung als Nebenprodukt entsteht. Es ist ein Schlüsselrohstoff der chemischen Industrie, Vorstufe für Formaldehyd, Leime und Kunstharze, für Methylamine und Indigo ... In riesigen, rund um die Uhr betriebenen Anlagen stellen es die Petrochemiker aus Wasserstoff und Kohlenmonoxid bei mäßigen Drücken

(60 bar) und Temperaturen um 400 °C an Zinkoxid/Chromoxid-Katalysatoren her, oft in Mengen von über 1000 t pro Tag:

$$C{=}O + 2\,H_2 \longrightarrow CH_3{-}OH$$

Das Gemisch aus Kohlenmonoxid und Wasserstoff erzeugen sie dabei ganz ähnlich wie ihre Kollegen in den Ammoniakfabriken aus Erdgas und Wasserdampf bei etwa 800 °C und bei Drücken von ungefähr 15 bar, ebenfalls mit Hilfe von Metalloxid-Katalysatoren

$$CH_4 + H_2O \longrightarrow CO + 3\,H_2$$

Das Methan gehört zu jenen leichten, sehr schnellen Molekülen, die erst bei tiefer Temperatur langsam genug werden, um sich zu Flüssigkeiten zusammenzuballen. Es hat eine kritische Temperatur von –82 °C und einen kritischen Druck von 55 bar. Erdgas, das ja hauptsächlich aus Methan besteht, lässt sich deshalb nur nach kostspieligen Abkühlmanövern auf mindestens –82 °C verflüssigen, und selbst dann muss man noch einen Druck von 55 bar aufwenden. Drucklos gelingt die Verflüssigung sogar erst bei –162 °C, das ist schon fast die Temperatur von verflüssigter Luft. Es ist also ziemlich teuer und umständlich, Erdgas in Kühlschiffen oder Kühltanks von der Lagerstätte zum Verbraucher zu transportieren, wenn keine Gasleitung vorhanden ist. Da bietet das Methanol, das ja aus Erdgas leicht herstellbar ist, eine interessante Alternative. Weil es bei Normaltemperatur flüssig ist wie das Ethanol, wird seine Herstellung immer wieder erwogen und auch durchgeführt, wenn keine Leitungen, Lagerkapazitäten oder Kühlschiffe für Erdgas zur Verfügung stehen. Es lässt sich bequem und sicher lagern und transportieren; und natürlich kann man es zur Wärmeerzeugung verbrennen, soweit man es nicht ohnehin chemisch weiter veredeln will.

Autokraftstoff der Zukunft?

Möglicherweise ist es auch der Kraftstoff der Zukunft für Automobile, denn es gibt Katalysatoren, die es in seine Ausgangsstoffe Wasserstoff und Kohlenmonoxid zerlegen:

$$CH_3OH \longrightarrow CO + 2\,H_2$$

Wenn man nun das Kohlenmonoxid mit Hilfe von Luft an spezifisch wirkenden Katalysatoren in Kohlendioxid verwandelt, kann man in elektrochemisch arbeitenden „Brennstoffzellen“ aus dem übrig gebliebenen Wasserstoff Strom herstellen, mit dem man einen Elektromotor antreibt.

Der Vorteil dieser Antriebsweise liegt darin, dass als Auspuffgase nur Wasserdampf und Kohlendioxid entstehen und dass der Elektromotor im Gegensatz zum Verbrennungsmotor einen hohen Wirkungsgrad aufweist. Es gibt keine Smog erzeugenden halbverbrannten Nebenprodukte, keine Ozon erzeugenden Stickstoffoxide und keinen Dieselruß wie bei den herkömmlichen Diesel- oder Ottomotoren. Prototypen dieser neuen Fahrzeuggeneration waren schon vor einem Jahrzehnt unterwegs, und schon vor einigen Jahren sollten sie serienreif vom Band rollen. Es ist fraglich, ob sie sich gegenüber erdgas- oder wasserstoffbetriebenen Konkurrenten durchsetzen können.

Die häufigste Veredelungsreaktion des Methanols ist seine Oxidation zum Formaldehyd[41]. Die Petrochemiker verwenden dafür natürlich nicht wie wir in Versuch 11 das teure Kaliumpermanganat, sondern den billigen Luftsauerstoff und fein verteiltes Silber als Katalysator:

$$2\,CH_3OH + O_2 \longrightarrow H\text{-}C(=O)\text{-}H + 2\,H_2O$$

Der berüchtigte Formaldehyd

Der schon in winzigen Mengen unerträglich stechend riechende Formaldehyd ist ein Gas, das sich leicht in Wasser löst. Er ist der einfachste und mit riesigem Abstand wichtigste Aldehyd, ein Zwischenprodukt für Leime, Harze und Spezialchemikalien. Die endlosen Diskussionen über seine Gefährlichkeit brachen an, als ein amerikanischer Forscher Ratten jahrelang Formaldehyd in so hohen Konzentrationen einatmen ließ, dass den bedauernswerten Tieren die Nasenschleimhäute zerfressen wurden. Weil die Wunden durch die fortdauernde Exposition nicht heilen konnten, entarteten sie – wie das häufig geschieht – zu Krebs. So geriet die Substanz in Verdacht, Nasenkrebs auszulösen.

Formaldehyd spaltet sich langsam aus Möbeln und „Spanplatten“ ab, die mit zweit- oder drittklassigem Leim verarbeitet wurden. Die Luft in den zugehörigen Innenräumen erregt bei empfindlichen Personen Kopfschmerz und andere Beschwerden; der Formaldehyd ist aber auch in etwa der gleichen Konzentration im Zigarettenrauch enthalten. Sogar im Blut kommt er vor. Weil seine wässrige Lösung („Formalin“ genannt) desinfizierend wirkt, benutzen ihn die Anatomen an der Universität seit über 100 Jahren zum

[41] Wissenschaftlicher Name: „Methanal“. (Vergleichbar mit „Ethanal“ für Acetaldehyd.)

Konservieren von Leichen und Körperteilen; wäre er in diesen Konzentrationen und Mengen krebserregend, so hätte dies als Berufsrisiko unter Ärzten längst auffallen müssen.

Aldehyde sind reaktionsfähig

Formaldehyd und Acetaldehyd sind die ersten beiden Mitglieder der „aliphatischen Aldehyde", die alle eine CHO-Gruppe an irgendeinem Alkylrest R tragen. Sie sind oft Zwischenprodukte bei biochemischen Reaktionen. Es gibt aber auch recht beständige Naturstoffe, die eine Aldehydgruppe aufweisen, so das Vanillin, oder eines der beiden Blattgrün-Moleküle („Chlorophyll b"). Ein Aldehyd mit Einschränkungen, die wir noch kennenlernen werden, ist der seit langem bekannte Traubenzucker.

Aldehyde sind sehr reaktionsfähig. Sie reagieren gern mit Ammoniak, Aminen, Wasser, Blausäure und Alkoholen an der C=O-Gruppe. Diese nimmt dabei ein Wasserstoffatom auf und wird zur C–OH-Gruppe; die freiwerdende Valenz des Kohlenstoffatoms schnappt sich den Rest des Reaktionspartners. Am Beispiel des Alkohols dargestellt:

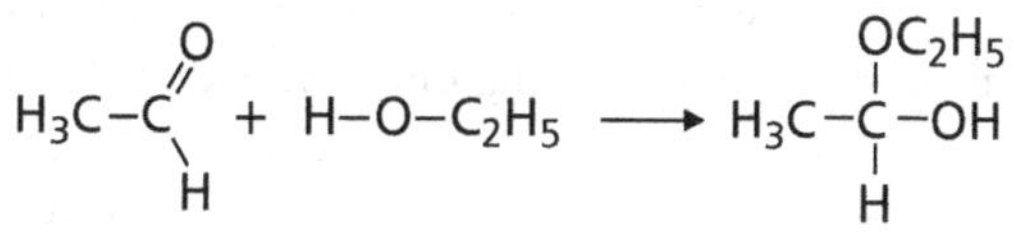

$$H_3C-C(=O)H + H-O-C_2H_5 \longrightarrow H_3C-C(H)(OC_2H_5)-OH$$

Es entsteht ein „Halbacetal", das mit einem zweiten Molekül Alkohol Wasser abspaltet und ein „Acetal" bildet. Der Name ist recht logisch aus *Acet*aldehyd und *Al*kohol zusammengezogen:

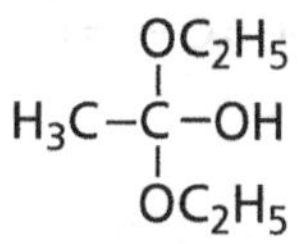

$$H_3C-C(OC_2H_5)(OC_2H_5)-OH$$

Fernwirkung von funktionellen Gruppen

Erstaunlicherweise kann sogar im Acetaldehydmolekül eines der Wasserstoffatome neben der CHO-Gruppe ähnlich reagieren wie das Wasserstoffatom einer alkoholischen OH-Gruppe. Offensichtlich lockert die Aldehydgruppe die C–H-Bindung des benachbarten Kohlenstoffatoms. Sie hat also eine Art Fernwirkung, durch die es möglich wird, dass das lockere Wasserstoffatom sozusagen fremd geht und sich an die Aldehydgruppe eines benachbarten Moleküls heranmacht, ganz wie wenn es zu einer alkoholischen OH-Gruppe gehören würde. Im Klartext heißt das, dass ein Aldehydmolekül mit einem zweiten eine Additionsverbindung

$$H_3C-C(=O)-H + H-CH_2-C(=O)-H \longrightarrow H_3C-C(OH)(H)-CH_2-C(=O)-H$$

bilden kann, die sowohl ein *Ald*ehyd wie auch ein Alkoh*ol* ist. Sehr folgerichtig nennt man sie „*Aldol*" und die zugehörige Reaktion „Aldolkondensation".

Das Aldol benimmt sich wie ein echter Alkohol, denn es spaltet (übrigens sehr leicht) Wasser ab, wobei eine C=C-Doppelbindung entsteht. Dabei zeigt sich, dass die Aldehydgruppe auch die zweite C–H-Bindung des benachbarten Kohlenstoffatoms lockert, denn nur diese reagiert bei der Wasserabspaltung. Die C–H-Bindungen der CH_3-Gruppe bleiben dagegen völlig unangetastet:

$$H_3C-C(H)=C(H)-C(=O)-H$$

Dieser neue Aldehyd mit Doppelbindung heißt Crotonaldehyd. An seine Aldehydgruppe kann sich ein drittes Molekül Acetaldehyd anlagern, wobei abermals ein Aldol entsteht, das nun sechs Kohlenstoffatome, eine OH-Gruppe, eine C=C-Doppelbindung und eine Aldehydgruppe enthält:

$$CH_3-CH=CH-CH=O + H-CH_2-CH=O \longrightarrow CH_3-CH=CH-CHOH-CH_2-CH=O$$

Auch dieses Aldol verliert leicht Wasser, wobei eine zweite Doppelbindung ins Molekül gerät:

$$H_3C-C(H)=C(H)-C(H)=C(H)-C(=O)-H$$

Sie ist von der älteren C=C-Doppelbindung durch eine C–C-Einfachbindung getrennt. Dieser doppelt ungesättigte Aldehyd wird erneut von einem Acetaldehydmolekül angegriffen, es entsteht ein Aldol mit acht Kohlenstoffatomen, das Wasser abspaltet und einen Aldehyd mit drei C=C-Doppelbindungen bildet, die jeweils durch eine C–C-Einfachbindung getrennt sind. Dieses Spiel geht immer weiter, bis ein kettenförmiges Riesenmolekül mit „konjugierten" C=C-Doppelbindungen entstanden ist, das harzartig erstarrt. (Man nennt Doppelbindungen konjugiert, wenn zwischen ihnen jeweils eine Einfachbindung steht.)

Die Fernwirkung funktioneller Gruppen wird uns später nochmals begegnen.

Aldehyde reagieren besonders leicht mit oxidierenden Chemikalien, wie uns der nächste Versuch zeigt. Wir verwenden in ihm Traubenzucker als Aldehyd, weil andere Aldehyde schwieriger zu beschaffen sind.

Versuch 12: Aldehyde und ammoniakalische Silbernitratlösung

Wir lösen einige Kriställchen Silbernitrat in etwa 2 ml 10 %iger wässriger Ammoniaklösung und setzen 1 ml einer verdünnten Traubenzuckerlösung hinzu. Schließlich lassen wir noch einen Tropfen 10 %ige Natronlauge in das Reagenzglas fallen und erhitzen die Mischung langsam über der Spiritusflamme. Sie wird allmählich grau, trüb und schließlich schwarz; wenn wir nicht zu hohe Konzentrationen gewählt haben und ein sehr sauberes Reagenzglas verwendeten, bildet sich auf dem Glas ein schöner Silberspiegel.

Bei diesem Versuch wird das Silber-Ion von der Oxidationsstufe +1 zu elementarem Silber mit der Oxidationsstufe 0 umgewandelt. Gleichzeitig wird der Aldehyd oxidiert. Offensichtlich geht diese Reaktion aber nicht bis zum Kohlendioxid (wir hätten sonst beobachten können, dass dieses Gas entweicht), sondern es entsteht eine Verbindung mit unverändertem Kohlenstoffgerüst, die einfach mehr Sauerstoff enthält.

Wir verstehen besser, was passiert, wenn wir uns vorstellen, dass die Natronlauge aus dem Silbernitrat Silberhydroxid ausfällt:

$$Ag^+ + NO_3^- + Na^+ + OH^- \longrightarrow AgOH + Na^+ + NO_3^-$$

Das Silberhydroxid verliert Wasser und wird zum Oxid des einwertigen Silbers:

$$2\,AgOH \longrightarrow Ag_2O + H_2O$$

Das Silberoxid gibt Sauerstoff ab und elementares Silber entsteht:

$$Ag_2O \longrightarrow 2\,Ag + O$$

Der Sauerstoff oxidiert den Aldehyd zur Carbonsäure:

$$R{-}C(=O){-}H + O \longrightarrow R{-}C(=O){-}OH$$

In unserem Versuch entsteht aus dem Traubenzucker die entsprechende Zuckersäure.

Oft entsteht die entsprechende Säure auch schon, wenn man den Aldehyd einfach an der Luft stehen lässt.

Aus Formaldehyd bildet sich so die Ameisensäure, die ihren Namen daher hat, dass sie in den Giftdrüsen der Ameisen (aber auch in Brennnesseln) vorkommt:[42]

$$2\,H{-}C(=O){-}H + O_2 \longrightarrow 2\,H{-}C(=O){-}OH$$

Warum Methylalkohol giftig ist

Wasser ist bekanntlich die einzige ungiftige Flüssigkeit, Ethylalkohol ein mäßig giftiger Stoff. Viele erwachsene Menschen trinken jahrzehntelang täglich 25 g Alkohol, ohne nennenswerten Schaden zu nehmen. Das dazwischen stehende Methanol schmeckt ganz ähnlich wie Alkohol, ist aber extrem giftig. Schon geringe Mengen führen zur Erblindung, größere Mengen (25 g, ein einziges Mal eingenommen!) zum Tode. Das ist deshalb so, weil unsere Leber das Methanol über Formaldehyd zu Ameisensäure oxidiert. Diese reichert sich dann im Körper an und führt zu einer Übersäuerung, die letzten Endes den Kreislauf zusammenbrechen lässt.

Ethylalkohol dagegen wird durch eine ähnliche Reaktion über den Acetaldehyd zur Essigsäure abgebaut. Im Gegensatz zur Ameisensäure kann unser Körper die Essigsäure biochemisch sofort weiter oxidieren, und zwar bis zum Kohlendioxid und Wasserdampf, die dann über Lunge, Haut und Nieren ausgeschieden werden. Es tritt keine Anreicherung und keine Übersäuerung ein, der Trinker überlebt sogar einen mäßigen Alkoholrausch ohne bleibende Schäden (vorausgesetzt, dass er die Ausnahme bleibt und nicht die Regel wird).

$$2\,H_3C{-}C(=O){-}H + O_2 \longrightarrow 2\,H_3C{-}C(=O){-}OH$$

Die Essigsäure[43] ist seit Jahrtausenden bekannt[44]. Sie bildet sich nämlich auch aus dem Alkohol des Weins beim Stehenlassen an der Luft. Dass dabei die nahezu allgegenwärtigen Essigsäurebakterien mithilfe von Sauerstoff das Alkoholmolekül über die Zwischenstufe des Acetaldehyds oxidieren, erkannten die Biochemiker jedoch erst im 19. Jahrhundert nach den bahnbrechenden Versuchen Louis Pasteurs.

---

[42] Wissenschaftlicher Name: Methansäure. Die Salze der Ameisensäure heißen „Formiate". Dieses Wort ist ähnlich wie „Formaldehyd" aus dem lateinischen Wort für Ameise (formica) entstanden.

[43] Wissenschaftlicher Name: Ethansäure.

[44] So sagt König David von seinen Feinden im Psalm 69, Vers 22: „Sie geben mir Galle zu essen und Essig zu trinken" und ein Zuschauer stärkt den gekreuzigten Jesus mit Essig (Matth. 27, 48).

Ein ehrwürdiger biochemischer Prozess

Auch heute noch wird Essig in riesigen Mengen nach diesem ehrwürdigen biochemischen Verfahren hergestellt, hauptsächlich für den menschlichen Genuss. Für die Qualität spielt die richtige Auswahl der Weine und die optimale Lagerung eine entscheidende Rolle. Die italienische Stadt Modena hat ihren Reichtum auf diesem besonderen „Know-how" gegründet. Natürlich verarbeiten die Bakterien auch andere Ethanol enthaltende Rohstoffe wie zum Beispiel Bier oder einen verdünnten Branntwein. Der Essig enthält immer etwa 6 % Essigsäure und – natürlich – Aromastoffe, die aus dem als Rohstoff eingesetzten Wein stammen. Durch Destillation kann man die reine Essigsäure gewinnen. Sie hat einen Siedepunkt von 118 °C, siedet also höher als der entsprechende Alkohol (Ethanol, Siedepunkt 78 °C).

Auch das ist leicht zu erklären, denn einerseits bilden die OH-Gruppen Wasserstoffbrücken. Dazu kommen jetzt aber die polarisierten C=O-Doppelbindungen. Sie dienen den positiv polarisierten H-Atomen der OH-Gruppen als Ankerplatz, und so entstehen verhältnismäßig stabile Doppelmoleküle, die natürlich erst bei höherer Temperatur zerfallen und einzeln in den Dampfraum entweichen:

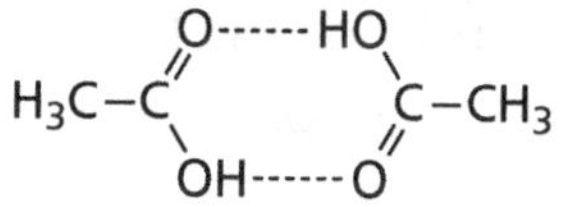

```
          O------HO
        //         \
  H3C-C             C-CH3
        \          //
          OH------O
```

Tatsächlich findet man bei der Molekulargewichtsbestimmung der Essigsäure den etwas irreführenden Wert 120 und nicht, wie erwartet, 60.

Essig war mehrere Jahrtausende lang die stärkste in großem Maßstab verfügbare Säure – so lange, bis sie im 19. Jahrhundert durch die ersten anorganischen Säuren aus chemischen Fabriken abgelöst wurde. Warum aber ist Essigsäure überhaupt sauer?

Auf diese Frage gibt es eine triviale Antwort: weil sie in wässriger Lösung Wasserstoff-Ionen abgibt; die schmecken bekanntlich sauer und färben Lackmuspapier rot:

$$CH_3\text{–CO–O–H} \longrightarrow \text{R–CO–O}^- + H^+$$

Warum Essig sauer schmeckt

Aber das ist uns zu anspruchslos: wir fragen uns, wieso jetzt, in der „Carboxylgruppe" –CO–OH die OH-Gruppe Wasserstoff-Ionen abgeben kann, wo wir doch bei den Alkoholen gelernt haben, dass sie weder sauer noch basisch reagiert? Offensichtlich hat das benachbarte, doppelt gebundene Sauerstoffatom dieses veränderte Verhalten verursacht. Also wieder eine Fernwirkung einer funktionellen Gruppe, und zwar der C=O-Gruppe auf das H-Atom der benachbarten OH-Gruppe! Wie ist sie zu erklären?

Auf die richtige Antwort kommen wir, wenn wir uns daran erinnern, dass der elektronenhungrige Sauerstoff die C=O-Doppelbindung polarisiert (s. S. 77):

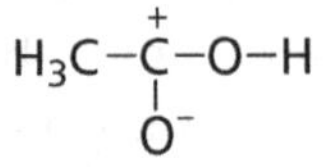

$$\begin{array}{l} H_3C-\overset{+}{C}-O-H \\ \qquad\;\; | \\ \qquad\; O^- \end{array}$$

Er zieht wieder wie in den Aldehydgruppen Elektronen vom Kohlenstoffatom zu sich heran; dieses wird dadurch partiell positiv geladen und wirkt nun abstoßend auf das ebenfalls teilweise positiv geladene Wasserstoffatom der OH-Gruppe (S. 65). Das Wasserstoffatom verlässt sozusagen angewidert das Molekül als positiv geladenes Wasserstoff-Ion (Proton) unter Zurücklassung seines Elektrons. Zurück bleibt ein negativ geladenes Anion mit einem Alkylrest und zwei Sauerstoffatomen als Liganden, das Acetat-Ion:

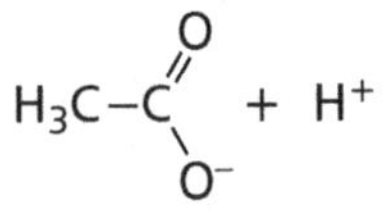

$$H_3C-C\begin{array}{l} /\!\!/ O \\ \backslash O^- \end{array} + H^+$$

Es sind allerdings bei weitem nicht alle Essigsäuremoleküle in Acetat-Ionen und Protonen zerfallen. Man kann messen, dass ein Liter 6 %ige Essigsäure von Raumtemperatur nur etwa 4 mg Wasserstoff-Ionen enthält. Wären alle Essigsäuremoleküle in Protonen und Acetat-Ionen zerfallen, so müssten 1000 mg Wasserstoff-Ionen im Liter vorliegen und die Hausfrau müsste den Essig statt mit dem Esslöffel mit dem Tropfenzähler dosieren. Mit anderen Worten: nur eines von jeweils 250 Essigsäuremolekülen ist in ein Wasserstoff-Ion und ein Acetat-Ion zerfallen („dissoziiert"). Die anderen zweihundertneunundvierzig bleiben unverändert.

Salzbildung aus Essigsäure

Wenn man jedoch den Wasserstoff-Ionen einen Reaktionspartner bietet, der sie verbraucht, dann liefern die intakten Essigsäuremoleküle immer wieder Wasserstoff-Ionen nach, bis zuletzt nur noch Acetat-Ionen vorliegen. Dies beweist unser

Versuch 13: Neutralisation von Essigsäure

Wir besorgen uns im Supermarkt farblose „Essigessenz“, die im allgemeinen 25 % Essigsäure enthält. Wir wiegen 48 g davon ab und werfen einen Streifen pH-Papier hinein. Der Streifen färbt sich kräftig rot und zeigt dadurch an, dass freie Wasserstoff-Ionen in der Lösung vorhanden sind.

Nun lösen wir vorsichtig 8 g Natriumhydroxid in 50 ml (= 50 g) Wasser (Schutzbrille! Augenverätzungen führen zu schweren Schädigungen der Hornhaut!). Ein eingeworfener Streifen pH-Papier färbt sich tief blau und zeigt dadurch an, dass die Natronlauge Hydroxid-Ionen (OH^-) enthält. In diese Lösung gießen wir nach und nach unter Umrühren unsere 48 g Essigessenz samt Papierstreifen ein .

Wir beobachten eine kräftige Wärmeentwicklung. Die pH-Papierstreifen nehmen zuletzt beide eine grünstichig blaue Farbe an. Der pH-Wert von ungefähr 8–9, den wir aus der Farbtabelle des pH-Papiers ablesen, bedeutet, dass es kaum noch Wasserstoff-Ionen oder Hydroxid-Ionen gibt. Offensichtlich haben sie sich gegenseitig vernichtet. Diese gegenseitige Vernichtungsreaktion nennt der Chemiker Neutralisation.

Die Lösung lassen wir an einem warmen Ort eindunsten. Es scheidet sich ein farbloses Salz ab: Natriumacetat. Wir werden es in einem späteren Versuch weiter verwenden und bewahren es deshalb in einem etikettierten verschließbaren Glas- oder Kunststoffbehälter auf.

Wir haben hier den Wasserstoff-Ionen der Essigsäure Hydroxid-Ionen aus der Natronlauge als Reaktionspartner angeboten. Die beiden Ionenarten ziehen sich wegen der entgegengesetzten Ladungen an und reagieren sofort miteinander. Es entsteht unter kräftiger Wärmeentwicklung Wasser nach folgender Reaktionsgleichung:

$$CH_3COO^- + H^+ + Na^+ + OH^- \longrightarrow HOH + CH_3COO^- + Na^+$$

Dabei werden zunächst die wenigen Wasserstoff-Ionen aus den dissoziierten Essigsäuremolekülen verbraucht. In dem Maße, wie diese verschwinden, liefern die undissoziierten Essigsäuremoleküle treu und brav weitere Wasserstoff-Ionen nach. Diese reagieren ihrerseits mit den OH^--Ionen zu Wasser und die ahnungslosen Essigsäuremoleküle müssen erneut H^+-Ionen nachreichen. Das Spiel wiederholt sich so lange, bis alle Essigsäuremoleküle selbstlos ihre Protonen hergegeben haben und sozusagen als nackte Acetat-Ionen dastehen.

Das selbstlose Nachliefern von Wasserstoff-Ionen aus den undissoziierten Essigsäuremolekülen erinnert uns an das Märchen vom Teufel und dem Soldaten, in dem der Teufel sackweise Dukaten in den Stiefel des Soldaten schüttet und ihn doch nicht füllen kann, weil der Schlaumeier die Sohle abgeschnitten hat und das Geld in einen Graben fällt.

Die Natrium-Ionen sehen diesem Geschehen unbeteiligt zu, sie bleiben unverändert. Wenn wir allerdings das Lösungsmittel Wasser durch Eindunsten entfernen, ziehen sie die entgegengesetzt aufgeladenen Acetat-Ionen an und treten mit denen zu Salzkristallen der Summenformel CH_3COONa zusammen. Es bleibt ihnen schließlich auch keine andere Wahl.

Bei der einfachsten „Carbonsäure", der Ameisensäure mit der Formel H–COOH sind die dissoziierten Moleküle etwas häufiger. Ihr Natriumsalz entsteht unter Druck und bei erhöhter Temperatur aus CO und Natronlauge:

$$1)\quad C{=}O + NaOH \longrightarrow H{-}C{\overset{\displaystyle O}{\diagup\!\!\diagup}}\!\!\!\!\!\!\underset{\displaystyle ONa}{\diagdown}$$

Weil Ameisensäure mit einem Siedepunkt von 101 °C zu den leichtflüchtigen Säuren gehört, kann man ihr Natriumsalz mit Schwefel- oder Phosphorsäure in Ameisensäure verwandeln und diese aus dem Reaktionsgemisch abdestillieren:

$$(2)\quad H{-}CO{-}O{-}Na + H_2SO_4 \longrightarrow NaHSO_4 + H{-}CO{-}OH$$

Vereinfacht ausgedrückt, wird letzten Endes mit Hilfe von Natronlauge Wasser an Kohlenmonoxid angelagert und dadurch Ameisensäure erzeugt:

$$3)\quad C{=}O + HOH \longrightarrow H{-}C{\overset{\displaystyle O}{\diagup\!\!\diagup}}\!\!\!\!\!\!\underset{\displaystyle OH}{\diagdown}$$

Weil umgekehrt durch Abspaltung von Wasser aus Ameisensäure Kohlenmonoxid entsteht (eine Reaktion, die man mit Hilfe von konzentrierter Schwefelsäure als wasserabspaltendem Reaktionsteilnehmer durchführen kann), sagt der Chemiker auch, dass Kohlenmonoxid das „Säureanhydrid" der Ameisensäure ist. Dabei heißt „Anhydrid" etwa „minus Wasser". Wir sehen, dass Ameisensäure nur ein Säureanhydrid, Essigsäure jedoch zwei verschiedene Säureanhydride hat, nämlich eines, das durch Wasserabspaltung aus *einem* Molekül entsteht:

$$H_3C{-}C{\overset{\displaystyle O}{\diagup\!\!\diagup}}\!\!\!\!\!\!\underset{\displaystyle OH}{\diagdown}\; - HOH \longrightarrow H_2C{=}C{=}O$$

und ein anderes, das durch Wasserabspaltung aus *zwei* Essigsäuremolekülen hervorgeht:

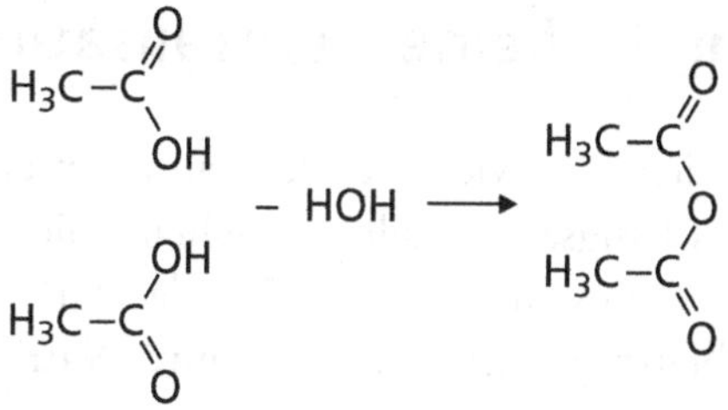

$$\begin{array}{l} H_3C{-}C(=O){-}OH \\ H_3C{-}C(=O){-}OH \end{array} \; - \; HOH \longrightarrow \; H_3C{-}C(=O){-}O{-}C(=O){-}CH_3$$

Die Säureanhydride sind (mit Ausnahme des Kohlenmonoxids) sehr reaktionsfähige Verbindungen, die sich mit Wasser sofort in die zugehörige Säure zurückverwandeln. Mit Alkoholen, die ja reaktionsfähige Wasserstoffatome enthalten, reagieren sie ganz ähnlich:

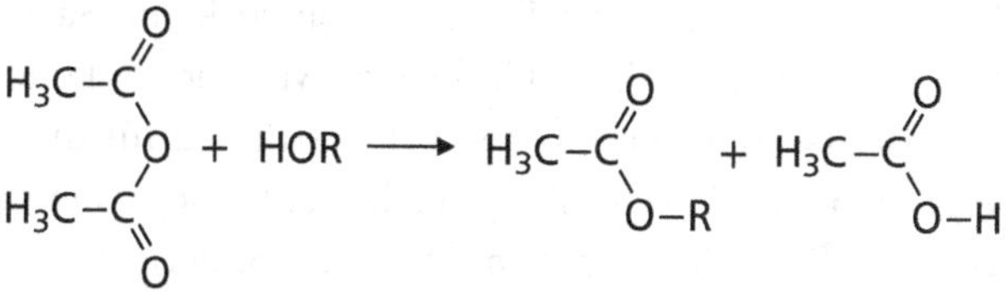

$$H_3C{-}C(=O){-}O{-}C(=O){-}CH_3 + HOR \longrightarrow H_3C{-}C(=O){-}O{-}R + H_3C{-}C(=O){-}O{-}H$$

Es entstehen dabei neue Stoffe mit einer CO–OR-Gruppe. Sie heißen „Ester". Mit ihnen wollen wir uns nun näher befassen.

Vom Alkohol zum Ester

Aus alkoholischen OH-Gruppen können leicht Wassermoleküle entstehen – sie brauchen dazu nicht einmal einen zweiten Reaktionspartner. Können Alkoholmoleküle auch mit anderen Stoffen Wasser abspalten? Vielleicht mit den OH-Gruppen der Carbonsäuren, deren Wasserstoffatome ja ohnehin nur noch widerwillig in der Nähe des positiv polarisierten Kohlenstoffatoms verweilen?

Tatsächlich entstehen Verbindungen mit einer neuen funktionellen Gruppe, wenn man zum Beispiel Ethanol mit Essigsäure zusammenbringt und durch Zusatz von konzentrierter Schwefelsäure die Abspaltung von Wasser begünstigt:

$$CH_3COOH + HO{-}C_2H_5 \longrightarrow CH_3CO{-}OC_2H_5 + HOH$$

Die Veresterung ist keine Neutralisation

Auf den ersten Blick sieht das wie eine Neutralisation aus, und der wissenschaftliche Namen des Essigsäureethylesters scheint dies sogar zu bestätigen (aus Ethylalkohol und Essigsäure entsteht „Ethylacetat", formal ähnlich, wie in Versuch 12 aus Natronlauge und Essigsäure Natriumacetat entsteht). Aber die Veresterung ist selbstverständlich keine Ionenreaktion, kann es auch nicht sein, weil uns Versuch 10 gezeigt hat, dass die alkoholische OH-Gruppe weder sauer noch basisch reagiert. Die Veresterung verläuft langsam – im Gegensatz zu der nahezu unendlich schnellen Neutralisationsreaktion, bei der sich die entgegengesetzt aufgeladenen Ionen anziehen – und unvollständig, weil das entstehende Wasser dazu neigt, den Ester wieder in Carbonsäure und Alkohol zu zerlegen. Die Ester sind auch keine Salze und leiten deshalb den elektrischen Strom nicht. Und wenn wir einen Alkohol mit radioaktiv markierten Sauerstoffatomen in den OH-Gruppen für die Veresterung verwenden, zeigt sich der Unterschied noch deutlicher: den radioaktiven Sauerstoff finden wir hinterher nicht im Wasser, sondern im Ester, wie das die folgende Reaktionsgleichung beschreibt:

$$CH_3\text{–}CO\text{–}OH + H\text{–}O^*\text{–}C_2H_5 \longrightarrow HOH + CH_3\text{–}CO\text{–}O^*\text{–}C_2H_5$$

In ihr ist der radioaktive Sauerstoff mit O* dargestellt. Das Wassermolekül entsteht demnach aus der OH-Gruppe der Essigsäure und dem Wasserstoffatom der alkoholischen OH-Gruppe. Ganz anders als bei der Neutralisation!

Für Neugierige und Wissensdurstige sehen wir uns an, wie das passiert: Zuerst lagert sich ein Wasserstoff-Ion (Proton) aus der Schwefelsäure an die Essigsäure an. Dieses Wasserstoff-Ion bringt überhaupt kein Elektron als Mitgift in die neue Verbindung ein, hat aber immer noch Sehnsucht nach zwei Elektronen. Die nimmt es sozusagen einfach aus der C=O-Doppelbindung heraus und hängt sich mit ihrer Hilfe an das Sauerstoffatom. Dadurch entsteht jetzt eine zweite OH-Gruppe am Kohlenstoffatom, gleichzeitig aber auch eine schmerzhafte Elektronenlücke. Sie bewirkt, dass das Kohlenstoffatom positiv aufgeladen wird. Es fühlt sich vom teilweise negativ aufgeladenen Sauerstoffatom des Alkohols angezogen; der positiv polarisierte Wasserstoff des Alkohols baut seinerseits vertrauensvoll eine „Wasserstoffbrückenbindung" zu dem negativ polarisierten Sauerstoff einer OH-Gruppe der protonierten Essigsäure. Aus Annäherung wird sozusagen Liebe und aus Liebe eine dauerhafte neue Bindung; alte Bindungen lockern sich gleichzeitig, um sich schließlich zu lösen (es geht bei den Molekülen manchmal ähnlich zu wie bei den Menschen). Die OC_2H_5-Gruppe hängt sich endgültig an das Kohlenstoffatom und stößt gleichzeitig den Wasserstoff als Ion ab. Das Kohlenstoffatom gibt seiner OH-Gruppe den Abschied, die nimmt sich beide Bindungselektronen mit (wodurch sie zum OH^--Ion wird). Diese verschmähte OH^--Gruppe und das verstoßene Wasserstoff-Ion paaren sich sofort zu einem Wassermolekül. Ganz zuletzt wird das zuerst angelagerte Proton wieder verabschiedet; es hat ja seinen Dienst getan, es kann gehen. Es wirkte nur als Katalysator – das heißt, es begünstigte eine Reaktion, die sonst unendlich langsam abgelaufen wäre. Die Chemiker, die bekanntlich Fremdwörter lieben, sagen, dass die OC_2H_5-Gruppe das C-Atom der C=O-Gruppe „nucleophil" angegriffen hat[45], bei den prosaischen Gelehrten wird die zarte Annäherung zu einer rüden Attacke. Genau so gut und genau so schwerverständlich könnten sie von einem „elektrophilen" Angriff des Kohlenstoffatoms der C=O-Gruppe auf den Sauerstoff der OC_2H_5-Gruppe sprechen[46]. Den ganzen Vorgang nennt man einen „Reaktionsmechanismus". Die Aufklärung von Reaktionsmechanismen ist das Thema mancher Doktorarbeit.

Ester sind natürliche Aromastoffe

Der Essigsäureethylester (Ethylacetat) ist ein gutes, angenehm riechendes Lösungsmittel, das z. B. im klassischen „UHU"-Alleskleber dazu dient, Zelluloid aufzulösen. Essigsäureamylester (Amylacetat, eigentlich Pentylacetat) mit der Formel $CH_3COOC_5H_{11}$ verursacht den Duft reifer Bananen; Propionsäurebutylester (Butylpropionat) mit der Formel $CH_3–CH_2–COO–C_4H_9$ schätzen die Rumtrinker als Aroma ihres Lieblingsgetränks, Buttersäuremethylester (Methylbutyrat) hat die Formel $C_3H_7COOCH_3$, es ist Bestandteil des Ananasdufts, Buttersäureethylester (Ethylbutyrat) rundet das Aroma von Pfirsichen, Valeriansäureamylester das von Äpfeln ab. Im Wein sind ähnlich wie bei den Obstaromen immer mehrere Duftstoffe an der „Blume" beteiligt. Der reine Ester riecht immer zu aufdringlich und etwas künstlich. Erstaunlich, dass die zugehörigen Carbonsäuren ziemlich stechend oder übel riechen:

---

[45] Dahinter steht die Vorstellung, dass ja das C-Atom teilweise von Elektronen entblößt ist, also einen Teil seines Atomkerns zeigt. „Kern" heißt lateinisch „Nucleus"; die OC_2H_5-Gruppe liebt also den Angriff auf den Nucleus, sie ist deshalb nucleophil. In der Silbe „phil" steckt das griechische Wort „Freund"; denken Sie an den Philosophen, den Freund der Weisheit oder an Phil(h)ipp, den Pferdefreund.

[46] Das partiell positiv geladene Kohlenstoffatom liebt offenbar den Angriff auf eines der Elektronenpaare des Sauerstoffs, es ist ein „Elektrophil". Im Grunde ist es ein Elektronenakzeptor (eine „Lewis-Säure"), und das Sauerstoffatom ein Elektronendonator (oder eine „Lewis-Base"). Genaueres hierzu finden Sie im rororo-Sachbuch 90650 „Demokrit lässt grüssen – Eine andere Einführung in die Anorganische Chemie".

Ameisensäure	HCOOH	stechend
Essigsäure	CH_3COOH	stechend
Propionsäure	$CH_3–CH_2–COOH$	ranzig stechend wie überreife Ginkgo-Früchte
Buttersäure	$CH_3–CH_2–CH_2–COOH$	ranzig wie alte Butter
Valeriansäure	$CH_3–CH_2–CH_2–CH_2–COOH$	mistähnlich

Die Capronsäure enthält noch eine CH_2-Gruppe mehr; ihr Name verrät, dass sie nach Ziegenbock riecht[47].

Biologisch abbaubare Kunststoffe

Selbstverständlich gibt es auch Dicarbonsäuren, also Verbindungen mit zwei COOH-Gruppen. Die einfachste davon ist die Oxalsäure HOOC–COOH, die im Sauerklee und Rhabarber vorkommt, aber auch ein Nebenprodukt des menschlichen Stoffwechsels ist und normalerweise mit dem Urin ausgeschieden wird. Wenn dies nicht recht gelingt, bildet sich das schwerlösliche Calciumsalz der Oxalsäure (Calciumoxalat), das als Nieren- oder Blasenstein auskristallisieren kann und dann äußerst schmerzhafte Koliken auslöst. Technisch wichtig ist die Adipinsäure, $HOOC–CH_2–CH_2–CH_2–CH_2–COOH$, welche von der chemischen Industrie durch möglichst gezielte Oxidation von Cyclohexan hergestellt wird.

Es leuchtet ein, dass die Chemiker schon frühzeitig auf die Idee kamen, Dicarbonsäuren mit Alkoholen umzusetzen, die ebenfalls zwei OH-Gruppen enthalten. Der einfachste derartige Alkohol ist das süß schmeckende Glykol mit der Formel $HO–CH_2–CH_2–OH$. Es dient im Kühlsystem ihres Autos als Frostschutzmittel, wurde aber vor allem durch die Weinpantscher bekannt, die es zum Schönen ihrer Produkte verwendeten.

Setzt man nun solche „Diole" unter geeigneten Bedingungen mit Dicarbonsäuren um, so findet die Veresterung an beiden Enden der Reaktionspartner wiederholt statt und es entstehen lange fadenförmige Moleküle. Die Molekülgestalt äußert sich auch makroskopisch: diese Substanzen lassen sich leicht zu „Polyester"-Textilfasern verspinnen. Wir formulieren als einfaches Beispiel die Reaktion zwischen Adipinsäure und Glykol:

$$HOOC–(CH_2)_4–COOH + HO(CH_2)_2OH \longrightarrow$$
$$\ldots –OC–(CH_2)_4–COO–(CH_2)_2–O– \ldots + H_2O$$

[47] Abgeleitet von lat. capra = Ziege

Naturapostel wettern gewaltig gegen solche „synthetische" Fasern. Sie predigen die ausschließliche Verwendung von Naturstoffen wie Baumwolle, Wolle und Seide. Dies tun sie, ohne zu bedenken, dass dann noch mehr Ackerboden[48] für die Ernährung der rasch wachsenden Menschheit verloren ginge, mit der höchst unsozialen Folge, dass wahrscheinlich beide, Nahrungsmittel *und* Textilien empfindlich teurer würden und gerade für die Ärmsten der Armen unerschwinglich. Nein, all ihren nur halb durchdachten Protesten zum Trotz kleidet die Chemie die Nackten, so wie sie auch die Hungrigen ernährt und die Kranken heilt (nur wenige Wissenschaften können das von sich behaupten!).

Durch gezielten Einsatz von länger- oder kürzerkettigen Komponenten lassen sich die Eigenschaften der Kunstfaser nahezu beliebig einstellen; verwendet man dazu noch Tricarbonsäuren oder Triole, also Verbindungen mit drei funktionellen Gruppen, so bilden sich verzweigte Kettenmoleküle.

Ester kommen, wie gesagt, als Aromastoffe in der Natur vor. Sie reichern sich in der Natur aber nicht an, weil es Mikoorganismen gibt, die davon leben, Estergruppen zu spalten. Deshalb ist es kein Wunder, dass Landwirtschaftsfolien aus speziell hergestellten Polyestern biologisch abbaubar sind. Sie verrotten also nach der Ernte. Die Mikroorganismen, die eigentlich gewohnt sind, monomolekulare Ester zu spalten, machen offensichtlich mit ihrer Fressgier keineswegs halt, wenn sie plötzlich auf die riesigen Polyestermoleküle treffen.

Bei dieser Zerlegung wird die Estergruppe mithilfe ihrer „Enzyme" (Biokatalysatoren) durch Wasser angegriffen und zu Carbonsäure und Alkohol „verseift". (Für deren Verschwinden sorgen wieder die vielseitigen Mikroorganismen, indem sie sie auffressen.) Die „Verseifung" ist also die Umkehrreaktion der Veresterung. Sie gelingt nicht nur auf biochemischem Wege, sondern auch in den Reaktoren der Chemiker. Der Name klingt unwissenschaftlich, lässt eher einen handwerklichen Ursprung vermuten. Und tatsächlich beschreibt er ein ehrwürdiges, gut viereinhalbtausend Jahre altes chemisches Verfahren.

Die Chemie der Seifensieder

Die Kunst, Seife aus Fett herzustellen, ist eine Erfindung der Sumerer, welche unabhängig von den Galliern nachempfunden wurde und von diesen um 50 n. Chr. auf die Römer überging[49]. Sie besteht darin, dass der sprichwörtlich

[48] Ein Beispiel: 1997 gab es noch für jeden Afrikaner im Durchschnitt 0,80 Hektar Ackerland, im Jahre 2020 werden es nur noch 0,38 Hektar sein. Afrikas Bevölkerung wird bis 2050 von 758 Millionen auf 2 Milliarden anwachsen.

[49] Siehe dazu auch in der Bibel das Buch Jeremia 2,22.

„lahme", also langsam arbeitende Seifensieder eine Emulsion von Fett in Soda- oder Pottaschelösung (also Natrium- oder Kaliumcarbonatlösung) viele Stunden lang unter häufigem Rühren kocht. Anschließend setzt er Kochsalz zu und lässt das Gebräu abkühlen. Das Salz bildet mit dem Wasser eine spezifisch schwerere Lösung und die Seife setzt sich darüber ab.

Allem Fortschritt zum Trotz hat sich an diesem urtümlichen Verfahren bis heute nicht allzu viel geändert. Obwohl es nachwachsende Rohstoffe verwendet (tierisches Fett, Kaliumcarbonat aus Holzasche, Holz als Energieträger) erwies es sich als umweltzerstörend: die riesige Nachfrage nach Seife (und Glas, einem anderen Folgeprodukt der Pottasche) führte dazu, dass ganze Landstriche abgeholzt wurden. Deshalb ist England, die führende Industrienation des 18. Jahrhunderts, so extrem waldarm. Erst die Soda-Herstellverfahren der Chemiker brachten am Anfang des 19. Jahrhunderts Abhilfe.

Versuch 14: Seife aus Butter

Wir übergießen zwei Natriumhydroxidplätzchen in einem Reagenzglas 3 cm hoch mit Brennspiritus (Ethanol) und geben noch einen gut 1 cm großen Würfel Butter dazu. Nun erwärmen wir vorsichtig über dem Spiritusbrenner bis zum schwachen Sieden (Schutzbrille! Spritzer in die Augen führen fast sofort zu schweren Verätzungen und Erblindung!). Wir führen drei Minuten lang soviel Wärme zu, dass die Mischung gerade schwach weiter kocht, aber nicht überschäumt. Dabei beobachten wir, dass die Butter zuerst schmilzt und auf der Flüssigkeit schwimmt, dann aber in Lösung geht. Jetzt die Flamme löschen!

Wir gießen die heiße Flüssigkeit vom Rest der Natriumhydroxidplätzchen ab, am besten in ein Becherglas, und lassen sie langsam abkühlen. Sie erstarrt zu einer Gallerte.

Am anderen Tag schneiden wir den entstandenen Seifenkuchen mit dem Messer oder Spatel in Stückchen heraus, die wir anschließend auf Filtrierpapier trocknen. Eine kleine Probe unserer Seife ergibt, mit destilliertem Wasser geschüttelt, kräftigen Schaum. Die Lösung, welche wie jede Seifenlösung etwas trübe ist, reagiert alkalisch (pH-Papier: etwa 9).

Ungeduldig, wie wir sind, haben wir das ehrwürdige Verfahren aus der Antike ganz erheblich abgekürzt: Einerseits durch Verwendung von Natriumhydroxid statt Soda oder Pottasche, andererseits durch „Verseifen" des Fetts in alkoholischer Lösung statt in der wässrigen Fettemulsion. Das „Aussalzen" der Seife durch Zusatz von Kochsalz konnten wir uns sparen, weil in unserem Reaktionsgemisch (fast) kein Wasser enthalten war.

Ester in unserer Nahrung

Was sich bei der Verseifung von Fett chemisch abspielt, wurde erst durch Kekulés Strukturlehre richtig klar. Fette sind nämlich natürlich vorkommende Ester des Glycerins, eines dreifachen Alkohols, den wir später genauer kennenlernen werden. Veresterungspartner sind langkettige Carbonsäuren wie Palmitinsäure $C_{15}H_{31}COOH$, Stearinsäure $C_{17}H_{35}COOH$ und Ölsäure $C_{17}H_{33}COOH$ (Abb. 3.4).

Letztere ist wasserstoffärmer als die beiden anderen; sie hat genau in der Mitte des Moleküls eine C=C-Doppelbindung, ist also eine „ungesättigte Fettsäure". Bei der Verseifung werden die Ester durch Natronlauge oder Sodalösung in Glycerin und Natriumsalze der Fettsäuren gespalten. Die Natriumsalze der Fettsäuren sind nichts anderes als unsere altbekannte Kernseife. Das Nebenprodukt Glycerin geht beim Aussalzen in die wässrige Phase; wir haben es in unserem Versuch gar nicht abgetrennt, sondern gleich in der Seife gelassen.

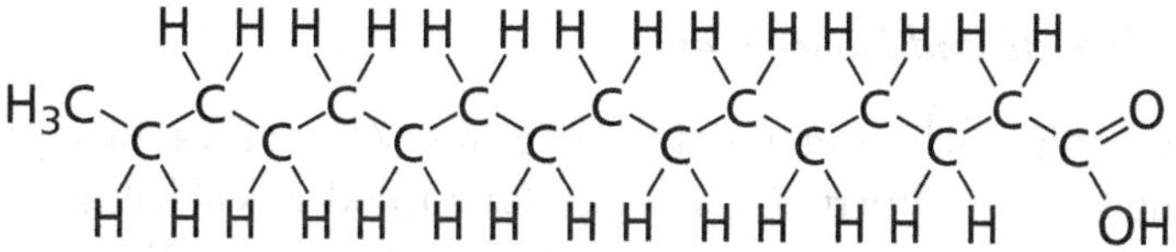

Palmitinsäure

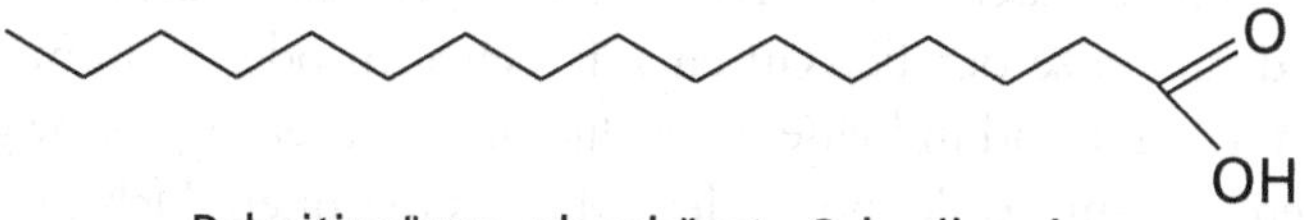

Palmitinsäure, abgekürzte Schreibweise

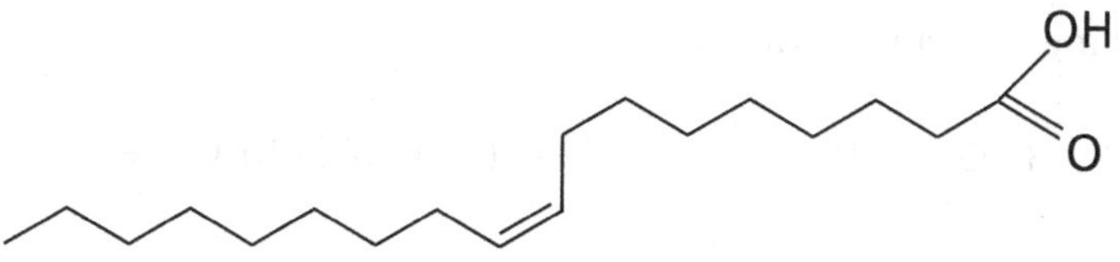

Ölsäure

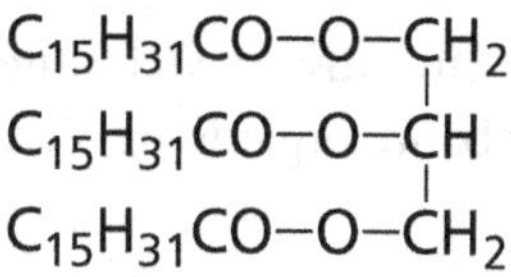

$C_{15}H_{31}CO{-}O{-}CH_2$

$C_{15}H_{31}CO{-}O{-}CH$

$C_{15}H_{31}CO{-}O{-}CH_2$

Glycerintripalmitat, ein Fettmolekül

Abb. 3.4

Speiseöl taugt nicht als Maschinenöl

Allmählich wird uns klar, warum man Maschinen nicht mit Speiseöl oder Speisefett schmieren darf. Dieses wird nämlich durch die allgegenwärtigen Mikroorganismen auf biochemischem Wege zu Glycerin und Fettsäuren verseift, und letztere greifen zusammen mit dem Luftsauerstoff das Metall der Kugellager an. Wir formulieren die Reaktion am Beispiel des Eisens, das durch Luftsauerstoff und Ölsäure in das Eisensalz der Ölsäure, das Eisenoleat überführt wird:

$$2\,Fe + O_2 \longrightarrow 2\,FeO$$
$$4\,C_{17}H_{33}COOH + 2\,FeO \longrightarrow 2\,(C_{17}H_{33}COO)_2Fe + 2\,H_2O$$

Wenn wir die beiden Gleichungen addieren, fällt das Zwischenprodukt FeO heraus und es bleibt eine Summengleichung übrig, die erklärt, warum Carbonsäuren, die eigentlich schwache Säuren sind, mit der Zeit in Metallteile hässliche Löcher fressen.

Versuch 15: Seife und hartes Wasser

Wir lösen einige Schnitzel unserer Seife aus Versuch 14 in destilliertem Wasser, fügen etwas filtrierte Gipslösung ($CaSO_4$) oder „kalkhaltiges" (genauer calciumhydrogencarbonathaltiges) Wasser aus der Leitung[50] hinzu und beobachten, dass sich ein schleimiger Niederschlag von Kalkseife, dem Calciumsalz der Fettsäuren bildet. Die Schaumbildung geht dabei deutlich zurück.

Während die Salze der Fettsäuren mit Natrium oder Kalium in reinem Wasser ziemlich gut und in heißem destilliertem Wasser sogar sehr gut löslich sind, bilden sie mit Calcium- oder Magnesiumionen klebrig-schleimige Niederschläge, welche den Waschvorgang empfindlich stören, weil dadurch Seifenlösung verbraucht wird:

$$2\,C_{17}H_{35}CO{-}O{-}Na + Ca^{2+} \longrightarrow (C_{17}H_{35}CO{-}O)_2Ca + 2\,Na^+$$

Wie Seife wäscht

Wir kennen das Wasser als ein äußerst vielseitiges Lösungsmittel für Salze, Laugen, Säuren und polar gebaute organische Verbindungen. Aber wir wissen

---

[50] Der Versuch gelingt besonders gut mit einer Calciumhydrogencarbonatlösung, die wir erhalten, wenn wir Eierschalen mit Hilfe einer Pinzette in der Spiritusflamme ausglühen, in destilliertem Wasser lösen, filtrieren und das Filtrat mit so viel „kohlensäurehaltigem" Sprudel versetzen, dass der vorübergehend auftretende Niederschlag sich gerade wieder gelöst hat.

auch, dass es gegen Fett- und Ölflecken oder fettigen Schmutz überhaupt nichts ausrichtet. Das rührt daher, dass Fette und Öle lange, unpolare Kohlenwasserstoffketten haben, in denen die bekannte elektrostatische Langeweile herrscht: Kohlenstoff und Wasserstoff haben etwa die gleiche Elektronegativität (oder anders ausgedrückt, annähernd gleich starke Liebe zu Elektronen). Sie teilen daher brüderlich die Elektronenpaare der C–H-Bindungen, keines der Atome zieht sie verstärkt zu sich herüber wie das der Sauerstoff des Wassers in den O–H-Bindungen tut, und das bedeutet, dass die Kohlenwasserstoffketten elektrisch unpolar sind. Das Wasser kann deshalb mit seinen positiv polarisierten Wasserstoffatomen und seinem negativ polarisierten Sauerstoffatom nirgends anbandeln. Die Fettmoleküle empfinden es als fremdartig, weisen ihm die kalte Schulter und lassen es nicht in ihre Reihen eindringen, sondern kaltherzig abperlen.

Im Grunde genommen kann es deshalb auch keine echte Lösung von Seife in Wasser geben. Die Seifenmoleküle haben nämlich in den Fettsäure-Anionen ebenfalls lange, unpolare Kohlenwasserstoffketten, und gegenüber 17 Kohlenstoffatomen, die nur Wasserstoff tragen, also unpolar sind, kann das eine Kohlenstoffatom in der polarisierten $CO{-}O^{-}$-Gruppe nicht viel ausrichten. Bringt man ein Stückchen Seife mit einer Wasseroberfläche in Berührung, so breiten sich die Seifenmoleküle sehr schnell auf der Wasseroberfläche aus, wobei sie mit dem polaren Ende ins Wasser eintauchen und die unpolaren Kohlenwasserstoffreste senkrecht nach oben aus dem Wasser herausstrecken. Erhöht man die Konzentration, so entsteht unsere leicht trübe „Seifenlösung“. Warum diese trüb ist, sehen wir im nächsten Versuch.

Versuch 16: Seifenwasser und Schmutz

Wir bringen einen Tropfen lauwarme Seifenbrühe auf einen Objektträger, decken ihn mit dem Deckglas ab und betrachten ihn bei 300–500-facher Vergrößerung im Mikroskop. Wir erblicken kleine, ziemlich kugelförmige Gebilde, die eigentümliche Zitterbewegungen machen, weil sie von den Wassermolekülen hin- und hergestoßen werden.

Diese Mizellen verursachen offensichtlich das trübe Aussehen des Seifenwassers. Sie entstehen, weil sich die Seifenmoleküle mit ihresgleichen zu winzigen Kugeln zusammenlagern. Dabei verstecken sie im Innern der Kügelchen schamhaft die wasserabweisenden Kohlenwasserstoffketten, und an der Oberfläche zeigen sie scheinheilig die polaren Endgruppen, an die sich die Wassermoleküle anlagern können . Die Moleküle ordnen sich also wie die Moschusochsen beim Ausruhen auf der Weide: Hinterteile zusammen und die Köpfe mit den wehrhaften Hörnern nach außen.

Es ist einleuchtend, dass die Mizellen in ihr Inneres unpolare Substanzen wie fettigen Schmutz aufnehmen können, weil der auch lange Kohlenwasserstoffkettenmoleküle hat. So erklärt sich mühelos, warum das Seifenwasser Schmutz löst, den das reine Wasser nicht beseitigen kann.

Wir können den Vorgang sichtbar machen, wenn wir mit rußig-fettigen Fingern Seife in lauwarmem Wasser anreiben und nach kräftigem Umrühren einen Tropfen der Waschbrühe wie oben untersuchen. Wir sehen jetzt, dass viele der vorher farblosen Mizellen schwarz geworden sind, weil sie Kohlenstoff (und Fett) in ihr wasserabweisendes Zentrum aufgenommen haben.

Wir könnten auch sagen: die Seifenmoleküle waschen Fettflecken aus, weil sie sich mit dem Fett und dem Wasser vertragen. Die Chemiker mit ihrem unseligen Drang nach schwerverständlichen Formulierungen sagen deshalb, die Seifenmoleküle hätten eine hydrophile COO^--Gruppe[51] an einem und eine hydrophobe[52] Kohlenwasserstoffgruppe am anderen Ende.

Seifenmoleküle im menschlichen Dünndarm

Mit leichtem Staunen stellen wir fest, dass Ester, die wir teils als natürliche Aromastoffe, teils als Kunstfasern kennen lernten, auch ein wesentlicher Bestandteil unserer täglichen Nahrung sind. Deshalb findet eine Teilverseifung der Fette auch im menschlichen Verdauungstrakt statt; sie wird durch Enzyme (also biochemische Katalysatoren) beschleunigt. Die Reaktion bleibt allerdings bei einem einfach veresterten Glycerinmolekül und zwei Fettsäuremolekülen stehen; diese sind klein genug, um durch den Dünndarm aufgenommen zu werden. Da der Speisebrei im Dünndarm schwach alkalisch reagiert, entstehen also aus dem Fett unserer Nahrung tatsächlich Natriumsalze der Fettsäuren, Seifenmoleküle. Gleich nach der Aufnahme bauen spezialisierte Lymphzellen der Darmzotten aus den Seifen und dem Glycerinmonoester unser körpereigenes Fett zusammen. Schließlich wird dieses in Form winziger Tröpfchen in die Blutbahn eingeschleust, im günstigen Falle als Energiespender verbrannt, im ungünstigeren Falle als Körperfett an unerwünschten Stellen abgelagert. Gallensäuren und kräftige Darmbewegungen helfen bei diesen Verdauungsvorgängen (aber nicht bei der Fettablagerung) kräftig mit. Die Darmbewegungen ersetzen sozusagen das häufige Umrühren des Seifensieders.

Warum Fette fest und Öle flüssig sind

Mutter Natur macht bei ihren biochemischen Fettsynthesen nicht nur ein wildes Gemisch von Glycerintripalmitat, -stearat und -oleat, sondern auch

[51] aus dem Griechischen: wasserfreundlich
[52] „wasserfeindlich“

intramolekular gemischte Verbindungen, in denen z. B. ein Molekül Ölsäure, ein Molekül Palmitinsäure und ein Molekül Stearinsäure mit ein und dem selben Molekül Glycerin verestert sind. Trotz dieses allgemeinen Durcheinanders gibt es eine Gesetzmäßigkeit: Je häufiger Ölsäure als Veresterungskomponente auftritt, desto niedriger liegt der Schmelzpunkt des Fetts. Im Extremfall liegt er unterhalb der Zimmertemperatur, und dann bleibt das Fett flüssig, wir haben ein Öl vor uns. Warum das so ist, begreifen wir nach einem Blick auf die Formeln der Abb. 3.4. Wegen der steifen Doppelbindung in der Mitte ist das Ölsäuremolekül gewinkelt wie ein Bumerang. Natürlich kann man es wegen der freien Drehbarkeit der C–C-Einfachbindungen weitgehend geradeziehen (in der Abbildung ist das geschehen), aber der Doppelknick an der C=C-Doppelbindung bleibt. Es passt deshalb schlechter in das streng geordnete Gefüge eines Kristalls als die gesättigten Fettsäuren. Fettmoleküle mit Doppelbindungen in den Kohlenstoffketten erstarren daher erst bei tieferen Temperaturen.

Natürlich kann man durch katalytische Anlagerung von Wasserstoff an die Doppelbindung die Ölsäuremoleküle in Stearinsäure überführen. Bei dieser „Hydrierung" verschwindet die Doppelbindung und beim Abkühlen erstarrt nun das ehemalige Öl erwartungsgemäß zu Fett. Dieser „Fetthärtung" genannte Vorgang spielt bei der Margarineherstellung aus pflanzlichen Ölen eine wichtige Rolle; aus Gründen, die wir gleich kennenlernen werden, vermeiden allerdings die Hersteller, dass diese Reaktion vollständig abläuft.

Vom Speiseöl zur Malerfarbe ...

Die Nahrungsmittelchemiker empfehlen uns, mit unserer Nahrung überwiegend „ungesättigte Fettsäuren" aufzunehmen, weil die gesättigten im Verdacht stehen, Arteriosklerose und andere Herz-Kreislauferkrankungen zu verursachen. Im Klartext heißt das, weniger Rindertalg, Schweinefett und Butter zu verzehren und statt dessen pflanzliche Öle zu bevorzugen. Als unentbehrlich und besonders gesund gelten Öle mit mehrfach ungesättigten Fettsäuren, wie sie in Fischen und Leinöl vorkommen. Bekannt wurden sie unter der eigentlich veralteten Bezeichnung „Omega-3-Fettsäuren", und das kam so: Man nannte früher das letzte, am weitesten von der COOH-Gruppe entfernte Kohlenstoffatom nach dem letzten Buchstaben des griechischen Alphabets ω (*omega*)-Kohlenstoffatom, gab ihm die Nummer 1 und nummerierte die Nachbaratome in Richtung zur Säuregruppe fortlaufend durch. Omega-3-Fettsäuren haben dann eine am dritten Kohlenstoffatom beginnende Doppelbindung. Die im Leinöl vorkommende Linolensäure hat außerdem zwei weitere Doppelbindungen, die bei Nummer 6 und Nummer 9 beginnen, ist also eine ω-3,6,9-Fettsäure mit insgesamt 18 Kohlenstoffatomen. Die Doppelbindungen machen das Leinöl zu einem „trocknenden" Öl, das an der Luft zur Freude der Maler und Anstreicher harzähnlich erstarrt.

Versuch 17: Stearin aus Seife

Wir mischen 2 ml unserer Seifenlösung mit 2 ml 1:5 verdünnter Salzsäure. Die fast klare Lösung trübt sich sofort und auf der Oberfläche scheidet sich eine fettähnliche Substanz ab. Es handelt sich um ein Gemisch von Fettsäuren. Sie sind in Wasser ziemlich schwer löslich, lassen sich aber abschöpfen und gehen mit Natronlauge oder Soda wieder bis auf eine geringe Resttrübe in Lösung. Dabei entstehen erneut die Natriumsalze der Fettsäuren, also Seife, was sich durch Schäumen beim Schütteln bemerkbar macht. Wir formulieren die Reaktion am Beispiel des Natriumpalmitats:

$$C_{15}H_{31}COO^- + Na^+ + H^+ + Cl^- \longrightarrow C_{15}H_{31}COOH + Na^+ + Cl^-$$

Aus dem Palmitat-Anion und den Protonen der Säure entsteht die freie Palmitinsäure, die wenig dissoziiert und wenig wasserlöslich ist. Mit Natronlauge findet eine typische Neutralisation statt, bei der wieder Natriumpalmitat entsteht. Wie bei allen Neutralisationsreaktionen entsteht aus dem abgespaltenen Wasserstoff-Ion und dem Hydroxid-Ion der Natronlauge Wasser:

$$C_{15}H_{31}COOH + Na^+ + OH^- \longrightarrow C_{15}H_{31}COO^- + Na^+ + HOH$$

Das Gemisch von Fettsäuren, das sich beim Ansäuern von Seifenlauge abscheidet, heißt „Stearin". Seit 1818 wird es zur Herstellung der „Stearinkerzen" verwendet; vorher beleuchtete man die Wohnstuben mit Talglichtern, Öllampen und Kienspänen. Wachskerzen waren Luxus, den sich nur die Reichen leisten konnten.

Von der Carbonsäure zurück zum Kohlenwasserstoff

Carbonsäuren sind vielseitige Substanzen in der Hand des Chemikers. Er kann sie nicht nur mit Alkoholen verestern oder mit Laugen neutralisieren, sondern auch chlorieren, wobei zuerst die Wasserstoffatome neben der COOH-Gruppe durch Chlor ersetzt werden (wieder ein eindrucksvolles Beispiel für die Fernwirkung einer funktionellen Gruppe). Bei anderen Reaktionen wird die OH-Gruppe durch ein Chloratom ersetzt, wobei „Säurechloride" entstehen, oder durch eine NH_2-Gruppe, wobei „Säureamide" das

Reaktionsprodukt bilden. Wir selbst wollen im nächsten Versuch aus der COOH-Gruppe CO_2 herausspalten. Das ist ein Weg von der Carbonsäure zurück zu einem Kohlenwasserstoff mit einem Kohlenstoffatom weniger. Er gelingt, wenn wir die Säure nicht nur bis zum Salz neutralisieren, sondern darüber hinaus Substanzen zusetzen, die gern mit CO_2 reagieren. Das sind Metalloxide wie zum Beispiel das Calciumoxid (CaO), das mit CO_2 sofort Calciumcarbonat ($CaCO_3$) bildet. Ähnlich wirken Metallhydroxide wie das NaOH, von dem zwei Moleküle mit CO_2 Natriumcarbonat („Soda", Na_2CO_3) ergeben.

Versuch 18: Methan aus Essig

1. Herstellung von Calciumoxid
Wir glühen Eierschalen mit Hilfe einer Pinzette so lange im heißesten Teil einer Spiritusflamme, bis sie sich in eine spröde weiße Substanz verwandelt haben (das dauert meist einige Minuten). Der heißeste Bezirk einer Spiritusflamme liegt zwischen dem hellblauen Kern und dem leuchtenden Saum der Flamme.

2. Herstellung von Methan
Wir mischen 1 g trockenes Natriumacetat aus Versuch 13 mit 1 g Calciumoxid und 1 g festem Natriumhydroxid (während des gesamten Versuchs Schutzbrille und Gummihandschuhe tragen! Natriumhydroxid ist stark ätzend und zerstört sofort die Augenhornhaut!). Die Mischung erhitzen wir anschließend in einem Reagenzglas über dem Spiritusbrenner. Sie schmilzt teilweise und beginnt zu schäumen. Nach einiger Zeit können wir am Ende des Reagenzglases mit dem Spiritusbrenner ein brennbares Gas anzünden. Es handelt sich um Methan, das nach der Gleichung

$$CH_3\text{–CO–O–Na} + NaOH \longrightarrow CH_4 + \text{Na–O–CO–O–Na}$$

gleichzeitig mit Soda (Natriumcarbonat) entstanden ist.

Nach einem anderen Verfahren gelangen wir von der Essigsäure zum Ethan:

Versuch 19: Ethan, auch aus Essigsäure

Wir lösen Natriumacetat in möglichst wenig Wasser und gießen die Lösung in das Elektrolysiergefäß der Abb. 2.6 (s. Versuch 6). Dann schließen wir es an die 4,5 V-Batterie an. Sofort beobachten wir eine Gasentwicklung an beiden Elektroden. An der mit dem Minuspol der Batterie verbundenen Kathode entsteht ein brennbares Gas, das erheblich leichter ist als Luft:

Wasserstoff. Und was entsteht an der mit dem Pluspol der Batterie verbundenen Anode?

Um das zu untersuchen, füllen wir ein kleines Reagenzglas mit Natriumacetatlösung, verschließen es mit dem Daumen und stülpen es umgekehrt über den mit dem Pluspol verbundenen Graphitstab. Nun steigen die Gasbläschen von der Graphitelektrode in dem Reagenzglas nach oben. Sobald das Reagenzglas ganz mit Gas gefüllt ist, unterbrechen wir die Reaktion, indem wir die Batterie entfernen. Wir verschließen mit dem gummihandschuhbewehrten Finger seine Öffnung, heben es heraus und tauchen es umgekehrt einige Zentimeter tief in ein Gefäß mit verdünnter Natronlauge.

Nach dem Zurückziehen des Fingers wird es spannend, denn wir beobachten erstaunt, dass die Natronlauge langsam, aber stetig im Reagenzglas hochsteigt, offensichtlich, weil sie einen Teil des Gases löst. Der Anstieg des Natronlaugespiegels im Reagenzglas hört auf, sobald zwei Drittel seines Rauminhalts mit Lauge gefüllt sind, und lässt sich auch nicht durch behutsames Schütteln oder Rühren wieder in Bewegung bringen. Nun verschließen wir wieder mit dem behandschuhten Finger die Öffnung, heben das Reagenzglas heraus und drehen es um. Nach dem Abheben des Fingers können wir mit einem Streichholz ein Gas anzünden, das mit bläulicher Flamme brennt: Ethan.

Es entstand aus dem Acetat-Ion CH_3–CO–O–, das wegen seiner negativen Ladung von der positiven Elektrode („Anode") angezogen wird. Weil dort ein entsetzlicher Mangel an Elektronen herrscht, wird ihm brutal die negative Ladung (das heißt im Klartext: ein Elektron) weggerissen:

$$H_3C{-}C(=O){-}O^- \longrightarrow H_3C{-}C(=O){-}O\cdot + e^-$$

Dabei verwandelt es sich in eine höchst unbeständige, elektrisch neutrale Verbindung, die an einem Sauerstoffatom ein ungepaartes Elektron aufweist (!). Sie spaltet sofort Kohlendioxid ab. Das hilft aber nicht gegen das ungepaarte Elektron, denn das CO_2 nimmt es nicht mit, sondern lässt es schnöde an einer CH_3-Gruppe sitzen:

$$\longrightarrow H_3C{-}C(=O){-}O\cdot \longrightarrow H_3C\cdot + O{=}C{=}O$$

Das CH_3 mit dem ungepaarten Elektron heißt auch „Methyl-Radikal". Wenn wir uns daran erinnern, dass C–C-Bindungen immer durch ein Elektronenpaar gebildet werden, dann können wir auch etwas salopp sagen:

Radikale sind Moleküle mit halben Bindungen

(während bei den Menschen Radikale immer ganz an ihre Überzeugungen gebunden sind). Es ist klar, dass unser Methylradikal, weil es sich mit seinem ungepaarten Elektron äußerst unwohl fühlt, sofort mit einem zweiten Methylradikal reagiert, ganz ähnlich wie das die Wasserstoffatome mit ihrem einsamen Elektron miteinander tun. Und so wie aus 2 H das H_2-Molekül entsteht, bildet sich aus zwei Methylradikalen das $(CH_3)_2$-Molekül mit einer C–C-Bindung, die aus den beiden einst ungepaarten Elektronen entstanden ist, also das Ethan:

$$H_3C\cdot + \cdot CH_3 \longrightarrow H_3C{-}CH_3$$

Voilà! Jetzt herrscht Frieden! Und weil zwei Methylradikale nur ein Ethan ergeben, aber bei ihrer Entstehung zwei Moleküle CO_2 abgespalten haben, wundern wir uns nicht mehr, dass zwei Drittel des Gasgemischs in unserem Reagenzglas aus Kohlendioxid bestanden und sich in Natronlauge lösten, während das letzte Drittel brennbares Ethan war. Denn wir erinnern uns: Zwei Mol CO_2 nehmen doppelt so viel Raum ein wie ein Mol Ethan. Solche Gesetzmäßigkeiten hat der italienische Forscher Avogadro vor fast 200 Jahren erkannt.

Radikale spielen bei manchen Reaktionen eine wichtige Rolle als Starter. So beispielsweise bei der Polymerisation von Ethylen zu Polyethylen, weil sie ihr freies Elektron dem Ethylen aufdrängen und dieses dann mit einem zweiten Molekül Ethylen reagiert, ohne das Elektron loszuwerden. Klar, dass das Kettenverlängern anschließend so weiter geht, bis ein richtiger Kunststoff entstanden ist.

Die Reaktion des Versuchs 19 heißt auch nach ihrem Entdecker Kolbesche Elektrolyse. Sie lässt sich nicht nur auf die Alkalisalze anderer Carbonsäuren anwenden, sondern auch auf Alkalisalze einseitig veresterter Dicarbonsäuren. So ergibt das Natriumsalz des Adipinsäuremonomethylesters außer Wasserstoff (an der Kathode) und zwei Molekülen CO_2 den Dimethylester einer Dicarbonsäure mit 10 Kohlenstoffatomen. Die Kolbesche Elektrolyse ist also nicht nur ein Verfahren, um Kohlenwasserstoffe herzustellen, sondern sie kann auch für die Synthese von längeren Dicarbonsäureestern herangezogen werden.

Die höheren Alkohole

Auf das Methanol und das Ethanol folgt ein Alkohol mit drei Kohlenstoffatomen, das Propanol. Die Chemiker erhalten es durch Wasseranlagerung an die Doppelbindung des Propylens. Wenn wir die Reaktion auf dem geduldigen Papier probieren, erkennen wir, dass es zwei verschiedene isomere Propanole geben muss. Das eine entsteht, wenn sich das Wasserstoffatom des Wassers an die endständige $=CH_2$-Gruppe der Doppelbindung anlagert und die OH-Gruppe an das mittlere C-Atom, das im Propylenmolekül nur ein Wasserstoffatom trägt:

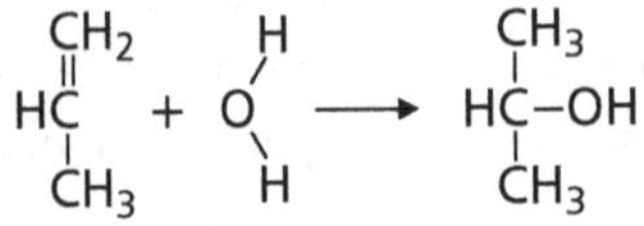

$$\begin{array}{c} CH_2 \\ \| \\ HC \\ | \\ CH_3 \end{array} + \begin{array}{c} H \\ / \\ O \\ \backslash \\ H \end{array} \longrightarrow \begin{array}{c} CH_3 \\ | \\ HC-OH \\ | \\ CH_3 \end{array}$$

Nach den Regeln der Namensgebung, welche die Chemiker vereinbart haben, heißt es Propan-2-ol oder – veraltet, aber gebräuchlicher – Isopropanol. Man rechnet es zu den „sekundären" Alkoholen, die immer eine HC–OH-Gruppe aufweisen.

Das andere dagegen entsteht, wenn sich das Wasserstoffatom in der Molekülmitte und die OH-Gruppe am Ende anlagert:

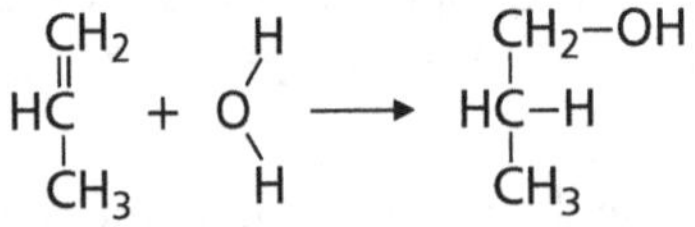

$$\begin{array}{c} CH_2 \\ \| \\ HC \\ | \\ CH_3 \end{array} + \begin{array}{c} H \\ / \\ O \\ \backslash \\ H \end{array} \longrightarrow \begin{array}{c} CH_2-OH \\ | \\ HC-H \\ | \\ CH_3 \end{array}$$

Wir sind natürlich sehr gespannt, wie sich das Wassermolekül in der Retorte des Chemikers benimmt. Wird es sozusagen sozial handeln und das Wasserstoffatom dort anlagern, wo Wasserstoffmangel herrscht, also an der =CH-Gruppe? Oder wird es gerade umgekehrt das Wasserstoffatom dort abgeben, wo eh schon zwei Wasserstoffatome sitzen, also an der $=CH_2$-Gruppe?

Wer hat, dem wird gegeben

Als die Chemiker vor gut eineinhalb Jahrhunderten diese Reaktion untersuchten, waren sie verblüfft, dass es in der organischen Chemie so ungerecht wie im Leben zugeht. Denn sie fanden, dass die wasserstoffreichere Seite der C=C-Doppelbindung noch ein Wasserstoffatom dazu erhält, während die wasserstoffärmere Seite leer ausgeht (beziehungsweise mit der OH-Gruppe vorlieb nehmen muss). Es gilt also das merkwürdige Jesuswort aus dem Matthäusevangelium (13,12), das Heinrich Heine so salopp formuliert hat:

Wer viel hat, der wird gar bald
Noch viel mehr dazu bekommen.

Zum Glück für unsere =CH-Gruppe gilt nicht auch noch die Fortsetzung:

Wer nur wenig hat, dem wird
Auch das Wenige genommen.

Es entsteht also fast nur Isopropanol und fast gar kein *n*-Propanol. Dieses unsoziale Benehmen der Natur, demzufolge bei einseitiger Wasserstoff-Anlagerung an eine Doppelbindung das wasserstoffreichere C-Atom bevorzugt wird und das wasserstoffärmere leer ausgeht, heißt auch „Regel von Markownikow" nach dem russischen Chemiker[53], der sie entdeckte.

Zurück zur Oxidation der Alkohole

Wir kehren nun noch einmal zur Oxidation der Alkohole zurück. Wir sahen, dass durch Oxidation der CH_2OH-Gruppe immer ein Aldehyd mit einer CHO-Gruppe entsteht. Wie aber verhält sich im Gegensatz zu diesen „primären" Alkoholen ein „sekundärer" Alkohol, der wie das Isopropanol eine HC-OH-Gruppe statt der CH_2OH-Gruppe trägt?

Die sekundären Alkohole lassen sich zwar auch dehydrieren, ergeben aber keine Aldehyde, sondern „Ketone". Bei der Dehydrierung, die natürlich meist katalytisch bei höherer Temperatur durchgeführt wird, führt zum Beispiel das Isopropanol zu dem altbekannten und vielseitig eingesetzten Lösungsmittel Aceton oder Dimethylketon.[54]

$$\begin{array}{c} CH_3 \\ | \\ H-C-OH \\ | \\ CH_3 \end{array} \longrightarrow \begin{array}{c} CH_3 \\ | \\ C=O \\ | \\ CH_3 \end{array} + H_2$$

Wieder fällt uns auf, dass der Wasserstoff empörenderweise keineswegs den wasserstoffreichen Kohlenstoffatomen an den Molekülenden entrissen wird, sondern dem wasserstoffärmsten Kohlenstoffatom in der Mitte. Hier also hat Heine schließlich doch recht, wenn er schreibt, dass dem, der wenig hat, auch das Wenige genommen wird.

Bei den Butanolen begegnet uns zum ersten Mal ein Alkohol, der neben der OH-Gruppe überhaupt kein Wasserstoffatom trägt. Es ist das Tertiärbutanol mit der Strukturformel

---

[53] Wladimir Wassiljewitsch Markownikow wurde 1838 bei Nischni-Nowgorod (Gogol) östlich von Moskau geboren und starb 1904.

[54] Wissenschaftlicher Name: Propan-2-on

$$H_3C-C(CH_3)_2-OH$$

und dem wissenschaftlichen Namen 2-Methylpropan-2-ol. Solche „tertiäre“ Alkohole können überhaupt nicht dehydriert werden, weil neben ihrer alkoholischen OH-Gruppe kein Wasserstoffatom vorhanden ist. Setzen wir unter Anwendung von brutaler Gewalt dennoch eine Dehydrierung durch, so zerbricht das Molekül.

Ketone – vielseitig und reaktionsfähig

Auch die Ketone sind in der Hand des Chemikers vielseitig einsetzbare Rohstoffe. Meist reagieren sie am Sauerstoffatom der CO-Gruppe; wenn Wasserstoffatome zum Beispiel durch Chlor angegriffen werden, zeigt sich wieder eine Fernwirkung der C=O-Gruppe, nämlich dass die Wasserstoffatome direkt neben der C=O-Gruppe reaktionsfähiger sind als die weiter entfernten, und dass eine schon angegriffene ehemalige CH_2- oder CH_3-Gruppe reaktionsfähiger ist als eine noch intakte. Besonders schön sehen wir diese Regel bei der Reaktion von Methylketonen mit Iod:

Versuch 20: Herstellung von Triiodmethan (Iodoform)

Wir dunsten 4 ml Iodtinktur in einem Becherglas bis zur Trockne ein. Auf die abgeschiedenen Iodkristalle bringen wir 2 Tropfen (nicht mehr!) einer Wasser-Acetonmischung im Verhältnis 1:1 und gleich danach 3 ml verdünnte Natronlauge. Fast sofort bilden sich gelbe Kristalle, deren Geruch die Älteren unter uns an Zahnarztpraxis erinnert[55]. Sie schmelzen bei 119 °C.

Der Reaktionsablauf ist ein wenig unübersichtlich. Vereinfacht ausgedrückt, reagiert das Iod zunächst mit einem Wasserstoffatom neben der C=O-Gruppe nach dem Schema:

$$CH_3–CO–CH_3 + I_2 \longrightarrow HI + CH_3–CO–CH_2I$$

Ein zweites Iodmolekül will auch nicht tatenlos zusehen und reagiert ebenfalls. Wieder zeigt sich, dass es in der Welt nicht gerecht zugeht, denn die Reaktion findet nicht an der iodfreien CH_3-Gruppe statt, sondern dort, wo schon ein Iodatom sitzt, also an der CH_2I-Gruppe. Und die gleiche

[55] Iodoform wurde von den Zahnärzten als Desinfektionsmittel eingesetzt. Richtiger ist also die Aussage, dass wir Ältere in Zahnarztpraxen gelegentlich Iodoform gerochen haben!

Ungerechtigkeit wiederholt sich noch einmal, wenn ein drittes Iodmolekül tätig wird. Schiller hat offensichtlich Recht, wenn er meint:

Das eben ist der Fluch der bösen Tat,
Dass sie fortzeugend immer Böses muss gebären.

Nach diesem unsozialen Prinzip ist nun ein sehr ungleichgewichtiges Molekül entstanden. Auf der einen Seite der zentralen CO-Gruppe hängt nämlich ein Schwergewicht, die Triiodmethylgruppe mit dem „Molgewicht" 12 + 3 × 127 = 393, auf der anderen Seite ein Leichtgewicht, die Methylgruppe mit dem „Molgewicht" 12 + 3 × 1 = 15. So ein Gebilde ist spannungsgeladen, zumal das Sauerstoffatom wieder heftig an den Bindungselektronen des mittleren Kohlenstoffatoms zerrt. Schon aus geringem Anlass wird eine Trennung eintreten, ähnlich wie sie Wilhelm Busch beschrieben hat:

Die Seele schwingt sich in die Höh,
Der Bauch liegt auf dem Kanapee.

Tatsächlich zerbricht es schon mit Wasser nach der Gleichung

$$HOH + I_3C–CO–CH_3 \longrightarrow I_3CH + HO–CO–CH_3$$

zu Triiodmethan (Iodoform) und Essigsäure. Die Natronlauge begünstigt alle diese Reaktionen, weil sie mit dem Iodwasserstoff Natriumiodid und mit der Essigsäure Natriumacetat bildet:

$$NaOH + HI \longrightarrow NaI + HOH$$
$$NaOH + H–O–CO–CH_3 \longrightarrow Na–O–CO–CH_3 + HOH$$

Sie fängt also die Nebenprodukte ab und verwandelt sie in neutrale Salze. Dadurch wird verhindert, dass eine Rückreaktion zu den Ausgangsprodukten stattfindet.

Interessant ist diese „Iodoformreaktion", weil sie uns

a) Überraschend einen mehrfach substituierten Halogenkohlenwasserstoff in die Hände spielt und

b) beispielhaft zeigt, dass eine bereits angegriffene ehemalige CH_3-Gruppe erneut angegriffen wird und nach und nach alle Wasserstoffatome gegen Iod austauschen muss, während die intakte CH_3-Gruppe ungerechterweise von allen Belästigungen verschont bleibt.

Ein langer und anstrengender Ausflug geht hier seinem Ende entgegen. Er führte uns ins graue Altertum, wo wir erstaunt die Sumerer beim Bierbrauen und die Babylonier beim Pantschen beobachteten. Wir befassten uns mit der Chemie des Alkohols, dieser uralten Droge, diskutierten seine Verwandtschaft mit dem Wasser, verstanden seine Eigenschaften als vielseitiges Lösemittel und lernten, dass er beim Abspalten von Wasser Olefine oder Ether bilden kann. Ein erster Höhepunkt war erreicht, als wir die Eigenschaften des Diethylethers ohne Lehrbuch, allein aus seiner Formel richtig vorhersagen konnten. Oxidationsmittel führten uns von den Alkoholen zu den Aldehyden, die ihrerseits beim Weiteroxidieren Carbonsäuren ergaben. Überraschend landeten wir dadurch bei der Essigsäure, der einzigen großtechnisch hergestellten Säure des Altertums. Verblüfft erfuhren wir, dass die Wasserabspaltung aus Alkohol in Anwesenheit von Essigsäure den geruchsstarken Essigsäureethylester ergibt, fabrizierten auf dem Papier Polyesterfasern, einen biologisch abbaubaren Kunststoff – und lernten gleich danach, dass ein beträchtlicher Teil unserer Nahrung aus natürlich vorkommenden Estern besteht. Von dieser Etappe war es nicht weit zu der ehrwürdigen Kunst der Seifensieder, die wir chemisch durchleuchteten. Mit Staunen erfuhren wir, dass unser Dünndarm bei der Verdauung der Fette ebenfalls Seife herstellt. Bei einer Handwaschung mit Mikroskop sahen wir, in welch raffinierter Verkleidung sich die Seifenmoleküle ins Wasser einschleichen, den Schmutz lösen und schließlich abtransportieren. Den Weg von den Carbonsäuren zurück zu den Kohlenwasserstoffen legten wir gleich zweimal zurück, und als wir die Dehydrierung der verschiedenen Alkohole genauer besahen, stießen wir auf eine neue Stoffklasse, die Ketone. Resignierend erkannten wir, dass es nicht einmal in der Welt der Moleküle soziale Gerechtigkeit gibt: Wer hat, dem wird gegeben, wer nicht hat, dem wird noch genommen. Wir werden im nächsten Kapitel weitere Beispiele für diese empörende Ungerechtigkeit kennenlernen und eine Begründung dafür wird uns in den Schoss fallen.

Vierter Ausflug: Dahin, wo doppelt genäht nicht besser hält

Schon vor über 200 Jahren entdeckten die Chemiker das Ethylen, als sie wasserfreien Alkohol mit konzentrierter Schwefelsäure erhitzten. Sie erhielten dabei ein Gas, das mit dem Element Brom ein wasserunlösliches Öl ergab. Sie gaben ihm den Namen „Olefin“ (neulateinisch = Ölmacher). Diese Bezeichnung wurde bald auf alle Stoffe mit einer C=C-Doppelbindung ausgedehnt. Später verlieh man ihnen auch die Bezeichnung „Alkene“ – in Anlehnung an die Alkane, die uns beim zweiten Ausflug beschäftigten. Das „e“ in der zweiten Silbe soll daran erinnern, dass im Molekül eine C=C-Doppelbindung wie im Ethyl*en* vorliegt.

Der Umgang mit heißer konzentrierter Schwefelsäure ist nicht ganz ungefährlich. Bei den folgenden Versuchen verwenden wir daher als Olefin nicht Ethylen, sondern Olivenöl. Wie wir beim vorigen Ausflug gelernt haben, enthält es Ölsäure und andere ungesättigte Fettsäuren, die alle mit Glycerin verestert sind. Die Doppelbindungen der Ölsäure sind für die von uns untersuchten typischen Olefinreaktionen verantwortlich.

Versuch 21: Olefine und Chlor

In unser Elektrolysiergefäß aus Versuch 6 (Abb. 2.6) füllen wir so viel halbkonzentrierte Salzsäure, dass die beiden Graphitelektroden gerade bedeckt sind. Wir schließen die 4,5 Volt-Batterie an. Sofort setzt Gasentwicklung ein: an der negativ geladenen Kathode entsteht Wasserstoff, an der mit dem positiven Pol der Batterie verbundenen Anode Chlor. Wir merken letzteres daran, dass über dem Gefäß deutlich ein Geruch nach stark gechlortem Wasser auftritt, der uns auch an die Atmosphäre in schlecht gelüfteten Hallenbädern erinnert. Nach etwa zwei Minuten entfernen wir die Batterie und schütteln im Reagenzglas eine Probe des entstandenen Chlorwassers mit einigen Tropfen Olivenöl. Wir stellen fest, dass nun der Chlorgeruch verschwunden ist, weil die Chlormoleküle an die C=C-Doppelbindung angelagert wurden.

Im Falle des Ethylens entsteht das 1,2-Dichlorethan:

$$H_2C{=}CH_2 + Cl{-}Cl \longrightarrow Cl{-}CH_2{-}CH_2{-}Cl$$

eine bei 84 °C siedende ölige Flüssigkeit mit einem typischen, chloroformartigen Geruch. Die Substanz wird heute in riesigen Mengen nach dieser Reaktionsgleichung hergestellt, weil man aus ihr durch (katalytische) Abspaltung von HCl das „Vinylchlorid" $H_2C{=}CHCl$ und aus diesem das Polyvinylchlorid („PVC") erhält.

Ethylen – der Botenstoff der Pflanzen

Erstaunlicherweise spielt das Ethylen aber nicht nur in der nüchternen Welt der Chemie eine Schlüsselrolle, sondern auch bei Vorgängen, die für Pflanzen lebenswichtig sind.

Die Blütenblätter haben ihren Dienst getan. Mit ihren auffallenden Farben haben sie den Schmetterling angelockt. Soeben hat er beim Nektarsaugen unabsichtlich einige Pollenkörner auf der Narbe der Blüte abgestreift. Sofort beginnt der Befruchtungsvorgang: Eines der Pollenkörner treibt einen Schlauch durch den Griffel hinunter zum Fruchtknoten, um sich dort mit der Samenanlage zu vereinigen.

Ab jetzt sind die Blütenblätter überflüssig. Nein, schlimmer als überflüssig: Eine nutzlose Last. Denn sie verbrauchen weiter Wasser und Nährstoffe, belasten den Blütenstängel, der bald eine schwere Frucht zu tragen hat. Es ist ein beträchtlicher Vorteil, wenn es der Pflanze gelingt, diesen Ballast abzuwerfen. Und zwar je eher, desto besser.

Tatsächlich: Kurz nach der Befruchtung beginnt die Blüte zu welken. Die Blütenblätter fallen ab und mit ihnen alle anderen Bestandteile der Blüte, die jetzt nicht mehr benötigt werden, die Staubgefäße, Griffel und Narbe beispielsweise. Aber wie erfährt das Blütenblatt von der erfolgreichen Befruchtung, die doch in der Samenanlage, an einem ganz anderen Ort der Blüte stattfindet? Auf welchem Weg erhält es den Befehl zum Welken? Und warum welken die Fruchtblätter und Samenanlagen nicht?

Bei den Nelken wurde die rätselhafte Signalübertragung aufgeklärt. Noch ehe der Pollenschlauch die Samenanlage erreicht hat, erzeugt die Narbe Ethylen. Es entsteht aus Methionin, einer Aminosäure, die in den Eiweißstoffen (Proteinen) der Pflanze gebunden ist. Das Ethylen wandert durch den Griffel und den Fruchtknoten, ohne Schaden anzurichten, weil es keine Andockstellen findet. Erst wenn es zu den Blütenblättern kommt, findet es Reaktionspartner. Dort aktiviert es nun Gene, die ihrerseits noch mehr Ethylen erzeugen. Die Ethylenmenge wächst also rasch durch Autokatalyse und stößt dann nach einem noch ziemlich unbekannten Mechanismus Vorgänge an, die zu einem programmierten Zelltod führen: Die Blüte welkt.

Ein vielseitiges Pflanzenhormon

Nicht alle Blütenpflanzen verwenden Ethylen als Botenstoff, um das Welken auszulösen, wohl aber eine deutliche Mehrheit. Das ist schon deshalb nicht verwunderlich, weil es auch bei der Reifung von Früchten eine entscheidende Rolle spielt. Reifende Äpfel zum Beispiel sondern Ethylen ab. Dieses Ethylen beschleunigt die Reifung benachbarter Früchte so, dass der Bauer alle Äpfel zum gleichen Zeitpunkt ernten kann. Für die Pflanze wäre es ein Nachteil, wenn die Äpfel nacheinander heranreiften, denn dann würden sie auch nacheinander gegessen. Die Riesenernte überfordert den Appetit der Apfelesser, und die Wahrscheinlichkeit ist größer, dass aus Apfelkernen neue Apfelbäumchen wachsen.

Bei der Lagerung von reifen Früchten entsteht ebenfalls Ethylen. Wird der Lagerraum nicht gut belüftet, kann sich das Ethylen anreichern und den Reifungsprozess bis zur Fäulnis weitertreiben. So erklärt sich die uralte Beobachtung, dass *eine* überreife Frucht sehr rasch ihre Nachbarn verdirbt, wenn sie nicht rechtzeitig ausgelesen wird. Geschickte Hausfrauen nutzen den Effekt seit langem für ihre Zwecke: Sie legen reife Früchte zwischen die unreifen und bedecken das Ganze mit einem Tuch.

In modernen Lagerhäusern ist man umgekehrt daran interessiert, die Haltbarkeit des eingelagerten Obstes zu verlängern. Man sorgt deshalb dafür, dass das Ethylen rechtzeitig abgesaugt wird. Genau so gut kann man aber auch das Reifen von grün eingelagerten Bananen anstoßen, indem man der Lagerhausluft Ethylen beimischt. Selbstverständlich ist es dabei vollkommen gleichgültig, ob das Ethylen auf biochemischem oder auf chemischem Weg entstanden ist.

Ethylen als Postbote

Seit langem weiß man, dass Pflanzen auf Verletzungen und auf Schädlingsbefall sehr sinnvoll reagieren. Wird zum Beispiel ein Blatt mechanisch beschädigt – etwa durch Hagelschlag oder durch ein vorbeistreifendes Tier – so heilt die Pflanze diese Wunde, indem sie die dort liegenden Zellen verschorft. Bei Schädlingsbefall wehrt sie sich, indem sie Abwehrstoffe gegen Pilze oder Insekten produziert. Auch bei diesen Vorgängen übermittelt Ethylen die notwendigen Informationen und stößt die Herstellung der Abwehrstoffe an. Weil es als Gas zu den Nachbarpflanzen verweht wird, kann es bei diesen eine Art Alarm auslösen, der ebenfalls zur Bereitstellung von Abwehrstoffen führt. Unser wunderbares Gas wirkt also nicht nur als Botenstoff in der Pflanze, sondern auch als Postbote zu den Nachbarn!

Ganz erstaunlich ist dabei die Vielseitigkeit der Reaktionen, die das Ethylen anstößt. Bei Reifungsvorgängen erzeugt es Stoffe, welche die harte Fruchthaut aufweichen. Bei Verletzungen werden dagegen Zellen mit besonders widerstandsfähigen Zellwänden gebildet. Bei Pilzbefall regt es die Bildung von Substanzen an, welche die Enzyme lahm legen, mit denen die Pilze das Protein der Pflanze abbauen; es zerstört also sozusagen die Waffen des Angreifers. Gegen Insekten entwickelt das Ethylen im Pflanzengewebe Giftstoffe, die deren harten Chitinpanzer auflösen. Doch allen Abwehrstrategien zum Trotz gewinnen die Pflanzen den Kampf gegen Schädlinge leider nicht immer, wie die frustrierende Erfahrung aller Hobbygärtner zeigt. Weniger auffällig, aber am längsten bekannt ist, dass Ethylen das Wachstum bestimmter Wurzelzellen verlangsamt. Wahrscheinlich können deshalb die Wurzeln Hindernissen elegant ausweichen.

Das Ethylen ist also ein äußerst vielseitiger Botenstoff der Pflanzen – ein echtes Pflanzenhormon. Unwillkürlich stellen wir uns unter Hormonen hochkomplizierte Stoffe vor. Das Ethylen dagegen ist verblüffend einfach gebaut. Es ist der einfachste Kohlenwasserstoff mit einer Kohlenstoff-Kohlenstoff-Doppelbindung überhaupt; offensichtlich ermöglicht gerade dies zusammen mit der hohen Beweglichkeit des Gases die wunderbare Vielfalt seiner Reaktionen – und mit dem spanischen Philosophen Ortega y Gasset begreifen wir, warum die Eule den Griechen als Vogel der Weisheit galt: Weil sie mit vor Staunen weit geöffneten Augen die Welt betrachtet.

Additionsreaktionen des Ethylens

Die Chemiker fanden bald heraus, dass die Olefine nicht nur mit Halogenen wie Chlor und Brom unter Verschwinden der Doppelbindung reagieren, sondern dass sie eine Vielzahl anderer Verbindungen „addieren“. So zum Beispiel Chlorwasserstoff, Wasser, Wasserstoff, Schwefelsäure und Salpetersäure. Wasserstoff wandelt das Ethylen in Ethan um; die anderen Substanzen lagern alle ein Wasserstoffatom an das eine Ende der Doppelbindung des Ethylens an und den Rest des Moleküls an das andere Doppelbindungsende nach dem Schema

$$H_2C{=}CH_2 \; + \; H{-}R \longrightarrow H_3CH_2R$$

Beim Ethylen erwarten wir nur ein einziges Reaktionsprodukt, auch wenn wir ein asymmetrischen Molekül wie etwa Chlorwasserstoff an die Doppelbindung anlagern. Beim Propylen dagegen müssen zwei Produkte entstehen:

1) $H_2C{=}CH{-}CH_3 + H{-}Cl \longrightarrow H_3C{-}CHCl{-}CH_3$ und
2) $H_3C{-}CH{=}CH_2 + H{-}Cl \longrightarrow H_3C{-}CH_2{-}CH_2{-}Cl$

Bilden sich beide in gleicher oder annähernd gleicher Menge?

Wer wenig hat, kriegt nichts dazu

Schnell entschlossene Denker antworten ohne langes Zögern mit einem klaren Ja, denn sie können sich beim besten Willen nicht vorstellen, dass es einen Unterschied macht, ob das Propylenmolekül zufällig mit der $=CH_2$-Gruppe oder mit der =CH-Gruppe in die Nähe eines Chlorwasserstoffmoleküls gerät. Nachdenklichere Forscher erinnern sich an die Ungerechtigkeit, mit der in der Welt der Moleküle geteilt oder zugeteilt wird und vermuten, dass auch hier das wasserstoffärmere Kohlenstoffatom beim Wettbewerb um zusätzlichen Wasserstoff leer ausgeht. Und so ist es: Die Reaktion 1) läuft fast allein ab und das 1-Chlorpropan aus Reaktion 2) ist nur ein unbedeutendes Nebenprodukt. Der russische Chemiker Markownikow formulierte als erster die nach ihm benannte Regel: Bei der Addition von Chlorwasserstoff an eine unsymmetrische Doppelbindung lagert sich der Wasserstoff an das wasserstoffreichere Kohlenstoffatom an. Ähnlich bildet sich beim Anlagern von Wasser an Propylen in Anwesenheit saurer Katalysatoren ganz überwiegend Propan-2-ol (Isopropanol) und fast kein Propan-1-ol (s. S. 104).

Ein Indizienbeweis für den Reaktionsablauf

Warum? Zu Markownikows Zeiten haperte es stark mit einer halbwegs überzeugenden Antwort. Die Chemiker nahmen seine Regel mit stoischem Gleichmut in das Repertoire ihrer Reaktionen auf und fragten nicht weiter. Heute wissen wir, dass in einem ersten Schritt ein Wasserstoff-Ion (Proton) an die Doppelbindung angelagert wird. Weil Methylgruppen stabiler sind als CH_2-Gruppen, entsteht ein symmetrisches Molekül mit zwei CH_3-Gruppen. Die positive Ladung, die das Wasserstoff-Ion mitgebracht hat, setzt sich auf dem mittleren Kohlenstoffatom fest (im Klartext heißt dies, dass dort eine Elektronenlücke auftritt):

$$H_2C{=}HC{-}CH_3 + H^+ \longrightarrow H_3C{-}HC^+{-}CH_3$$

In diese Lücke springt das Chlorid-Ion mit einem seiner vier Elektronenpaare ein. Es lagert sich also in einem zweiten Schritt „nucleophil“ an das Kohlenstoffatom an:

$$H_3C{-}HC^+{-}CH_3 + Cl^- \longrightarrow H_3C{-}HCCl{-}CH_3$$

Woher man das nun wieder so sicher weiß? Zweifel waren erlaubt, bis findige Chemiker den Reaktionsmechanismus der uraltbekannten Addition von Brom an das Propylen aufklärten. Sie boten zusätzlich den Reaktionsteilnehmern Chlorid-Ionen an und erhielten prompt statt 1,2-Dibrompropan 1-Brom-2-chlorpropan und Bromid-Ionen nach folgender Gleichung:

$$H_2C{=}CH{-}CH_3 + Br{-}Br + Cl^- \longrightarrow H_2C(Br){-}CH(Cl){-}CH_3 + Br^-$$

Diese Tatsache konnten sie nur verstehen, wenn das Brommolekül in einem ersten Schritt in ein Br^+-Ion und ein Br^--Ion „disproportioniert“:

$$Br_2 \longrightarrow Br^+ + Br^-$$

Das positiv geladene Brom-Ion lagert sich an die Doppelbindung an, wobei ein positiv geladenes Molekül entsteht, dessen elektrische Ladung am mittleren Kohlenstoffatom sitzt:

$$Br^+ + H_2C{=}CH{-}CH_3 \longrightarrow H_2C(Br){-}C^+H{-}CH_3$$

Es ist einleuchtend, dass dieses Gebilde mit dem Chlorid-Ion weiterreagieren will, weil dieses mit einem seiner vier Elektronenpaare in die Elektronenlücke des mittleren Kohlenstoffatoms tadellos hineinpasst:

$$H_2C(Br){-}C^+H{-}CH_3 + Cl^- \longrightarrow H_2C(Br){-}CH(Cl){-}CH_3$$

Wenn nun schon das Brommolekül nach diesem Mechanismus reagiert, wird wohl das Chlorwasserstoffmolekül erst recht in einem ersten Schritt sein positiv geladenes Wasserstoff-Ion anlagern und in einem zweiten das negativ geladene Chlorid-Ion. Die Tatsache, dass sich Wasser nur in Anwesenheit von Protonendonatoren (Säuren) an die Doppelbindung des Propylens anlagern lässt, und dass dabei wieder der Wasserstoff eine CH_3-Gruppe bildet, während das mittlere Kohlenstoffatom mit der OH-Gruppe vorlieb nehmen muss, ist ein weiteres Argument dafür, dass der erste Schritt eine Protonenaddition an die Doppelbindung ist.

Abermals erstaunt uns die Fähigkeit der Chemiker, Aussagen über das Verhalten ihrer fast unendlich kleinen Moleküle zu machen. Bei der Aufklärung des Reaktionsmechanismus der Chlorwasserstoffaddition an das

Propylen erkennen sie nicht nur Ausgangsstoffe und Endprodukte, sondern auch die Reihenfolge der einzelnen Reaktionsschritte und die Struktur der äußerst kurzlebigen Zwischenprodukte. Wie wir es nun schon von ihnen gewohnt sind, haben sie keine Augenzeugen für diese Vorgänge, aber sehr überzeugende Indizienbeweise.

Die Allylstellung: Sonderrechte für ein Wasserstoffatom

Bis jetzt will es uns so scheinen, als seien die Additionsreaktionen an die Doppelbindung die einzig wichtigen Reaktionen der Olefine. „Gibt es denn überhaupt keine Substitutionen?" fragen uns die Gründlichen, die sich gern an die temperamentvolle Chlorierung der Alkane oder „Paraffine" erinnern (S. 54).

Doch! Erstaunlicherweise verlaufen sie bei hoher Temperatur ziemlich glatt und ohne dass die Doppelbindung dabei leidet! So bildet das Propylen bei 500–600 °C mit Chlor das 3-Chlorpropyl-1-en (meist „Allylchlorid" genannt):

$$H_2C{=}CH{-}CH_3 \; + \; Cl{-}Cl \longrightarrow H_2C{=}CH{-}CH_2{-}Cl \; + \; HCl$$

Auch bei anderen Olefinen ist das Wasserstoffatom in „Allylstellung" (d.h. am Kohlenstoffatom neben der Doppelbindung) leicht substituierbar. Es genießt also ein Sonderrecht, das es einzig und allein seiner Stellung verdankt (derartige Privilegien sind nicht nur in der Chemie bekannt). Warum?

Wir können uns vorstellen, dass bei den hohen Temperaturen von etwa 600 °C die einzelnen Atome des Propylenmoleküls sehr heftig hin- und herschwingen. Gelegentlich geht dabei sogar eine C–H-Bindung zu Bruch. Dabei zeigt sich, dass die beiden Kohlenstoffatome der C=C-Doppelbindung ihre Wasserstoffatome sehr viel fester halten als die CH_3-Gruppe neben der Doppelbindung. Diese gibt nämlich als einzige ein Wasserstoffatom ab. Das Wasserstoffatom nimmt das Elektron, das es in die C–H-Einfachbindung eingebracht hat, mit sich fort und zurück bleibt ein Allylrest mit einem einzelnen „ungepaarten" Elektron, sozusagen einer halbierten Bindung:

$$CH_2{=}CH{-}CH_2\cdot$$

Dieses Allylradikal reagiert nun mit Chlor zum Allylchlorid:

$$2\,CH_2{=}CH{-}CH_2\cdot \; + \; Cl_2 \longrightarrow 2\,CH_2{=}CH{-}CH_2{-}Cl$$

Bei 600 °C können wir uns vorstellen, dass die Chlormoleküle wegen der heftigen thermischen Bewegung zum Teil in Chloratome zerbrechen, die nun ebenfalls je ein ungepaartes Elektron aufweisen:

$$Cl{-}Cl \longrightarrow Cl\cdot + Cl\cdot$$

So wird es leicht verständlich, dass das Allylradikal sich mit einem Chloratom zusammentut, um aus dessen Einzelelektron und dem eigenen eine handfeste C–Cl-Einfachbindung zu basteln:

$$CH_2{=}CH{-}CH_2\cdot + Cl\cdot \longrightarrow CH_2{=}CH{-}CH_2{-}Cl$$

Das andere Chloratom reagiert in ähnlicher Weise mit dem Wasserstoffatom zu einem Chlorwasserstoffmolekül:

$$H\cdot + Cl\cdot \longrightarrow H{-}Cl$$

Womit nach einem kurzen Zwischenspiel der Radikale mit ihren ungepaarten Elektronen die gewohnten homöopolaren Bindungen wieder etabliert wären.

Eine elegante Glycerinsynthese

Wir haben nun das Rüstzeug, auf dem Papier Glycerin herzustellen, jenen dreifachen Alkohol, der den Fettsäuren im Speiseöl Veresterungspartner ist (S. 95). Natürlich verwenden wir als sparsame Chemiker das billige Propylen als Ausgangsstoff; denn mit ihm haben wir schon das Kohlenstoffgerüst für unser Endprodukt:

Ausgangsstoff: $H_2C{=}CH{-}CH_3$

Endprodukt: $\underset{HO}{H_2C}{-}\underset{OH}{CH}{-}\underset{OH}{CH_3}$

Unsere Aufgabe besteht also darin, einerseits ein Wasserstoffatom der CH_3-Gruppe durch eine alkoholische OH-Gruppe zu ersetzen und außerdem an die C=C-Doppelbindung zwei OH-Gruppen anzulagern.

Erfreulicherweise steht das zu ersetzende Wasserstoffatom in „Allylstellung“ zur Doppelbindung; es ist also ziemlich reaktionsfähig, zum Beispiel gegen

Chlor. Sofort kommt uns die Idee, zuerst einmal das Propylen wie oben beschrieben bei etwa 500 oder 600 °C mit Chlor zu Allylchlorid umzusetzen:

$$H_2C{=}CH{-}CH_3 + Cl_2 \longrightarrow H_2C{=}CH{-}CH_2Cl + HCl$$

Die Tatsache, dass dabei die C=C-Doppelbindung für unsere nächsten Gedankenblitze erhalten bleibt, inspiriert uns, mal spielerisch an diese in der Kälte Chlor anzulagern:

$$H_2C{=}CH{-}CH_2Cl + Cl{-}Cl \longrightarrow H_2\underset{Cl}{\underset{|}{C}}{-}\underset{Cl}{\underset{|}{C}}H{-}CH_2Cl$$

und hoppla! schon haben wir überall, wo wir am Ende eine OH-Gruppe stehen haben wollen, wenigstens mal ein Chloratom eingeführt. Jetzt fällt uns wieder ein, dass Chlorkohlenwasserstoffe wichtige Schlüsselverbindungen für organische Substanzen mit funktionellen Gruppen sind (s. S. 57) und sofort nehmen wir uns vor, das so erhaltene 1,2,3-Trichlorpropan mit Natronlauge umzusetzen. Es muss unweigerlich das gewünschte Glycerin entstehen:

$$H_2\underset{Cl}{\underset{|}{C}}{-}\underset{Cl}{\underset{|}{C}}H{-}\underset{Cl}{\underset{|}{C}}H_2 + 3\,NaOH \longrightarrow H_2\underset{HO}{\underset{|}{C}}{-}\underset{OH}{\underset{|}{C}}H{-}\underset{OH}{\underset{|}{C}}H_2 + 3\,NaCl$$

Womit unsere Aufgabe recht geschickt in drei Stufen gelöst wäre. Wir brauchen insgesamt für ein Mol Glycerin (92 g) ein Mol Propylen (42 g), zwei Mol elementares Chlor (2 × 71 g = 142 g) und drei Mol Natriumhydroxid (3 × 40 g = 120 g). Da aber die Ausbeute über alle drei Stufen sicher nicht 100 % beträgt, sondern vielleicht nur 60 %, erhalten wir für unsere Rohstoffe nicht einmal 92 g Glycerin, sondern nur 0,60 × 92 g = 55,2 g.

Das Kopfwackeln der Wirtschaftlichkeitsrechner

Bei dieser Stoffbilanz setzt nun das bedenkliche Kopfwackeln der Wirtschaftlichkeitsrechner ein, denn die Synthese verbraucht ziemlich viel teures Natriumhydroxid. Sorgenvoll fragen sie an, ob wir nicht sparsamer mit diesem kostspieligen Rohstoff umgehen könnten? Oder wenigstens doppelt so viel Glycerin aus 120 g NaOH herstellen möchten?

Phantasielose Chemiker beginnen nun, in mühsamen Versuchsreihen die Ausbeute zu verbessern, wohl wissend, dass sie theoretisch höchstens 92 g – 55,2 g = 36,8 g Glycerin dazugewinnen werden, wahrscheinlich aber nur die Hälfte oder ein Drittel davon.

Ihre ideenreicheren Kollegen überdenken stattdessen den zweiten Teilschritt der Synthese, denn hier, bei der Anlagerung von elementarem Chlor, wird ja der spätere Verbrauch an NaOH vorherprogrammiert. Warum, so fragen sie sich, versuchen wir nicht, an die C=C-Doppelbindung statt Cl–Cl einfach eine Verbindung HO–OH (Wasserstoffperoxid) anzulagern? Dann hätten wir gleich zwei OH-Gruppen im Molekül und müssten nur noch ein Chloratom (nämlich das aus dem Allylchlorid) mit NaOH zur dritten OH-Gruppe umsetzen.

Die ersten Versuche zeigen schnell, dass die Anlagerung von Wasserstoffperoxid an die Doppelbindung des Allylchlorids recht gefährlich ist und viele Nebenprodukte ergibt. Die mutloseren unter den ideenreichen Forschern geben hier auf. Die hartnäckigeren Kreativen verfolgen eine Kompromisslösung: Wenn statt Cl–Cl das HO–OH nicht angelagert werden kann, dann gelingt es doch vielleicht, die Verbindung Cl–OH („Unterchlorige Säure") an die C=C-Doppelbindung zu addieren?

Und tatsächlich! Die Anlagerung von Unterchloriger Säure an ein Olefin ist eine altbekannte praktikable Reaktion, die sich natürlich auch auf das Allylchlorid anwenden lässt. Und Unterchlorige Säure ist billig; sie entsteht nämlich aus Wasser und Chlor durch eine „Disproportionierung", bei der das Chlormolekül von der Oxidationsstufe 0 in zwei Atome mit der Oxidationsstufe −1 und +1 zerfällt:

$$\text{Cl–Cl} + \text{HOH} \longrightarrow \text{H}^+\text{Cl}^- + \text{Cl}^+\text{OH}^-$$

Der zweite Syntheseschritt geht jetzt so:

$$\text{H}_2\text{C=CH–CH}_2\text{Cl} + \text{Cl–OH} \longrightarrow \underset{\text{HO}}{\text{H}_2\text{C}}\text{–}\underset{\text{Cl}}{\text{CH}}\text{–CH}_2\text{Cl}$$

Wobei es uns egal ist, ob dieses Molekül oder das Isomere

$$\text{Cl–CH}_2\text{–}\underset{\text{OH}}{\text{CH}}\text{–CH}_2\text{Cl}$$

entsteht, denn mit Natronlauge ergeben beide Glycerin. Und jetzt brauchen wir tatsächlich statt drei Mol NaOH nur noch zwei, also 80 g statt 120 g; die Wirtschaftlichkeitsrechner sind glücklich und zufrieden, obwohl sie kritisch anmerken, dass ihre Einsparungswünsche nicht ganz in Erfüllung gingen. Stolz weisen sie darauf hin, dass auch die Menge an Natriumchlorid, einem ziemlich wertlosen, eher lästigen Nebenprodukt der dritten Synthesestufe, von drei Mol auf zwei Mol, also von 165,5 g auf 117 g zurückgegangen ist:

$$\mathrm{HO{-}CH_2{-}\underset{\displaystyle Cl}{CH}{-}CH_2Cl} + 2\,\mathrm{NaOH} \longrightarrow \mathrm{HO{-}CH_2{-}\underset{\displaystyle OH}{CH}{-}CH_2OH} + 2\,\mathrm{NaCl}$$

und ihr ganzes Gehabe lässt die Direktion glauben, dass ihnen und nicht ihren ideenreichen Kollegen von der Forschung die neue Synthese zu verdanken ist. Und das, obwohl die Praktiker inzwischen längst das teure NaOH durch billiges $Ca(OH)_2$ ersetzt haben. Wieder einmal zeigt sich, dass der Erfolg viele Väter hat, im Gegensatz zum Misserfolg, der stets ein Waisenknabe bleibt.

Wozu das Ganze? Glycerin ist ein gesuchter Zusatz zu Seifen und Hautpflegemitteln. Auch die Kunststoffindustrie braucht nicht wenig für die Herstellung der Polyester (s. S. 92-93). Die Hauptmenge dieses interessanten Triols verarbeiten allerdings die Sprengstoffhersteller. Sie verestern alle drei Hydroxylgruppen des Moleküls mit Salpetersäure zu Glycerintrinitrat,

$$\begin{array}{l} \mathrm{H_2C{-}OH} + \mathrm{HONO_2} \\ \mathrm{H{-}C{-}OH} + \mathrm{HONO_2} \\ \mathrm{H_2C{-}OH} + \mathrm{HONO_2} \end{array} \longrightarrow \begin{array}{l} \mathrm{H_2C{-}O{-}NO_2} \\ \mathrm{H{-}C{-}O{-}NO_2} \\ \mathrm{H_2C{-}O{-}NO_2} \end{array} + 3\,\mathrm{HOH}$$

einer öligen Flüssigkeit, die unter dem nicht ganz richtigen Namen „Nitroglycerin“ berühmt geworden ist. Sie explodiert nämlich ganz unvorhersehbar schon bei geringfügigen Anlässen, zum Beispiel beim Herabtropfen aus bescheidener Höhe oder bei einem kräftigen Stoß äußerst heftig (der berühmte Film „Lohn der Angst“ schildert einen Nitroglycerin-Transport im Tanklastwagen über holprige Tropenstraßen zu einer brennenden Ölquelle, die durch eine Sprengung gelöscht werden soll). Dabei entstehen lauter Gase und Wärmeenergie, ohne dass Verbrennungsluft benötigt wird:

$$\begin{array}{l} \mathrm{H_2C{-}O{-}NO_2} \\ \mathrm{H{-}C{-}O{-}NO_2} \\ \mathrm{H_2C{-}O{-}NO_2} \end{array} \longrightarrow 3\,\mathrm{CO_2} + 2{,}5\,\mathrm{H_2O} + 1{,}5\,\mathrm{N_2} + 0{,}25\,\mathrm{O_2} + \text{Wärme}$$

Die Gase brauchen sowieso viel Raum und dehnen sich zudem durch die Reaktionswärme explosionsartig rasch aus; kein Wunder, dass das Nitroglycerin sehr bald im Berg- und Straßenbau als Sprengstoff eingesetzt wurde – so zum Beispiel beim Bau der Eisenbahnlinien im Wilden Westen der Vereinigten Staaten.

Nobels Entdeckung und der Nobelpreis

Im Grunde genommen ist die Verbindung aber viel zu gefährlich, um als Sprengstoff oder Schießpulverersatz zu dienen. Tatsächlich gab es auch bei der Herstellung, dem Transport und dem Einsatz des Nitroglycerins immer wieder schwere Unfälle. Dies änderte sich abrupt, als der schwedische Chemiker Alfred Nobel 1866 das „Dynamit" entwickelte, einen festen, nur mit Hilfe eines Zünders explodierenden Sprengstoff, der entsteht, wenn Kieselgur, ein äußerst feinkörniges, aus Kieselalgen entstandenes Siliciumdioxid, mit Nitroglycerin getränkt wird[56].

Ein Sprengstoff als Medikament

Nobel wurde durch seine Entdeckung steinreich. Es war ihm klar, dass sie nicht nur für friedliche Zwecke einsetzbar war; er glaubte jedoch bis zu seinem Tode 1896: „An dem Tag, an dem zwei Armeen imstande sein werden, sich innerhalb einer Sekunde gegenseitig zu vernichten, werden alle zivilisierten Nationen vor Entsetzen erschauern und ihre Armeen verabschieden." Um die Ausbreitung seiner Ideen zu fördern, bestimmte er testamentarisch die Zinsen aus dem größten Teil seines Vermögens für die alljährliche Verleihung der „Nobelpreise" für Physik, Chemie, Medizin, Literatur und die Förderung des Friedens.

Dem Nitroglycerin begegnete er gegen Ende seines Lebens unerwartet noch einmal. Die Ärzte verschrieben es ihm als Arznei gegen seine Anfälle von Angina Pectoris. Auch heute noch verschafft es den Kranken sofortige Linderung, weil es die verengten Arterien erweitert und damit die Durchblutung erleichtert. Dadurch wird die Sauerstoffzufuhr verbessert; die wiederum macht mit den schmerzhaften Verkrampfungen im Bereich des Herzens Schluss. Erst vor wenigen Jahren haben Forscher entdeckt, dass im Körper aus diesem Ester Stickstoffmonoxid (NO) entwickelt wird und dass dieses einfache, in höherer Dosis giftige Molekül als Botenstoff wirkt, der die Erweiterung der Blutgefäße auslöst. Der Kreis schließt sich hier wundersam, denn für die Aufklärung dieses Wirkungsmechanismus gab es 1998 den Medizin-Nobelpreis!

Natürlich ist die Glycerinsynthese seit langer Zeit bekannt. Wir haben uns diese Aufgabe gestellt, weil sie deutlich macht, in welchen Gedankenbahnen

[56] Es ist eine Legende, dass die Erfindung Nobels zufällig zustande kam, weil er die Kieselgur als Verpackungsmittel für Metallbehälter mit Nitroglycerin benutzte und einer der Behälter auslief. Tatsächlich erarbeitete er das Dynamit in einer wohldurchdachten Versuchsserie, bei der er unter anderem mit Sägespänen und Ziegelmehl die Explosivität des Nitroglycerins zu vermindern suchte.

sich die Chemiker bewegen, wenn sie neue Synthesen erfinden. Heute kommen ihnen speziell programmierte Computer zu Hilfe, die die richtigen und zweckmäßigen Teilschritte bis zur Darstellung der gewünschten Verbindung vorschlagen.

Unversehens sind wir von einer der wenigen Substitutionsreaktionen der Olefine zu einem Ausflug in die Arbeitswelt der Chemiker angeregt worden. Bleiben wir da, wo wir sind und sehen wir uns ein paar Reaktionen an, die in der chemischen Industrie in großem Maßstab durchgeführt werden.

Exotischere Additionsreaktionen

Wenn wir es recht bedenken, muss die Herstellung von Polyethylen (S. 50) mit einer Additionsreaktion beginnen, bei der ein Ethylenmolekül sich an die Doppelbindung eines anderen Ethylenmoleküls anlagert:

$$H_2C{=}CH_2 \; + \; H_2C{=}CH_2 \longrightarrow CH_3{-}CH_2{-}CH{=}CH_2$$

Weil dabei eine Doppelbindung im neuen Molekül erhalten bleibt, kann sich an diese ein weiteres Molekül Ethylen anlagern und so fort, bis ein unendlich langes Kohlenwasserstoffmolekül entsteht, das dann kunststoffartige Eigenschaften hat, eben das Polyethylen.

Kann man solche Reaktionen auch so durchführen, dass sie nach einmaliger Anlagerung abbrechen?

Das gelingt, wenn die Chemiker dafür geeignete Katalysatoren verwenden, zum Beispiel Protonendonatoren (im Klartext Säuren wie Schwefelsäure oder Posphorsäure). Sie lagern ihr Proton an die Doppelbindung des Olefins an, wobei ein positiv geladenes „Carbenium-Ion“ entsteht. Ganz wie es Markownikow erwarten lässt, setzt sich die positive Ladung an dem Kohlenstoffatom fest, an dem die wenigsten Wasserstoffatome hängen. Am Beispiel des Isobutens dargestellt:

$$H_2C{=}C\begin{matrix} \diagup CH_3 \\ \diagdown CH_3 \end{matrix} \; + \; H^+ \longrightarrow H_3C{-}C^{+}\begin{matrix} \diagup CH_3 \\ \diagdown CH_3 \end{matrix}$$

Wenn nun ein anderes Isobutenmolekül in die Nähe kommt, greift es mit seiner Doppelbindung in die Elektronenlücke des „Carbenium“-atoms ein, wonach die positive Ladung am übernächsten Kohlenstoffatom auftaucht:

```
      CH3     H       CH3              H3C  H  CH3
     /         \     /                   |  |  |
H3C-C+    +     C=C          ──→   H3C-C--C--C+
     \         /     \                   |  |  |
      CH3     H       CH3              H3C  H  CH3
```

Diese neue Carbeniumverbindung neigt natürlich dazu, ein Proton abzugeben. Das tut sie aber nicht dadurch, dass sie eine der stabilen CH_3-Gruppen aufreißt, sondern indem sie an der CH_2-Gruppe ein Wasserstoff-Ion verliert:

```
    H3C  H  CH3                      H3C     CH3
      |  |  |                          |      |
H3C-C--C--C+    ──→   H+ + H3C-C--C⁻-C+
      |  |  |                          |  |   |
    H3C  H  CH3                      H3C  H  CH3
```

Das an der CH-Gruppe verbleibende Elektronenpaar stürzt sich natürlich in die Elektronenlücke des endständigen Kohlenstoffatoms und bildet dadurch eine C=C-Doppelbindung aus:

```
    H3C       CH3
      |      /
H3C-C--C=C
      |  |   \
    H3C  H    CH3
```

Das so entstandene Olefin müssen wir jetzt nur noch an der Doppelbindung mit Wasserstoff absättigen (hydrieren), um es mit geübtem Blick als 2,2,4-Trimethylpentan oder „Isooctan“ wiederzuerkennen. Auf S. 48 und in Abb. 2.5 ist es uns als enorm klopffester Benzinbestandteil begegnet.

Synthetisches Flugbenzin sicherte die Luftherrschaft

Während des zweiten Weltkriegs konnten die Chemiker der Alliierten mit solchen Reaktionen die Leistungsfähigkeit ihrer Treibstoffe entscheidend verbessern, während die Flieger der deutschen Luftwaffe froh sein mussten, wenn sie überhaupt Kerosin für ihre Maschinen erhielten (s. S. 143). Damit glichen die Amerikaner manche Schwächen ihrer Motoren aus; die Chemie hat also entscheidend zum Sieg der Alliierten über Hitler beigetragen.

Eine ähnliche Additionsreaktion ist der erste Schritt auf dem Weg zum äußerst vielseitigen Polystyrol. In Gegenwart von Aluminiumchlorid als Katalysator addiert nämlich das Ethylen ein Mol Benzol, das hier mit seiner

Summenformel C_6H_6 auftritt, weil wir es erst beim sechsten Ausflug genauer kennenlernen:

$$H_2C{=}CH_2 + C_6H_6 \longrightarrow CH_3{-}CH_2{-}C_6H_5$$

Diese Reaktion, die von dem Amerikaner James Mason Crafts und dem Franzosen Charles Friedel 1877 gemeinsam entdeckt wurde und deshalb auch „Friedel-Crafts-Reaktion" heißt, ist ein sehr verblüffender Vorgang, denn, wie wir noch sehen werden, zeichnet sich das Benzol trotz seiner drei Doppelbindungen eigentlich durch eine ungeheure Reaktionsträgheit aus.

Die Stabilität des Benzolrings, die durch das Aluminiumchlorid wie weggeblasen scheint, macht sich beim nächsten Schritt wieder zuverlässig bemerkbar. In Abwesenheit von Aluminiumchlorid bewirkt sie, dass das Ethylbenzol unter brutalen Temperaturen von etwa 600 °C nicht etwa zerbricht, sondern in der Seitenkette Wasserstoff abspaltet! Dort entsteht eine Doppelbindung und wir erhalten damit das „Styrol":

$$C_6H_5{-}CH_2{-}CH_3 \longrightarrow H{-}H + C_6H_5{-}CH{=}CH_2$$

Die beiden Reaktionen werden in riesigem Ausmaß[57] technisch durchgeführt, denn das Styrol lässt sich sehr leicht zu einem glasklaren Kunststoff, dem Polystyrol polymerisieren:

$$\ldots{-}\underset{\displaystyle C_6H_5}{\underset{|}{CH}}{-}CH_2{-}\ldots$$

Diese Eigenschaft übersah im 19. Jahrhundert der Entdecker des Styrols. Ihm fiel zwar auf, dass er es nur mit Mühe und schlechter Ausbeute destillieren konnte, weil, wie er in seinem Laborjournal missmutig vermerkte, ein Teil der Flüssigkeit zu einem „unerfreulichen Harz" erstarrte, aber er erkannte nicht, welch wunderbare und vielseitige Eigenschaften dieses aufweist.

Eine andere exotische Anlagerungsreaktion der Olefine findet mit einem Gemisch von Wasserstoff und Kohlenmonoxid statt. Setzt man Propylen als Olefin ein, so entsteht unter dem katalytischen Einfluss von Kobalt- oder noch besser Rhodiumverbindungen unter Druck und bei erhöhter Temperatur

[57] Man baut heute Styrolfabriken mit einer Jahreskapazität von über 400 000 t. Unterstellt man, dass die kontinuierlich arbeitende Anlage 8000 Stunden pro Jahr in Betrieb ist, so ergibt sich, dass pro Stunde 50 t Styrol erzeugt werden.

(150 °C) ein Gemisch von Aldehyden, die ein C-Atom mehr aufweisen, also *n*-Butanal und iso-Butanal:

$$H_3C{-}CH{=}CH_2 + CO + H{-}H \longrightarrow H_3C{-}CH_2{-}CH_2{-}C(=O)H \quad \text{und} \quad H_3C{-}CH(CHO){-}CH_3$$

Die beiden Isomeren bilden sich, weil sich das CO natürlich an dem einen oder dem anderen Ende der C=C-Doppelbindung anlagern kann. Da Mischungen aus Wasserstoff und Kohlenmonoxid ziemlich billig herstellbar sind – im Grunde genommen aus Erdgas (Methan) und Wasserdampf, ganz ähnlich wie das Rohgas, aus dem wir Methanol fabrizierten (S. 78) – spielt diese sogenannte „Oxosynthese" eine bedeutende Rolle in der chemischen Technik. Nicht weiter erstaunlich, denn die beiden Aldehyde lassen sich mit Wasserstoff umsetzen, wobei nun die C=O-Doppelbindung den Wasserstoff anlagert. So entsteht aus dem *n*-Butanal das *n*-Butanol und aus dem iso-Butanal das iso-Butanol:

$$H_3C{-}CH_2{-}CH_2{-}C(=O)H + H{-}H \longrightarrow H_3C{-}CH_2{-}CH_2{-}CH_2{-}OH$$

Beide sind geschätzte Lösemittel, nicht nur für Lacke und Farben.

Andere längerkettige Alkohole erhalten sie, wenn sie längerkettige Olefine mit CO und Wasserstoff umsetzen und anschließend hydrieren. Deren Ester mit Phthalsäure zum Beispiel haben die löbliche Eigenschaft, das ziemlich harte und spröde „PVC" weich und geschmeidig zu machen, wenn man sie in den Kunststoff einarbeitet; sie heißen deshalb „Weichmacher".

Der berühmte Chemiker Walter Reppe[58] hat in den vierziger Jahren des vergangenen Jahrhunderts entdeckt, dass Olefine in Gegenwart von Nickelverbindungen als Katalysator auch mit Kohlenmonoxid und Wasser reagieren. Weil Wasser, im Gegensatz zum Wasserstoffmolekül, ein Sauerstoffatom besitzt, entstehen nun nicht wie bei der Oxosynthese Aldehyde, sondern Carbonsäuren; aus Ethylen zum Beispiel Propionsäure:

$$H_2C{=}CH_2 + C{=}O + H{-}OH \longrightarrow H_3C{-}CH_2{-}C(=O)OH$$

[58] s. S. 149

Die wiederum ist in Form ihrer Salze ein geschätztes Konservierungsmittel für Mehl und Brot. Angst vor „Chemie“ in unserer Nahrung ist hier nicht angebracht: Propionsäure ist ein Naturprodukt. Sie kommt in den Früchten des Ginkgo vor, entsteht auch dank der unermüdlichen Aktivität von „Propionsäurebakterien“ beim Reifen von Schweizer Käse und verleiht diesem seinen typischen Geruch. Die kindliche Frage: „Wo kommen die Löcher im Käse her?“, die bei einer Groteske Kurt Tucholskys[59] noch zu einem schweren Familienkrach führt, können nüchterne Chemiker längst beantworten: Von dem als Nebenprodukt entstehenden Kohlendioxid.

Es ist also eine Legende, dass die Schweizer Emmentaler herstellen, indem sie Löcher mit Käse ummanteln.

Uff! Nach so vielen Anlagerungsreaktionen an die Doppelbindung schwindelt uns der Kopf. Es tut uns deshalb wahrscheinlich gut, wenn wir zur Abwechslung der Frage nachgehen: Warum ist die C=C-Doppelbindung überhaupt so reaktionsfähig? Oder, anders ausgedrückt, warum strebt der Kohlenstoff von der Doppelbindung weg und bevorzugt die Einzelbindung? Warum hält hier doppelt genäht nicht besser, sondern schlechter? Dazu müssen wir ein wenig weiter ausholen.

Van 't Hoff begründet die Stereochemie

Im Jahre 1874 veröffentlichte der Niederländer Jacobus Hendricus van 't Hoff eine berühmt gewordene Arbeit, in der er als Erster nachwies, dass die vier Bindungsarme des Kohlenstoffatoms nicht in einer Ebene liegen können, sondern in die vier Ecken eines Tetraeders weisen müssen, in dessen Mittelpunkt das Kohlenstoffatom sitzt (Abb. 1.6)[60]. Mit dieser Aussage konnte der geniale Niederländer, übrigens auch er ein Schüler Kekulés, einige Erkenntnisse des berühmten Franzosen Louis Pasteur und des Deutschen Johannes Wislicenus richtig deuten. Wir werden seinem Gedankengang bei unserem achten Ausflug folgen.

Aber van 't Hoff gab sich damit nicht zufrieden, sondern entwickelte mit Hilfe des Kohlenstoff-Tetraeders die ersten tragfähigen Vorstellungen über die Kohlenstoff-Kohlenstoff-Bindungen. Er nahm nämlich ganz folgerichtig an, dass beim Ethan die beiden Kohlenstoffatome jeweils über eine Ecke ihres Tetraeders die C–C-Bindung bewerkstelligen (Abb. 1.8), dass beim Propan drei über Ecken miteinander verbundene Tetraeder vorlägen und deshalb die Kohlenstoffatome eine gewinkelte Dreierkette bilden, und dass bei längeren

[59] Siehe Kurt Tucholsky „Zwischen Gestern und Morgen“ („roroTucholsky“), S. 107

[60] Gleichzeitig und unabhängig von ihm kam der Franzose Josephe Achille Le Bel zur gleichen Erkenntnis. Le Bel war damals 27, van 't Hoff 22 Jahre alt.

Alkanen gewinkelte, verdrillbare Ketten von Kohlenstoffatomen das Grundgerüst bildeten. Abb. 3.4 versucht, dies anschaulich zu machen. Der Gedanke erwies sich als außerordentlich fruchtbar.

Die gespannten Ringe des Adolf von Baeyer

Sein Kollege Adolf von Baeyer[61] entwickelte daraus 1885 eine Theorie über Spannungskräfte in Ringverbindungen. Er ging von der Tatsache aus, dass der natürliche Winkel zwischen den Bindungspartnern des Kohlenstoffatoms – zum Beispiel im Methan – gleich 109° 28′ sein sollte, denn so groß ist der Winkel zwischen den Geraden, die vom Mittelpunkt eines Tetraeders in die Ecken weisen. Ebenso groß ist der Winkel, den drei Kohlenstoffatome miteinander einschließen, denn auch bei ihnen bleibt die Tetraederanordnung erhalten.

Adolf von Baeyer nahm an, dass sich dieser Bindungswinkel nur unter Zwang verbiegen lässt. Weil die Winkel eines regelmäßigen Fünfecks 108° betragen und dieser Wert recht gut mit dem Tetraederwinkel von 109,5° übereinstimmt, schloss Baeyer messerscharf, dass das Cyclopentan (C_5H_{10}) eine fast ebene Fünfringstruktur haben muss (Abb. 4.1) und ohne nennenswerten Zwang zustande kommen kann. Dementsprechend sollte es auch wenig Neigung verspüren, diesem beschaulichen Zustand zu entrinnen. Er konnte damit erklären, warum das Cyclopentan ziemlich reaktionsträge ist.

Seine besondere Aufmerksamkeit galt nun dem Cyclobutan (C_4H_8) und dem Cyclopropan (C_3H_6), zwei Ringkohlenwasserstoffen, die viel reaktionsfreudiger sind als das Cyclopentan. Beim Cyclobutan sollten die Kohlenstoffatome einen Viererring bilden. Der Bindungswinkel musste bei ebener Anordnung der vier Kohlenstoffatome in einem Quadrat 90° betragen, oder noch weniger im Falle einer sattelförmigen Struktur. Also mindestens 19,5° weniger als vom Kohlenstoff gewünscht[62]! Beim Cyclopropan bilden die drei Kohlenstoffatome ein regelmäßiges Dreieck mit Bindungswinkeln von 60°, sage und schreibe 49,5° weniger als im Tetraeder! Adolf von Baeyer behauptete, dass hier äußerst gespannte Verhältnisse vorlägen und erklärte damit die ungewöhnliche Reaktionsfähigkeit der beiden niedrigsten Cycloaalkane. Es passte sehr gut zu seiner Ringspannungstheorie, dass tatsächlich das Cyclopropan noch reaktionsfähiger ist als das Cyclobutan.

Durch solche Erfolge kühner geworden, wagte er eine Extrapolation, indem er die C=C-Doppelbindung zu einem „Zweierring" umdeutete. Dazu stellte er sich, wie das schon elf Jahre vorher van 't Hoff getan hatte, vor, dass die

[61] Adolf von Baeyer (1835–1917) war Professor in Straßburg und München. Er erhielt 1905 den Nobelpreis.

[62] Heute wissen wir, dass das Cyclobutanmolekül tatsächlich sattelförmig gebaut ist.

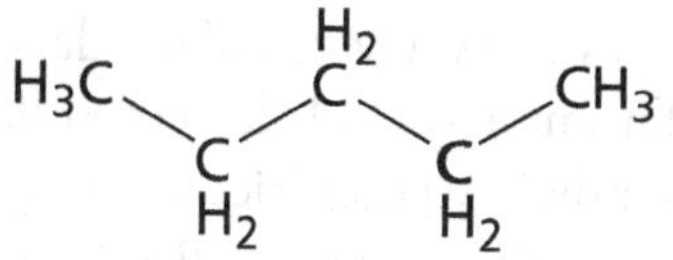

$$\mathrm{H_3C{-}CH_2{-}CH_2{-}CH_2{-}CH_3}$$

Pentan, C_5H_{12}, gestrecktes Molekül

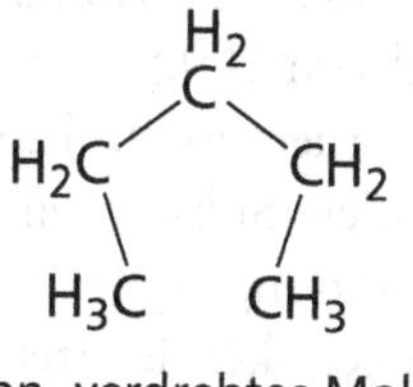

H_2 C; H_2C, CH_2; H_3C, CH_3

Pentan, verdrehtes Molekül

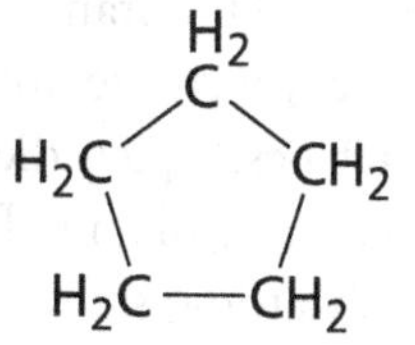

H_2 C; H_2C, CH_2; $H_2C—CH_2$

Cyclopentan, C_5H_{10}, fast ebenes Molekül

Abb. 4.1

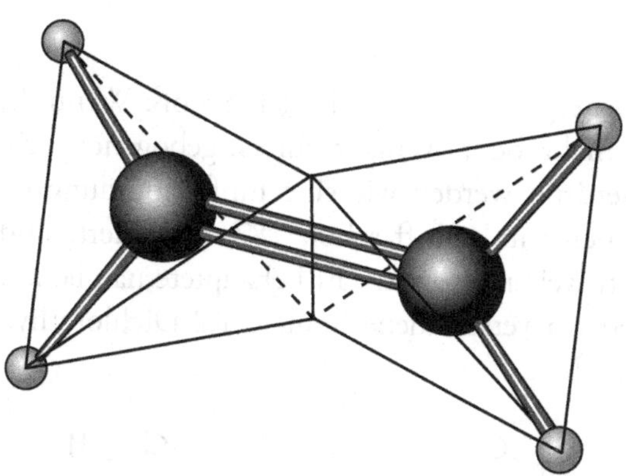

Abb. 4.2 Beim Ethylen befinden sich die beiden Kohlenstoffatome jeweils im Mittelpunkt zweier Tetraeder, die über eine gemeinsame Kante miteinander verknüpft sind. Die vier Wasserstoffatome sitzen an den vier Ecken des Doppeltetraeders. Alle Atome liegen in einer Ebene. Die gemeinsame Kante macht verständlich, warum die Doppelbindung keine freie Drehbarkeit erlaubt.

beiden Kohlenstoffatome im Zentrum ihres jeweiligen Tetraeders sitzen und das Partner-Kohlenstoffatom mit jeweils zwei der vier Valenzen packen. Es entsteht ein Gebilde aus zwei Tetraedern, die eine Seite gemeinsam haben

(Abb. 4.2). Natürlich ist es schwer vorstellbar, dass die Valenzen zwischen den beiden Kohlenstoffatomen gewinkelt sein sollen, also gewissermaßen um die Ecke biegen. Irgendwie werden sie, so sagte sich Baeyer, eben doch geradlinig verlaufen, so geradlinig wie die Bindestriche, mit denen wir sie zeichnen. Versucht man aber, diese gewinkelten Valenzen gerade zu ziehen, so entsteht ein „Zweierring", der den Kohlenstoffatomen zumutet, ihren „natürlichen" Bindungswinkel von 109,5° auf 0° zusammenzudrücken. Von Baeyer jubelte: Endlich war theoretisch begründbar, warum die C=C-Doppelbindung so begierig andere Substanzen anlagert und dabei eine völlig spannungsfreie C–C-Einfachbindung ergibt!

Und die fleißigen Physikochemiker lieferten ihm eine vortreffliche Bestätigung, weil sie fanden, dass die Verbrennungswärme je CH_2-Gruppe in der Reihe Ethylen – Cyclopropan – Cyclobutan – Cyclopentan – Cyclohexan[63] beständig abnimmt, offensichtlich, weil die abnehmende Ringspannung die innere Energie erniedrigt. Später bestätigten die Physiker mit ihren Röntgenstrukturanalysen eine weitere Aussage, die aus Baeyers Theorie folgt: doppelt aneinander gebundene Kohlenstoffatome stehen näher beisammen als einfach gebundene.

van 't Hoff prophezeit eine neue Art von Isomeren ...

Ein schönes Nebenergebnis fiel ihm in den Schoß: Wenn die C=C-Doppelbindung einem mehr oder weniger zurechtgebogenen „Zweieck" gleicht, kann sie nicht verdrillt werden wie eine Einfachbindung (Abb. 1.8 und S. 21). Das hatte auch van 't Hoff schon 1874 gefordert, und der war dabei noch einen Schritt weiter gegangen. Er behauptete nämlich, dass es eben deshalb *zwei* geometrisch verschiedene isomere 1,2-Dichlorethylenmoleküle geben müsste, nämlich:

H–C–Cl ‖ H–C–Cl	und	Cl–C–H ‖ H–C–Cl
cis-1,2 Dichlorethylen		*trans*-1,2 Dichlorethylen

[63] Baeyers Kollege H. Sachse sagte 1890 voraus, dass das Cyclohexan einen unebenen Sechserring mit 109,5°-Bindungswinkeln bildet (Abb. 2.2). Da er bereits richtig erkannte, dass dieses Molekül in Sessel- oder Wannenform vorkommen kann, man aber absolut keine zwei Isomeren fand, glaubte man ihm nicht. Erst drei Jahrzehnte später wies Mohr nach, dass die beiden Formen leicht ineinander übergehen und deshalb nicht voneinander getrennt werden können.

und nicht nur das. Überhaupt sollten *alle* 1,2-disubstituierten Ethylenverbindungen in zwei Isomeren vorkommen.

Das war tollkühn, denn unter den damals schon Hunderttausenden von Kohlenstoffverbindungen war keine Einzige bekannt, die sich in „*cis*"- und „*trans*"-Isomere[64] aufspalten ließ. Und davon sollte es viele geben? Seine konservativen Kollegen schüttelten die Köpfe: Entweder war seine Theorie falsch oder eine Armee von Chemikern war unfähig, die prophezeiten Isomeren zu finden. Die meisten neigten zu der ersten Vermutung ...

Erst 13 bange Jahre nach van 't Hoffs bahnbrechender Veröffentlichung entdeckte Wislicenus, dass zwei solche Verbindungen seit Liebigs Zeiten (1838!) bekannt waren, nämlich die Maleinsäure[65] und die Fumarsäure:

HOOC–CH=CH–COOH (HOOC und H oben, H und COOH unten)

Fumarsäure

H–C(COOH)=C(COOH)–H (H und COOH oben, H und COOH unten)

Maleinsäure

... die Liebig längst entdeckt hat

Liebig hatte sie nicht als geometrische Isomere erkannt, weil zu seiner Zeit die theoretischen Kenntnisse so etwas überhaupt nicht erwarten ließen – schließlich war noch nicht einmal die Strukturlehre Kekulés bekannt. Für zusätzliche Verwirrung sorgte die Beobachtung, dass Maleinsäure beim Erhitzen über den Schmelzpunkt hinaus in Fumarsäure übergeht. Dass bei ausreichend hoher Energiezufuhr auf Grund der immer heftigeren Atomschwingungen einer der *cis*-ständigen Liganden an der C=C-Doppelbindung dann doch in die *trans*-Stellung umklappen kann, das hatte nicht einmal van 't Hoff vorausgesehen.

Jetzt war natürlich der Bann gebrochen und nach und nach entdeckten van 't Hoffs Zeitgenossen die vorhergesagten Isomeren.

Nach diesem kleinen Ausflug in die Geschichte der Chemie verstehen wir besser, dass sowohl van 't Hoff wie auch Adolf von Baeyer mit dem Nobelpreis ausgezeichnet wurden – van 't Hoff als erster Chemiker überhaupt (1901) und von Baeyer vier Jahre danach. Wieder bewundern wir die erstaunlichen Leistungen der Chemiker, die auf Grund ihrer Versuche nur mit

[64] Mal wieder aus dem noblen Latein: cis = diesseits, trans= jenseits. Denken Sie an „cisalpin" und „transalpin".

[65] Gesprochen „Male-insäure".

Hilfe der Stereometrie und eines Blatts Papier Molekülstrukturen richtig vorhersagen, damit chemische Eigenschaften begründen und anschließend mit weiteren Versuchen bestätigen – das alles, ohne jemals eines ihrer Moleküle zu Gesicht bekommen zu haben. „Nicht sehen und doch wissen" könnte in Abwandlung eines bekannten Jesusworts[66] über diesem Kapitel stehen.

Tatsächlich haben Röntgenstrukturaufklärungen und andere moderne Methoden die Annahmen unserer beiden Nobelpreisträger weitgehend bestätigt, manchmal auch verfeinert. So ergaben Elektronendichtemessungen am Cyclopropan, dass bei ihm tatsächlich bananenförmig verbogene C–C–C-Bindungen vorliegen. Bei der C=C-Doppelbindung haben die Physiker mit ihrer Quantenmechanik besser erklären können, warum sie nicht verdrillt werden kann – es liegt daran, dass die Aufenthaltsräume der für die Doppelbindung zuständigen Elektronen das nicht zulassen. Für unsere Zwecke haben aber die Vorstellungen van 't Hoffs und Adolf von Baeyers den großen Vorteil der Anschaulichkeit.

Die Tatsache, dass sich die C=C-Doppelbindung nicht wie die Einfachbindung verdrehen lässt, sondern sozusagen einen steifen Knochen im weichen Fleisch der Moleküle bildet, spielt in unserem Alltag eine wichtige Rolle – es gibt aber nur wenige Menschen, die sich dessen bewusst sind. Weil wir zu dieser erlesenen Schar gehören wollen, sehen wir uns das Butadien genauer an. Es ist eines der Hauptprodukte der Steamcracker, hat vier Kohlenstoffatome und zwei Doppelbindungen, die durch eine Einfachbindung getrennt sind:

$$H_2C{=}CH{-}CH{=}CH_2$$

Wozu dient es?

Riesenmoleküle mit Erinnerungsvermögen

Die Petrochemiker polymerisieren es katalytisch zu „Synthesekautschuk", wobei die Doppelbindungen der ehemaligen Butadienmoleküle in Einfachbindungen umgewandelt werden und dafür in der Molekülmitte eine neue Doppelbindung auftritt („1,4-Polymerisation", weil die Verknüpfung der C_4-Kettenglieder am 1. und 4. Kohlenstoffatom stattfindet):

$$n\ H_2C{=}CH{-}CH{=}CH_2 \longrightarrow ({-}H_2C{-}CH{=}CH{-}CH_2{-})_n$$

[66] Johannesevangelium 20,29.

Dieser synthetische Kautschuk hat die typischen Eigenschaften des Naturkautschuks, obwohl letzterer je Butadieneinheit eine Methyl-Seitengruppe zusätzlich aufweist. Er ist zwar bei normalen Temperaturen elastisch, wird aber bei höheren Temperaturen klebrig und bei tiefen Temperaturen steif; außerdem ist er nur begrenzt haltbar.

Wie nun schon gewohnt, können wir diese Eigenschaften recht gut mit Hilfe der Strukturformel verstehen. Für die Elastizität sind die Doppelbindungen im Molekül verantwortlich. Das leuchtet uns sofort ein, wenn wir bedenken, dass sie sich im Gegensatz zu den C–C-Einfachbindungen nicht verdrehen lassen. Sie wirken deshalb im Riesenmolekül des Kautschuks wie die Knochen in unserem Körper: sie verhindern die beliebige Verformbarkeit unseres Körpers, wirken versteifend. Versuchen wir es trotzdem, sozusagen mit roher Gewalt, sie zu verdrillen, so kehren die verdrehten Moleküle nach dem Ende der Gewalteinwirkung in ihre Ausgangsform zurück. Mit ihnen nimmt das ganze Formstück wieder in seine ursprüngliche Gestalt an, es ist „elastisch". Die Fadenmoleküle des Butadienkautschuks haben also eine Art Erinnerungsvermögen an ihren Zustand vor der mechanischen Verformung.

Kautschuk wird bei höheren Temperaturen klebrig, weil die Moleküle nicht allzu lang sind. Die kürzesten von ihnen beginnen bereits zu schmelzen, die ganze Masse wird dadurch schmierig-klebrig. Bei tiefen Temperaturen ist es umgekehrt: ein Teil der Moleküle wird fest und dadurch versteift sich die ganze Masse.

Die begrenzte Haltbarkeit ist wieder den Doppelbindungen zu verdanken. Sie werden durch Luftsauerstoff langsam oxidiert. Zuletzt wird das ganze Riesenmolekül dadurch zerstört.

Vor mehr als 150 Jahren entdeckte der Amerikaner Charles Goodyear durch Zufall[67], dass die schwerwiegenden Mängel des Naturkautschuks verschwinden, wenn man ihn bei mäßiger Temperatur mit Schwefel „vulkanisiert". Er konnte damals noch nicht wissen, dass dabei der Schwefel die Doppelbindungen aufbricht und zwischen den einzelnen Fadenmolekülen Schwefelbrücken bildet. Auch unser synthetischer Kautschuk lässt sich vulkanisieren:

[67] Er hatte Naturkautschuk mit Schwefel verknetet und ließ aus Versehen einen Teil des Gemischs auf eine heiße Herdplatte fallen. Zu seiner Überraschung schmolz es nicht, sondern wurde elastisch. Das war es auch noch am nächsten Morgen, obwohl er es über Nacht an die Außenseite des Haustürpfostens genagelt hatte.

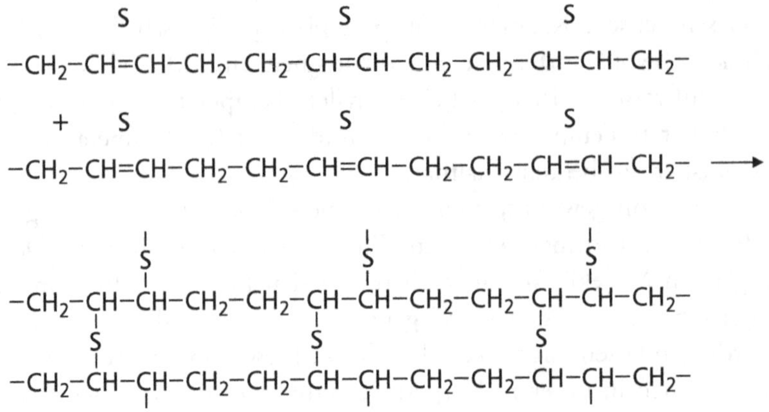

```
     S              S              S
–CH2–CH=CH–CH2–CH2–CH=CH–CH2–CH2–CH=CH–CH2–

  +  S              S              S
–CH2–CH=CH–CH2–CH2–CH=CH–CH2–CH2–CH=CH–CH2–   ⟶

          |              |              |
          S              S              S
          |              |              |
–CH2–CH–CH–CH2–CH2–CH–CH–CH2–CH2–CH–CH–CH2–
      |              |              |
      S              S              S
      |              |              |
–CH2–CH–CH–CH2–CH2–CH–CH–CH2–CH2–CH–CH–CH2–
          |              |              |
```

Es entsteht im Extremfall ein dreidimensional vernetztes Riesenmolekül, das keine Doppelbindungen mehr aufweist und dementsprechend mechanisch und chemisch viel stabiler ist als der ursprüngliche Kautschuk-„Latex". Die Gummispezialisten vermeiden aber dieses Extrem, indem sie den Schwefelzusatz dosieren. Mit weniger als 10 % entsteht Weichgummi, mit deutlich mehr Hartgummi. Weil im Weichgummi noch ein großer Teil der C=C-Doppelbindungen erhalten bleibt, hat das Makromolekül immer noch die erwünschte Elastizität. Das Material wird in der Hitze nicht mehr klebrig, weil ja jetzt vernetzte Riesenmoleküle vorliegen, von denen keines vorzeitig schmilzt. Sie können in der Kälte auch nicht zu Festkörpern kristallisieren. Weil nämlich alle Atome durch die Bindungsarme ihrer Partner da festgehalten werden, wo sie sind, erreichen sie nicht die Kristallgitterplätze, die sie beim Kristallisieren einnehmen müssten. Die Masse wird also nicht so steif wie der unvulkanisierte Kautschuk. Und die Beständigkeit gegen Luftsauerstoff hat zugenommen, weil ein beträchtlicher Teil der Doppelbindungen verschwunden ist.

Natürlich verbessern die Gummihersteller die Eigenschaften ihrer Produkte noch weiter, indem sie ihnen Ruß oder Zinkoxid als Füllstoff zusetzen. Durch Beimengung von „Antioxidantien" (das sind Reduktionsmittel) sorgen sie dafür, dass der Luftsauerstoff nicht die noch übrig gebliebenen C=C-Doppelbindungen angreifen kann und dadurch den ganzen Autoreifen versprödet. Selbstverständlich polymerisieren sie auch nicht phantasielos nur das Butadien allein, sondern gleichzeitig Styrol dazu. Die so entstehenden „Copolymeren" haben besonders gute elastische Eigenschaften.

Im Grunde besteht der Gummi ähnlich wie das Polyethylen aus unendlich großen Kohlenwasserstoffmolekülen, die hier allerdings noch Doppelbindungen enthalten und mit Schwefelbrücken vernetzt sind. Heute hat der synthetische Kautschuk den Naturkautschuk aus dem Saft des Hevea-Baumes[68] weitgehend verdrängt. Die Ureinwohner Amerikas gewannen ihn schon vor Kolumbus' Zeiten. Trotz seiner Mängel verarbeiteten ihn die Mayas und die Tolteken unter anderem zu Bällen, die sie bei rituellen Wettspielen mit Hüften, Knien oder Ellbogen durch zwei steinerne Ringe trieben. Der Ausgang des Kampfes entschied oft über Leben und Tod der Mannschaften.

Bei ganz raffinierter Reaktionsführung gelingt es den Chemikern, steife Polystyrolteilchen durch biegsame Polybutadienpartikel miteinander zu verbinden. So entstehen die „Elastomere", die geradezu wunderbare Eigenschaften aufweisen. Zum Beispiel federn sie in den Joggingschuhen unsere Füße beim Auftreten ab. Wir können den molekularen Aufbau solcher Kunststoffe mit dem Aufbau unserer Matratzenroste vergleichen: Die Polystyrolbereiche entsprechen den festen Drahtverbindungen, die Polybutadienpartikel den elastischen Draht-Spiralfedern dazwischen. Der Matratzenrost ist natürlich im Gegensatz zum Kunststoff nur zweidimensional vernetzt und ergibt daher ein vereinfachtes Bild, das aber den Vorteil hat, dass es sich auf dem flachen Papier übersichtlich darstellen lässt.

Chemie des Sehens

Weit über 90 % dessen, was der Mensch mit Hilfe seiner fünf Sinne lernt, lernt er mit Hilfe seiner Augen, den kläglichen Rest von weniger als 10 % mit Hilfe der übrigen vier Sinnesorgane. Dennoch war bis vor wenigen Jahren der Vorgang des Sehens vollkommen rätselhaft. Während die Naturwissenschaftler des Altertums noch annahmen, das Auge erforsche mit Hilfe der „Sehstrahlen" eine ansonsten dunkle Umwelt, machten uns die Physiker im 19. Jahrhundert klar, dass das Licht ein Zwischending zwischen elektromagnetischen Wellen und einer Teilchenstrahlung ist, wobei als Teilchen die „Photonen" auftreten. Irgendwie muss die Lichtenergie im Auge in elektrische Energie, also einen schwachen Strom umgewandelt werden, der dann durch den Sehnerv ins Gehirn geleitet wird und sich dort auf rätselhafte Weise in eine bildliche Vorstellung umwandelt, die zum Glück mit dem Gesehenen recht brauchbar übereinstimmt.

Genau genommen entsteht demnach der Eindruck des Lichts als Helligkeit in unserem Gehirn; die Welt ist zwar voller Strahlen, aber eigentlich dunkel. Die Erkenntnistheoretiker unter den Philosophen haben daraus düstere Schlüsse über die Unzuverlässigkeit unserer Sinne gezogen und einige gingen so weit, die Existenz irgendwelcher Objekte außerhalb unseres Ichs lebhaft zu bezweifeln. Ihnen zufolge sollte es überhaupt unmöglich sein,

[68] Gehört zu den Wolfsmilchgewächsen. Auch die bei uns vorkommenden Wolfsmilcharten enthalten einen weißen Saft (daher der Name!), der beim Trocknen an der Luft klebrig wird.

über unsere Umwelt zuverlässige Erkenntnisse zu gewinnen. Zusätzliche Argumente lieferten ihnen physiologische Beobachtungen, wie etwa die, dass wir bei Druck oder Schlag auf unsere geschlossenen Augen die bekannten „Sterne" sehen, dass unsere geblendeten Augen helle Objekte noch als Farbfleck wahrnehmen, wenn wir sie längst geschlossen haben, oder dass Schallwellen eigentlich lautlos sind und erst in unserem Gehirn als Schall empfunden werden. Wir wissen auch, dass sich die Moleküle und Atome bei hoher Temperatur lebhafter bewegen als bei tiefer Temperatur, dass demnach mehr oder weniger heftiges Trommeln der Moleküle auf unserer Haut die Empfindung „warm" oder „kalt" hervorruft. Die Welt, so schließen einige unserer Freunde von der philosophischen Fakultät mit düsterer Miene, ist dunkel, still und weder kalt noch warm; Farben, Töne und Temperaturen entstehen erst in unserem Bewusstsein. Erstaunlich ist zwar, dass unser Tastsinn im allgemeinen unsere optischen Eindrücke weitgehend bestätigt; aber wer weiß, auf welchen raffinierten Sinnestäuschungen das nun wieder beruht?

Ein Ruderschlag in molekularen Dimensionen

Chemiker lassen sich meist von solchen Bedenken nicht ausbremsen. Und so nimmt es nicht wunder, dass sie vor wenigen Jahrzehnten wenigstens teilweise aufklären konnten, mit welchem Trick das Auge Lichtquanten aufnimmt und in Nervenimpulse umwandelt. Sie fanden nämlich in der Netzhaut einen Farbstoff, das Rhodopsin, der sich bei Belichtung umwandelt und im Dunkeln wieder regeneriert. Er besteht aus einem Eiweißkörper, dem Opsin, das über ein N-Atom mit dem Vitamin-A-Aldehyd Retinal verbunden ist. Im Retinal (s. Abb. 4.3) kommen nacheinander fünf C=C-Doppelbindungen vor, sie sind jeweils durch eine C–C-Einfachbindung getrennt und haben alle eine *trans*-Konfiguration außer der Doppelbindung am Kohlenstoffatom Nr. 11. Weil die C=C-Doppelbindungen nicht verdrillbar sind, ist das Retinal ein ziemlich steifes, ebenes Molekül.

Trifft nun ein Lichtquant (Photon) auf diesen Molekülteil, so wird seine Energie zum Umklappen von *eben dieser einzigen cis*-Doppelbindung am elften Kohlenstoffatom in die Transstellung verwendet, und es entsteht das all-*trans*-Retinal. Das Umklappen eines so großen, steifen Molekülteils gleicht einem Ruderschlag in molekularen Dimensionen, zumal der Sechserring am Ende einem Ruderblatt auffallend ähnelt. Natürlich bleibt der Ruderschlag nicht folgenlos. Auf nicht ganz klare Weise, vermutlich mit Hilfe des Opsins, macht unsere Netzhaut aus diesem mechanischen Vorgang einen elektrischen Nervenimpuls, der dann im Gehirn auf noch rätselhaftere Weise den Sinneseindruck „Licht" oder „Farbe" erzeugt.

Es besteht eine gute Übereinstimmung zwischen dem Energieinhalt sichtbarer Photonen und dem Energiebedarf für den Umklappvorgang an der Doppelbindung des elften Kohlenstoffatoms.

Die Photonen des Infrarotlichts sind dagegen so energiearm, dass sie den Umklappvorgang nicht auslösen; sie bleiben deshalb unsichtbar. Die Photonen des Ultraviolettlichts wiederum sind zu energiereich. Sie zerstören C–C-Einfachbindungen in diesem empfindlichen Molekül, der Ruderschlag bleibt aus und mit ihm der Nervenimpuls. Sie können deshalb ebenfalls nicht gesehen werden.

Um das nun entstandene all-*trans*-Retinal kümmert sich das Auge sozusagen liebevoll im Dunkeln. Es spaltet diesen Molekülteil vom Stickstoffatom des Opsins ab, er wird biochemisch wieder am 11. Kohlenstoffatom in die *cis*-Stellung zurückgeklappt und danach auch vom Opsin über das N-Atom gnädig wieder aufgenommen, steht also nach einer kurzen Regenerationsphase, für die kein Licht notwendig ist, erneut im Rhodopsin für den nächsten Lichteindruck zur Verfügung.

Die Paläontologen versichern uns, dass im Laufe der Evolution das Auge mindestens dreimal erfunden wurde – bei den Insekten, den Tintenfischen und den Wirbeltieren. Es scheint, dass es immer nach einem ähnlichen Prinzip funktioniert (obwohl es auch Unterschiede gibt, denn Hunde sehen zum Beispiel keine Farben, Bienen sehen polarisiertes Licht (S. 249) und Ultravio-

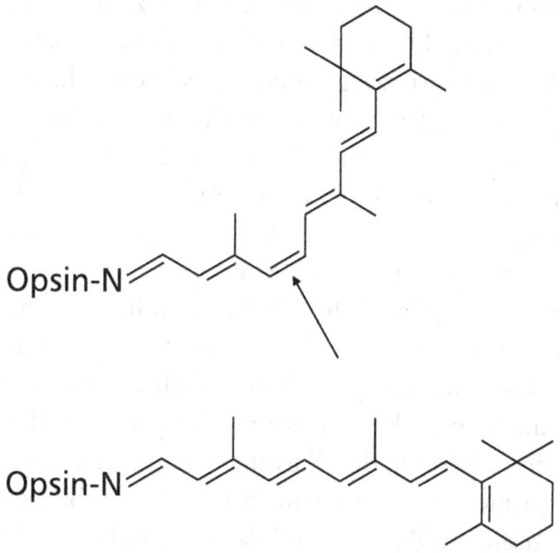

Abb. 4.3 Das Rhodopsinmolekül vor und nach der Belichtung durch ein Photon. An der markierten Doppelbindung klappt der *cis*-Retinalrest um zu *trans*-Retinal. Da die konjugierte Doppelbindung die Molekülkette steif machen, wirkt das Umklappen wie eine Ruderschlag.

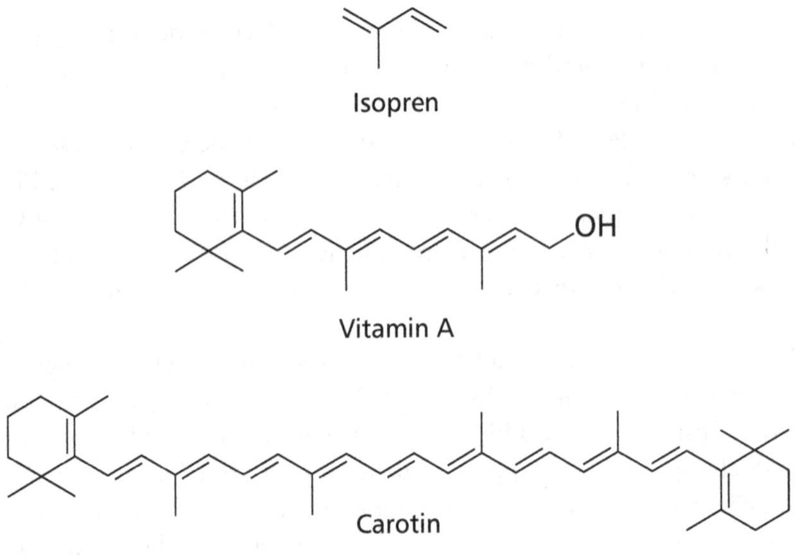

Isopren

OH

Vitamin A

Carotin

Abb. 4.4

lett). Zwar zeigt es uns – glücklicherweise! – die Welt nicht so dunkel, wie sie eigentlich ist, wählt aber aus dem riesigen Spektrum der elektromagnetischen Wellen nur diejenigen aus, deren Wellenlänge im engen Bereich zwischen 400 und 800 Nanometern[69] liegt und macht sie mit Hilfe eines einfachen chemischen Vorgangs sichtbar. Die Informationen, die mit seiner Hilfe in unser Bewusstsein gelangen, passen so wunderbar zu unserem Bedarf für den Umgang mit der Welt der Dinge, dass wir die Bedenken mancher Philosophen über seine angebliche Unzuverlässigkeit getrost bei Seite schieben können.

Das Retinal gehört zu den Substanzen, die unser Körper nicht selbst aus unserer Nahrung aufbauen kann. Wir müssen es ihm weitgehend vorgefertigt anbieten; am besten als „Vitamin A". Abb. 4.4 zeigt, dass er dann nur noch die Alkoholgruppe zu einer Aldehydgruppe aufoxidieren muss, um zum all-*trans*-Retinal und von da zum Rhodopsin zu gelangen.

Vitamin A kommt in pflanzlichen Nahrungsmitteln nicht vor, wohl aber in der Milch, Butter, Eiern und im Lebertran. So gesehen, müssten Vegetarier der strikten Observanz („Veganer") eigentlich wegen Vitamin-A-Mangels erblinden. Glücklicherweise kann aber unser Organismus das Vitamin A aus dem Carotin, dem Farbstoff der Karotte oder Möhre herstellen, und der kommt auch in grünen Blättern reichlich vor. Aus Abb. 4.4 können Sie erkennen, dass er zu diesem Zweck „nur" das Carotin in der Mitte oxidierend spalten muss. Erstaunlicherweise entstehen dabei nicht zwei, sondern nur ein Molekül Vitamin A.

[69] 1 Nanometer (nm) ist ein Milliardstel Meter oder ein Millionstel Millimeter.

Die Struktur eines Naturstoffs

Es ist interessant und lehrreich, in welchen Schritten die Strukturaufklärung des Carotins gelang. Schon 1831 gewann Wackenroder diesen kristallinen Farbstoff aus der Karotte (Möhre). Mit Liebigs Verbrennungsapparatur und einer Molekulargewichtsbestimmung ließ sich die Summenformel ermitteln: $C_{40}H_{56}$. Richard Willstätter wies 1907 nach, dass ein aus grünen Blättern gewonnener roter Farbstoff damit identisch ist. Sein Schüler Zechmeister fand 1928, dass 1 Mol Carotin 11 Mol Wasserstoff aufnehmen kann, dass also das Carotinmolekül 11 Doppelbindungen enthalten muss. Wenn in einem Molekül mit nur 40 Kohlenstoffatomen 11 Doppelbindungen auftreten, ist es sehr wahrscheinlich, dass diese sich mit Einfachbindungen abwechseln, also „konjugiert" auftreten. Aus der Tatsache, dass das vollständig hydrierte Carotin die Formel $C_{40}H_{78}$ aufweist und nicht $C_{40}H_{82}$, wie es für ein Alkan zu erwarten gewesen wäre, schloss Zechmeister ferner auf zwei cycloaliphatische Ringe im Molekül, denn jeder Ringschluss spart zwei Wasserstoffatome ein (Beispiel: Hexan hat die Summenformel C_6H_{14}, Cyclohexan nur C_6H_{12}). 1931 untersuchte Paul Karrer[70] die Oxidationsprodukte aus der Reaktion des Moleküls mit Kaliumpermanganat und stellte als erster die richtige Strukturformel auf (Nobelpreis 1937). 1950 folgte die erste Synthese durch Karrer und Inhoffen. Die ganze Geschichte ist ein Musterbeispiel für die Strukturaufklärung durch chemische Reaktionen und anschließende Synthese, wie sie Kekulé gefordert hat.

Die Oxidation mit Kaliumpermanganat, die Karrer im Falle des Carotins zur richtigen Formel führte, dient auch heute noch zum Nachweis von olefinischen Doppelbindungen:

Versuch 22: Nachweis der C=C-Doppelbindung

Wir schütteln 2–3 ml einer Sodalösung, in der wir 2–3 Kriställchen Kaliumpermanganat gelöst haben, im Reagenzglas mit etwa 2 ml Olivenöl. Es bildet sich eine rotviolette Emulsion, deren Farbe langsam nach gelbbraun umschlägt.

Den Farbumschlag verdanken wir der Reaktion des Oxidationsmittels KMnO4 mit der Doppelbindung im Ölsäuremolekül des Olivenöls. (Die Ölsäure ist darin natürlich mit Glycerin verestert). Dabei werden Carbonsäuregruppen gebildet und das rotviolette Kaliumpermanganat in braungelbes wasserhaltiges Mangandioxid umgewandelt. Die Reaktionsgleichung ist nicht ganz leicht herzuleiten und interessiert hier nicht; wir können uns aber vorstel-

[70] Paul Karrer (1889–1971) wurde in Moskau geboren. Er war Professor in Zürich.

len, dass zuerst zwei Moleküle Aldehyd entstehen und dass diese dann bis zu den Carbonsäuremolekülen weiter oxidiert werden:

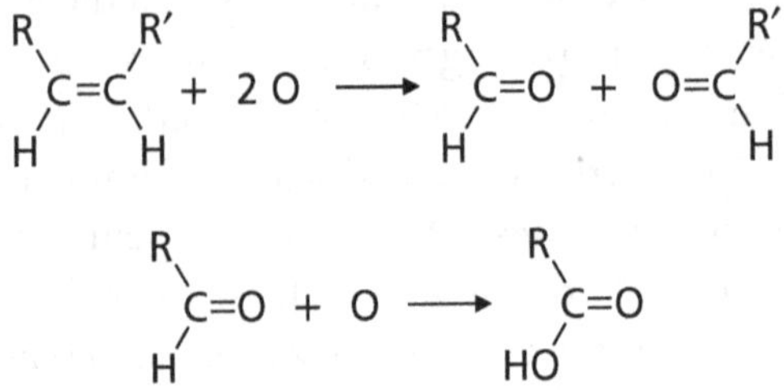

$$\mathrm{R(H)C{=}C(H)R'} + 2\,\mathrm{O} \longrightarrow \mathrm{R(H)C{=}O} + \mathrm{O{=}C(H)R'}$$

$$\mathrm{R(H)C{=}O} + \mathrm{O} \longrightarrow \mathrm{R(HO)C{=}O}$$

Den Sauerstoff stellt das $KMnO_4$ bereit:

$$2\,\mathrm{KMnO_4} + \mathrm{HOH} \longrightarrow 2\,\mathrm{KOH} + 2\,\mathrm{MnO_2} + 3\,\mathrm{O}$$

Warum sind Karotten rot?

Dumme Frage! Natürlich weil sie Carotin enthalten und weil dieses Polyolefin in reiner Form rubinrote Kristalle bildet. Aber warum ist das Carotin rubinrot?

Wenn man die einfachen Olefine wie Ethen, Propen, Butene usw. dem Sonnenlicht aussetzt, so findet man, dass sie alle einen Teil der ultravioletten Strahlen verschlucken und zwar den Teil mit der Wellenlänge 163 nm. Das Butadien mit seinen beiden konjugierten Doppelbindungen absorbiert ebenfalls ultraviolettes Licht, aber energieärmeres mit der Wellenlänge 217 nm. Häufen sich die konjugierten Doppelbindungen im Molekül, so wird das verschluckte Licht immer langwelliger und schließlich, ab 5 oder 6 konjugierten Doppelbindungen im Molekül, absorbiert die Substanz *sichtbares* violettes Licht. Weil sie dem Sonnenlicht, das ja ein Gemisch *aller* Spektralfarben ist, den violetten Anteil entzieht, sieht unser Auge das restliche Licht in der Komplementärfarbe gelb[71].

Jetzt wird's allmählich klar: das Carotin mit seinen 11 konjugierten Doppelbindungen absorbiert sogar schon im grünen Bereich des Spektrums und deshalb sieht das von einem Carotinkristall in unser Auge zurückgeworfene Sonnenlicht tiefrot aus. Es ist also die Häufung von konjugierten Doppelbindungen, die dem Carotin seine schöne rote Farbe verleiht.

[71] Wir erinnern uns an die Physikstunde, in der wir lernten, dass Komplementärfarben wie etwa gelb und violett oder grün und rot zusammen „weißes" Licht ergeben. Natürlich gilt auch umgekehrt, dass „weißes" Licht, dem man Grün entzieht, rot aussieht.

Lockere Gesellen: Die π-Elektronen

Aber auch damit sind wir noch nicht ganz zufrieden. Warum absorbieren einfache C=C-Doppelbindungen im energiereichen Ultraviolett, konjugierte C=C-Doppelbindungen im energieärmeren Ultraviolett und mehrfach konjugierte C=C-Doppelbindungen schließlich im sichtbaren Bereich des Spektrums? Offensichtlich hat das etwas mit den Elektronen zu tun, welche für das Zustandekommen einer Doppelbindung verantwortlich sind. Es sind die beiden Elektronen, die zur bereits vorhandenen C–C-Einfachbindung hinzukommen und aus ihr eine Doppelbindung machen; man nennt sie auch π-Elektronen. Wir haben schon mehrfach gesehen, dass sie sich durch eine unheimliche Beweglichkeit auszeichnen: Wir dürfen sie in den mesomeren Grenzformen nach der einen oder der anderen Seite verschieben und wenn wir das beim Butadien für beide Doppelbindungen tun, entsteht über Zwischenstufen eine mesomere Grenzform, die an den Enden Ladungen trägt und in der Mitte eine Doppelbindung (Abb. 4.5). Diese Grenzform lässt uns verstehen, wie aus dem Butadien der Butadienkautschuk entsteht, bei dem ja auch die Doppelbindung in die Mitte gewandert ist. Ein Katalysator muss nur dafür sorgen, dass das freie Elektronenpaar am Molekülende in die Elektronenlücke des benachbarten Butadienmoleküls schlüpft und dass sich dieser Vorgang dauernd fortsetzt.

Sind nun mehrere solche konjugierte Doppelbindungen im Molekül, so können ihre π-Elektronen nahezu beliebig hin- und herlaufen[72]. Die Energie, die sie dafür brauchen, entspricht genau dem Energieinhalt des absorbierten Lichtquants. Anschaulich wird der Sachverhalt, wenn wir die konjugierten Doppelbindungen mit einer Autobahn für π-Elektronen vergleichen und uns vorstellen, dass auf dieser Autobahn nur Solarmobile hin- und herfahren dürfen. Wenn diese nun immer nur den grünen Teil des Sonnenlichts aufnehmen, werden die Solarzellen auf ihren Dächern rot aussehen und wenn genügend viele Solarmobile auf der Autobahn unterwegs sind, wird diese aus der Vogelperspektive ebenfalls eine rote Farbe annehmen. Wir werden noch mehr über Farbstoffe lernen und immer wieder feststellen, dass in ihnen solche „Elektronenautobahnen“ vorliegen.

Dass Moleküle mit C=C-Doppelbindungen, die durch gesättigte Kohlenstoffatome getrennt sind, farblos bleiben, selbst wenn sie 5 oder gar 10 „isolierte“ Doppelbindungen aufweisen, finden wir nun gar nicht mehr erstaunlich.

---

[72] Man nennt solche frei bewegliche Elektronen auch „delokalisiert“ und benutzt für ihre Darstellung eine gestrichelte Linie.

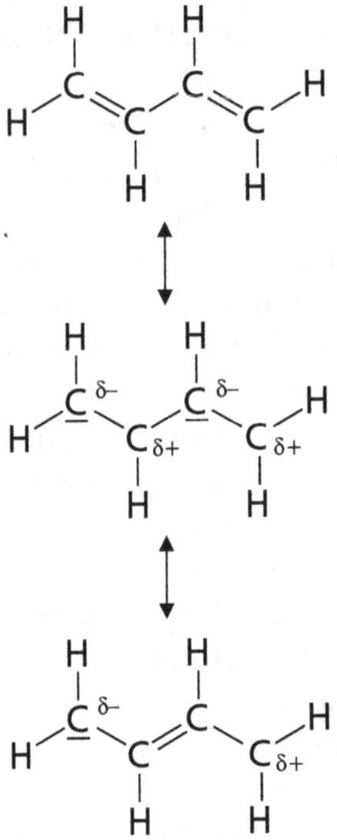

Abb. 4.5 Wichtige Mesomere von Butadien

Sie haben halt keine zusammenhängende Autobahn für unsere beweglichen Gesellen, sondern nur kurze Teilstücke, die immer wieder von unbefahrbarem Ackergelände unterbrochen werden. Ein Beispiel, das jeder kennt, ist der Kautschuk, der ohne Füllstoffe farblos durchscheinend aussieht, obwohl in seinen Molekülen immer noch zahlreiche isolierte Doppelbindungen vorkommen.

Eine wichtige Etappe unserer Reise durch die Organische Chemie geht hier zu Ende. Zuerst wohnten wir einem chemischen Sättigungsvorgang bei; wir sahen, womit Ungesättigte satt werden, lernten dabei, dass es in der Chemie bei der Verteilung begehrter Atome nicht immer gerecht zugeht und es wurde uns sogar klar, warum das so ist. Beim weiteren Vordringen stießen wir immer wieder auf Kunststoffe, die uns im Alltag hilfreich begleiten, wie Polyethylen und Polystyrol; aber auch Kautschuk, Gummi und Elastomere, Riesenmoleküle mit Erinnerungsvermögen, lernten wir kennen und verstehen. Höchst sonderbare Erscheinungen tauchten am Wegrand auf: Wasserstoffatome mit Privilegien, die sie allein ihrer Stellung verdanken (das kam uns gar nicht so unbekannt vor), eine Glycerinsynthese, um deren Zustandekommen sich die Rechenkünstler sorgten, ein Glycerinester, der bei Schlag oder Stoß explodiert, sich aber mit Kieselgur weitgehend zähmen lässt und erstaunlicherweise als Arzneimittel wirkt. Das tetraedrische Kohlenstoffatom van 't Hoffs führte uns über die ebenen und gezackten, gespannten und spannungsfreien Ringverbindungen Adolf von Baeyers schließlich zu einer neuen Art von Isomerie. Überrascht erkannten wir, dass solche geometrische Isomere beim Sehen eine entscheidende Rolle spielen. Nach einigen Seitenhieben auf uneinsichtige Philosophen wurde uns klar, warum die Karotte rot ist und warum unser Körper das Carotin so leicht in Vitamin A umwandeln kann. Nicht zuletzt begriffen wir, warum Mangel an diesen Substanzen das Sehen beeinträchtigt. Von da war es nur noch ein Katzensprung zu einer Theorie der Farbstoffe. Auf weitere Beispiele dafür werden wir bei unseren nächsten Ausflügen treffen. Zuvor aber sollen uns die Kohlenwasserstoffe mit C≡C-Dreifachbindungen als Zwischenziel dienen.

Fünfter Ausflug: Vom Kohlenbergwerk zum Lazarett

Zu Beginn des 20. Jahrhunderts und noch 60 Jahre danach war Erdöl für die meisten Chemiker ein verhältnismäßig seltener und chemisch nicht sehr interessanter Rohstoff, hauptsächlich für die Herstellung von Benzin, Dieselöl, Heizöl und Asphalt geeignet. Gegenüber der Kohle hatte er zwar den Vorteil, flüssig zu sein; aber der Nachteil der schwierigeren Beschaffung überwog. Von den wichtigen Industrienationen hatten nur die Vereinigten Staaten eigene Petroleumvorkommen. Sehr wohl aber hatten die damals erdölarmen Länder England, Frankreich, Belgien und das Deutsche Reich riesige Kohlenlagerstätten innerhalb ihrer eigenen Grenzen.

Die Erfahrungen des ersten Weltkrieges, in dem das Deutsche Reich durch die britische Flotte von allen nennenswerten Petroleumzufuhren abgeschnitten wurde und sogar den zur Herstellung von Schießpulver unentbehrlichen Salpeter nicht mehr aus Chile importieren konnte, ließ viele Regierungen (besonders die deutsche im Dritten Reich) eine mehr oder minder ausgeprägte Autarkie anstreben. Deshalb wendeten sich die meisten Chemiker der Kohle als Rohstoff mehr zu als dem Petroleum. Innerhalb weniger Jahrzehnte machte die Kohlechemie erstaunliche Fortschritte, um dann im Zuge der zunehmenden internationalen Handelsverbindungen ziemlich plötzlich der Petrochemie (Erdölchemie) zu weichen.

Schon zu Beginn des 20. Jahrhunderts gelang es Carl Bosch[73] und seinen Mitarbeitern, aus Luft durch Umsetzung mit Koks[74] und Wasserdampf Ammoniak herzustellen; Bergius[75] gewann Benzin und Dieselöl durch Umsetzung von Kohle mit Wasserstoff unter hohem Druck („Kohlehydrierung"), Fischer[76] und Tropsch[77] verwendeten statt dessen Katalysatoren und das aus Koks leicht zugängliche „Wassergas", eine Mischung aus Kohlen-

---

[73] Carl Bosch (1874–1940), zuletzt Vorstandsvorsitzender der I.G. Farbenindustrie, Nobelpreis 1931.

[74] Koks ist ziemlich reiner Kohlenstoff. Er entsteht neben Leuchtgas und Steinkohlenteer als Rückstand, wenn man Kohle trocken erhitzt.

[75] Fritz Bergius, 1884–1949, war Professor in Hannover, Essen und Heidelberg. Nobelpreis 1931.

[76] Franz Fischer, 1877–1947, Professor in Berlin und Direktor des Kaiser-Wilhelm-Institus für Kohleforschung in Mülheim/Ruhr.

[77] Hans Tropsch, 1889–1935, Direktor des Kohlenforschungsinstituts in Prag, später Professor in Chicago.

monoxid und Wasserstoff. Damit war der Weg von der Kohle zu den typischen Folgeprodukten des Erdöls geebnet. Tatsächlich erzeugte das petroleumarme Deutsche Reich während des zweiten Weltkriegs die Hauptmenge des benötigten Benzins auf diesen Wegen. Auch das wirtschaftlich boykottierte Südafrika griff zu Zeiten der Apartheid auf die „Kohleverflüssigung“ zurück und errichtete dafür riesige Anlagen bei Sasolburg.

Dennoch kam der entscheidende Anstoß für die Blüte der Kohlechemie aus einer ganz anderen Richtung.

Versuch 23: Acetylen aus Calciumcarbid und Wasser

Wir übergießen ein kleines Stückchen Calciumcarbid (Schutzbrille, Gummihandschuhe!) mit 2–3 ml Wasser. Unter Aufschäumen, Zischen und Erwärmung entsteht ein farbloses Gas, das sich entzünden lässt und mit rußender Flamme brennt. Es riecht unangenehm; dies ist allerdings auf Verunreinigungen zurückzuführen.

Im Reagenzglas bleibt eine weißgraue Suspension eines schwerlöslichen Stoffs zurück. Die darüberstehende Lösung reagiert stark alkalisch (pH-Papier).

Acetylen aus Kohle

Im Jahre 1862 erhielt Friedrich Wöhler zum ersten Male Acetylen aus Calciumcarbid[78] und Wasser:

$$CaC_2 + 2\,HOH \longrightarrow C_2H_2 + Ca(OH)_2$$

Die neue Substanz war in allem außergewöhnlich. Schon die Summenformel des Gases war sensationell: C_2H_2. Bald durchgeführte Versuche zeigten, dass beide Wasserstoffatome gleichwertig waren. Nach Kekulés Strukturlehre musste also zwischen den beiden Kohlenstoffatomen eine Dreifachbindung vorliegen:

$$HC{\equiv}CH$$

Nach den Vorstellungen van ’t Hoffs sollte diese dadurch entstehen, dass sich zwei Kohlenstofftetraeder mit je drei Ecken (im Klartext heißt das: mit je einer Fläche) aneinander legen; nach der Ringspannungstheorie Adolf von Baeyers musste das entstehende „Zweieck“ noch gespannter sein als beim Ethylen (wir erinnern uns: dort waren zwei Tetraeder mit einer gemeinsa-

[78] Calciumcarbid wiederum kann man billig aus Kalkstein und Kohle herstellen

men Seite aneinandergekoppelt, beim Ethan dagegen ganz spannungsfrei und drehbar nur mit einer Ecke). Und logischerweise musste das Acetylenmolekül gestreckt sein (Abb. 5.1).

Diese Dreifachbindung ließ sich, genau wie Kekulés Strukturlehre es forderte, auch chemisch beweisen. Pflichtgemäß addierte das farblose Gas pro Mol ein oder zwei Mol Wasserstoff und wurde zum Ethylen oder Ethan, ein oder zwei Mol Chlor zum 1,2-Dichlorethylen oder 1,1,2,2-Tetrachlorethan, ein oder zwei Mol Iodwasserstoff zum Iodethylen („Vinyliodid") oder 1,1-Diiodethan, um nur einige der möglichen Reaktionen zu nennen.

Als höchst exotisch erwies sich das Verhalten gegenüber Kupfer- oder Silbersalzen in wässrig-ammoniakalischer Lösung. Das Acetylen benimmt sich nämlich wie eine Säure und bildet Kupfer(I)-acetylid bzw. Silberacetylid, wasserunlösliche Verbindungen, die sich in trockenem Zustand als hochexplosiv herausstellten:

$Cu{-}C{\equiv}C{-}Cu$	$Ag{-}C{\equiv}C{-}Ag$
Kupfer(I)-acetylid	Silber(I)-acetylid

Die Mediziner freuten sich, als sie erfuhren, dass reines Acetylen ein vorzügliches Narkotikum für schmerzhafte Operationen ist. Die Freude war allerdings nur kurz, denn die Physiker raubten ihnen den Mut, als sie nachwiesen, dass Luft-Acetylengemische schon ab 6,6 Volumprozent Acetylen an der offenen Flamme, mit Funken oder an heißen Oberflächen explodieren.

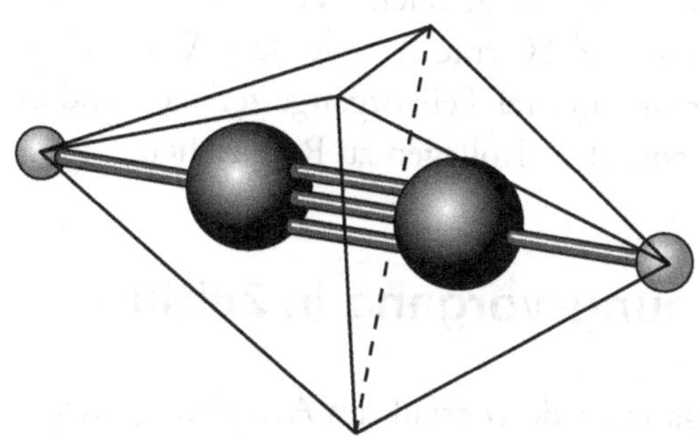

Abb. 5.1 Beim Acetylen befinden sich die beiden Kohlenstoffatome jeweils im Mittelpunkt zweier Tetraeder, die über eine gemeinsame Fläche miteinander verbunden sind. Die beiden Wasserstoffatome sitzen an den Ecken des Doppeltetraeders. Alle Atome liegen auf einer Geraden. Der Abstand zwischen den Kohlenstoffatomen ist bei der Dreifachbindung noch geringer als bei der Doppelbindung des Ethylens.

Dagegen hatten die Physikochemiker dauerhaftere Freude an der neuen Substanz, als sie herausfanden, dass sie unter Wärmeaufnahme aus den Elementen entsteht[79]:

$$2\,C + H_2 + 227\,kJ \longrightarrow C_2H_2$$

Daraus folgerten sie nämlich ...

... das Prinzip vom kleinsten Zwang

Das Acetylen entsteht in guter Ausbeute, wenn viel Wärmeenergie angeboten wird. Die Natur versucht nämlich immer, einen auf sie ausgeübten Zwang abzumildern oder abzubauen. Bringt man also Kohlenstoff und Wasserstoff in einem hoch erhitzten Reaktionsraum zusammen, so entsteht Acetylen, denn bei seiner Entstehung wird Wärme verbraucht, der Zwang also abgebaut. Bei mäßigen Temperaturen dagegen neigt es zum Zerfall in die Elemente. Bei tiefen Temperaturen erst recht, denn beim Zerfall wird Wärme frei, der Zwang „Kälte" also abgebaut. Allerdings verläuft dann dieser Zerfall sehr, sehr langsam, er ist sozusagen eingefroren (wäre das anders, so könnte man Acetylen nicht aufbewahren). Man kann es also bei extrem hohen Temperaturen, wie sie z. B. in einem elektrischen Lichtbogen oder in einer Flamme herrschen, aus den Elementen herstellen, muss aber die Reaktionsgase unmittelbar danach auf tiefe Temperaturen abschrecken.

Acetylen ist eine sehr energiereiche Verbindung. Beim Verbrennen mit Sauerstoff muss sehr viel Wärme frei werden. Wie viel? Das erfahren wir, wenn wir den Vorgang in drei Teilvorgänge zerlegen und die Messergebnisse unserer physikochemischen Kollegen zu Rate ziehen.

Ein Verbrennungsvorgang in Zeitlupe

Der erste Teilvorgang ist der Zerfall des Acetylens in Kohlenstoff und Wasserstoff. Hierfür müssen wir nur die obige Entstehungsgleichung rückwärts lesen:

$$(1) \quad C_2H_2 \longrightarrow H_2 + 2\,C + 227\,kJ$$

Danach verbrennen wir den Kohlenstoff zu Kohlendioxid:

---

[79] Die Synthese aus den Elementen gelang dem Franzosen Marcellin Pièrre Eugène Berthelot fast gleichzeitig mit Wöhler, ebenfalls im Jahr 1862.

$$(2) \quad 2\,C + 2\,O_2 \longrightarrow 2\,CO_2 + 787\,kJ$$

und ganz zuletzt den Wasserstoff zu Wasserdampf:

$$(3) \quad H_2 + 0{,}5\,O_2 \longrightarrow H_2O + 242\,kJ$$

Durch Addition der Gleichungen (1) bis (3) erhalten wir die Gleichung (4) für die Gesamtreaktion:

$$(4) \quad C_2H_2 + 2{,}5\,O_2 \longrightarrow 2\,CO_2 + H_2O + 1256\,kJ$$

Schweißen ohne Strom und ohne Elektroden

Wenn also bei der Verbrennung eines Mols Acetylen insgesamt 1256 kJ Wärmeenergie frei werden[80], muss eine Acetylen-Sauerstoff-Flamme extrem heiß sein. Tatsächlich erreicht sie 2800 °C und deshalb verwenden die Metallarbeiter seit über 100 Jahren Acetylen zum „autogenen Schweißen" und für ihre „Schneidbrenner". Die Flamme brennt extrem hell mit blendend weißem Licht, ganz sicher, weil sich, wie oben formuliert, zuerst glühende Kohlenstoffpartikel bilden, die dann mit Sauerstoff weiterreagieren (s. S. 46).

Die Träume der Leuchtgasfabrikanten

Dieses helle Leuchten verfolgte die damaligen Leuchtgasfabrikanten bis in ihre Träume, denn mit Hilfe eines geschickt gebauten Spezialbrenners lässt sich das Acetylen auch mit Luft verbrennen, ohne zu rußen. Sehr gerne hätten sie es ihrem Hauptprodukt beigemischt oder gleich die Straßenlaternen und Haushalte mit reinem Acetylen versorgt. Aber leider erwies sich das Acetylen als ein widerspenstiges und höchst launisches Gas. Vor allem, wenn es die tüchtigen Beleuchter mit etwas Druck durch die Rohrleitungen pressen wollten, kam es immer wieder zu explosionsartig verlaufenden Zersetzungen, bei denen es unter starker Wärmeentwicklung nach der oben angeführten Gleichung in die Elemente zerfiel (Adolf von Baeyer triumphierte: das war die Folge der extrem gespannten Dreifachbindung!). Die vielen Rohrkrepierer und das ewige Rußausputzen aus den strapazierten Leitungen machte die Freude am big business zunichte. So beschränkten sie sich dar-

---

[80] 1 Mol Acetylen sind 26 g. Die bei ihrer Verbrennung entstehende Wärmemenge von 1256 kJ = 300 kcal reicht aus, um 3 l Wasser von 0 °C auf 100 °C zu erhitzen!

auf, an Auto- und Fahrradbesitzer für deren Lampen Calciumcarbid zu verkaufen, denn das in der Lampe durch Umsetzung mit Wasser erzeugte Acetylen wurde da ohne Druckanwendung sofort verbrannt. Selbst das wäre nicht mehr als eine akademische Laborspielerei geworden, wenn sie das „Carbid" noch nach Wöhlers Methode durch Glühen von Calcium-Zink-Legierung in Kohletiegeln hätten herstellen müssen. Glücklicherweise hatte aber 1892 der Amerikaner Thomas L. Willlson herausgefunden, dass es sich im Elektroofen aus gebranntem Kalk[81] und Koks billig herstellen lässt:

$$3\,C + CaO \longrightarrow CaC_2 + CO$$

Seit der Gründung seiner ersten „Carbidfabrik" vier Jahre später stand also die bisher exotisch-interessante Laborsubstanz Acetylen in nahezu beliebigen Mengen für die chemische Industrie zur Verfügung.

Essig aus Kalk und Kohle

Die erste großtechnische Synthese auf Basis Kohle – Koks – Kalk – Carbid – Acetylen ließ denn auch nicht mehr lange auf sich warten. Ihr Clou war die Anlagerung von Wasser an die Dreifachbindung des Acetylens mit Hilfe von Quecksilbersalzen als Katalysatoren:

$$HC{\equiv}CH + HOH \longrightarrow H_2C{=}CH(OH) \longrightarrow H_3C{-}C(H){=}O$$

Der dabei als Zwischenprodukt entstehende „Vinylalkohol" ist unbeständig und lagert sich sofort zu Acetaldehyd um. Wir erinnern uns, wozu man Acetaldehyd braucht: er lässt sich mit Luft zu Essigsäure oxidieren (S. 83). Und schon 1907 konnten die fassungslosen Zeitgenossen Essig kaufen, der aus Kohle hergestellt war. Ein farbloses flüssiges Genussmittel aus einem schwarzen, festen Brennstoff, den jeder für die Heizung im Keller eingelagert hatte! Für Leute ohne Chemiekenntnisse unvorstellbar – die reine Hexerei! Vermutlich begann damals die zunehmende Entfremdung zwischen Chemikern und dem Rest der Menschheit.

Aber dic Freude am Acetylen als der neuen Schlüsselsubstanz für großtechnische Synthesen währte nicht allzu lange. Nur wenige gesuchte Verbindungen ließen sich daraus ohne Druck herstellen. Wandten die Chemi-

[81] Der gebrannte Kalk wiederum entsteht aus dem billigen Kalkstein ($CaCO_3$) durch Erhitzen auf etwa 900 °C. Kohlendioxid (CO_2) ist ein Nebenprodukt des „Kalkbrennens".

ker und Ingenieure aber erhöhte Drücke an, so verdarben ihnen wie seinerzeit den Leuchtgasfabrikanten explosionsartige Zersetzungen immer wieder die Freude. Von wenigen Ausnahmen abgesehen, schien das Acetylen doch dazu verurteilt, die Doktoranten in den Universitätslaboratorien mit interessanten, aber technisch unbrauchbaren Forschungsergebnissen zu beglücken. Sollte es ähnlich bedeutungslos bleiben wie seine höheren Homologen[82], das Propin, die Butine, das But-1-en-3-in („Vinylacetylen") und all die anderen exotischen Gesellen, die außerordentliche und ordentliche Professoren nach und nach entdeckten?

Ein Mann bändigt das Acetylen

Aber da gab es bei der BASF in Ludwigshafen einen Chemiker mit starkem Willen, Durchsetzungsvermögen und unerschütterlichem Optimismus, der sich vorgenommen hatte, das Acetylen unter Druck mit allen möglichen Substanzen umzusetzen. Die Voraussetzungen dafür waren nirgends in der Welt so günstig wie hier, wo Carl Bosch die erste Hochdrucksynthese für das unentbehrliche Ammoniak entwickelt hatte und wo eine Mannschaft von Chemikern, Ingenieuren, Laboranten und Arbeitern bereit stand, die gewohnt waren, mit hohen Drücken umzugehen. Walter Reppe, so hieß unser Mann[83], nutzte die vorhandenen Ressourcen konsequent für seine Ziele.

Arbeit mit dem umgekehrten Luftschutzbunker

Er brauchte Acetylen bei 15–30 bar Druck, aber aus Sicherheitsgründen arbeitete er nur mit Apparaten und Rohrleitungen, die 300 bar aushielten, ohne zu platzen. Damit nahm er seinen Mitarbeitern die Furcht vor den explosionsartigen Zersetzungen, die unvorhersehbar immer wieder auftraten. Jetzt konnte das Acetylen zerfallen wie es wollte; der Druck in der Apparatur stieg zwar an, aber die Apparatur hielt das aus.

Sie war eine Art umgekehrter Luftschutzbunker: die Explosionen drinnen, die Menschen draußen. Sicherheitshalber stellte er seine Druckapparatur auch noch nach Boschs Vorbild in oben offene Betonkammern und ließ sie von außerhalb der Kammer über Ventile mit langen Spindeln bedienen. Er baute also um die Reaktoren zum Schutz der Mitarbeiter einen zweiten umgekehrten Luftschutzbunker.

---

[82] Der wissenschaftliche Namen des Acetylens ist „Ethin".
[83] Walter Reppe,1892–1969, Professor für Angewandte Chemie in Mainz und Darmstadt. War bis zu seiner Pensionierung Forschungsdirektor der BASF in Ludwigshafen.

Dennoch waren die Zersetzungen noch lästig genug. Danach musste nämlich die gesamte Apparatur auseinander geschraubt und in tagelanger Arbeit sorgfältig vom „Acetylenruß" gereinigt werden. Das war alles andere als eine saubere Arbeit! An nicht entferntem Ruß konnte die nächste Explosion wieder losgehen. Es war allen klar: Er musste dringend etwas erfinden, um die Zersetzungen zu unterbinden.

Hier half die Beobachtung, dass das Acetylen unter Druck in weiten Rohrleitungen oder Reaktoren äußerst heftig zerfiel, in engeren weniger heftig und in Rohrleitungen mit sehr kleinem Innendurchmesser gar nicht. Ein durchschnittlicher Geist hätte nun jede dicke Rohrleitung durch viele sehr dünne ersetzt, mit bösen Folgen für die Investitionskosten, denn Hochdruckrohre für 300 bar sind nicht billig, auch nicht, wenn sie sehr geringen Innendurchmesser haben.

Röhren gegen Explosionen

Reppe schob stattdessen in seine weiten Hochdruck-Rohrleitungen ganz gewöhnliche dünne Rohre hinein, die beiderseits offen waren und keineswegs druckfest. Nun lief das Acetylen im dicken Rohr durch viele dünne Rohre und konnte nicht mehr zerfallen! Auch sonst vermied er in der Apparatur größere Leerräume; in den Reaktoren zum Beispiel dadurch, dass er sie von unten bis oben mit Katalysatorkörnern, Glasringen oder Flüssigkeit füllte. Die Mannschaft sah's mit Hochachtung und atmete auf: Das ewige Rußputzen gehörte der Vergangenheit an.

Nachträglich wurde den Verfahrenstechnikern klar, warum der Trick mit den leeren Rohren funktionierte: Wo auch immer das Acetylen versuchte, eine Zersetzung anzukurbeln, schluckten die „Füllkörper" die freiwerdende Wärmeenergie weg. Die Temperatur stieg nur kurz und nur wenig an, die Zersetzung blieb auf wenige Moleküle beschränkt. Sie lief sich sozusagen tot – wir erinnern uns, dass Acetylen bei niedrigen Temperaturen nur unendlich langsam zerfällt (S. 146).

Blieben noch die Kompressoren, deren Hohlräume er nicht gut auffüllen konnte. Er behalf sich mit langsam laufenden, gut gekühlten Kolbenkompressoren oder noch viel besser: Mit langsam laufenden gut gekühlten Wasserringpumpen[84]. Und jetzt hatte er Acetylen bei 15–30 bar Druck für seine Umsetzungen!

Aber das Acetylen dachte nicht daran, zu reagieren. Reppe behielt die Ruhe und seinen Optimismus. „Die Reaktion geht ganz bestimmt", pflegte

---

[84] Bei ihnen wird das Gas mit Hilfe von in einem Gehäuse exzentrisch laufenden Schaufelrädern durch Wasser gedrückt. Dabei bildet sich ein asymmetrischer „Wasserring".

er zu sagen, „aber der liebe Gott allein kennt den Katalysator, den sie braucht. Wir müssen nur fleißig danach suchen, dann finden wir ihn auch". Und das gelang ihm und seiner Mannschaft in den meisten Fällen.

Walter Reppe im Wunderland

Nach und nach wurden Reaktionen technisch durchführbar, von denen die Theoretiker schon immer geträumt hatten. Hier nur ein paar Beispiele:

Es gelang Reppe, Alkohole an die Dreifachbindung anzulagern. So erhielt er die Ether des „Vinylalkohols",

$$HC{\equiv}CH + HOCH_3 \longrightarrow H_2C{=}CH(OCH_3)$$

Acetylen + Methylalkohol ⟶ Vinylmethylether

der uns auf S. 148 sehr flüchtig begegnete. Im Gegensatz zu ihrer Muttersubstanz Vinylalkohol sind sie beständig. Ihre Haupttugend besteht darin, dass man sie ähnlich wie das Ethylen zu nützlichen Kunststoffen polymerisieren kann (vor allem bei Dispersionen spielen sie als „Copolymere" eine wichtige Rolle):

$$\ldots -CH_2-CH(OCH_3)-CH_2-CH(OCH_3)-CH_2-CH(OCH_3)-CH_2-CH(OCH_3)- \ldots$$

Polyvinylmethylether

Ähnlich gelang es ihm, an die Dreifachbindung des Acetylens Carbonsäuren anzulagern. Es entstehen die Ester des Vinylalkohols, auch sie stabile, gesuchte Rohstoffe der Kunststoffindustrie:

$$HC{\equiv}CH + HO-C(=O)-CH_3 \longrightarrow H_2C{=}CH-O-C(=O)-CH_3$$

Acetylen + Essigsäure ⟶ Vinylacetat (= Essigsäurevinylester)

$$\ldots -CH_2-CH(O-C(=O)-CH_3)-CH_2-CH(O-C(=O)-CH_3)-CH_2-CH(O-C(=O)-CH_3)- \ldots$$

Polyvinylacetat

Oder auch Chlorwasserstoff; mit dem Ergebnis Vinylchlorid und Polyvinylchlorid oder kurz PVC:

$$\mathrm{HC{\equiv}CH} + \mathrm{H{-}Cl} \longrightarrow \mathrm{H_2C{=}\underset{\displaystyle Cl}{\underset{|}{C}H}}$$

(erst sehr viel später, als Ethylen deutlich billiger wurde als Acetylen, verließen die Chemiker diesen Weg zum PeVauCe).

Schließlich auch Blausäure, mit dem Reaktionsprodukt Acrylnitril, dem Rohstoff für Polyacrylnitril:

$$\mathrm{HC{\equiv}CH} + \mathrm{H{-}C{\equiv}N} \longrightarrow \mathrm{H_2C{=}\underset{\displaystyle C{\equiv}N}{\underset{|}{C}H}}$$

$$\text{Acetylen} + \text{Blausäure} \longrightarrow \text{Acrylnitril}$$

$$\ldots\mathrm{{-}CH_2{-}\underset{\displaystyle CN}{\underset{|}{C}H}{-}CH_2{-}\underset{\displaystyle CN}{\underset{|}{C}H}{-}CH_2{-}\underset{\displaystyle CN}{\underset{|}{C}H}{-}CH_2{-}\underset{\displaystyle CN}{\underset{|}{C}H}{-}}\ldots$$

Polyacrylnitril

Besonders stolz war Reppe auf die kombinierte Anlagerung von Kohlenmonoxid und Wasser zur Acrylsäure[85]:

$$\mathrm{HC{\equiv}CH} + \mathrm{C{=}O} + \mathrm{HOH} \longrightarrow \mathrm{H_2C{=}\underset{\displaystyle COOH}{\underset{|}{C}H}}$$

denn dadurch erhielt er eine leicht polymerisierbare Schlüsselsubstanz für die Herstellung von Dispersionen.

Was ist eine „Dispersion"?

Das Wort kommt aus dem Lateinischen und bezeichnet etwas fein verteiltes. Wir nähern uns ihm über ein anderes Wort: die Emulsion.

Versuch 24: Seife stabilisiert Öl-Wasser-Emulsionen

Wir schütteln in einem Reagenzglas zwei Tropfen Speiseöl mit 2 ml entmineralisiertem Wasser. Es bildet sich eine weißlich-trübe Emulsion von feinstverteilten Öltröpfchen. Sie ist allerdings nicht beständig, sondern trennt sich

85 Die Reaktion erinnert stark an die Anlagerung von CO und H_2O an Ethylen (Propionsäuresynthese, s. S. 124).

immer wieder in ihre Bestandteile Öl und Wasser, sobald wir aufhören, zu schütteln.

Setzen wir nun noch ein reiskorngroßes Stückchen Kernseife zu, so bleibt die Emulsion nach dem Schütteln beständig. Unter dem Mikroskop sehen wir bei 300–500-facher Vergrößerung mehr oder minder runde Tröpfchen, welche von den Wassermolekülen unregelmäßig hin- und hergestoßen werden (vgl. Versuch 16). Von Versuch 16 wissen wir auch, warum die Seife stabilisierend wirkt: Weil ihre hydrophoben Molekülenden in die Öltröpfchen hineinkriechen und die hydrophilen Enden als Lösungsvemittler zum Wasser aus den Tröpfchen herausragen.

Wir lassen einen Tropfen langsam eintrocknen und stellen fest, dass sich nun, nach dem Verdunsten des Wassers, ein zusammenhängender Ölfilm gebildet hat.

Dispersionsherstellung im Gedankenexperiment

Wir wandeln jetzt unseren Versuch in Gedanken ab, indem wir eine stabilisierte Emulsion von Acrylsäureestern statt Speiseöl in Wasser bilden. Solche Ester sind aus Reppes Acrylsäure und Alkoholen leicht herzustellen. Sie sind wasserunlöslich und lassen sich mit Hilfe von seifenähnlich wirkenden Substanzen leicht emulgieren. Ähnlich wie die Acrylsäure selbst kann man sie aber auch polymerisieren. Dazu müssen wir die Emulsion unter kräftigem Rühren erwärmen und die Polymerisation der Acrylattröpfchen durch Zugabe eines Katalysators starten. Die Acrylatmoleküle ketten sich nun mit Hilfe ihrer Doppelbindung aneinander, nach und nach entstehen immer längere Molekülketten:

$$\ldots-CH_2-\underset{\displaystyle COOR}{\underset{|}{CH}}-CH_2-\underset{\displaystyle COOR}{\underset{|}{CH}}-CH_2-\underset{\displaystyle COOR}{\underset{|}{CH}}-CH_2-\underset{\displaystyle COOR}{\underset{|}{CH}}-\ldots$$

Die Acrylattröpfchen, die ursprünglich aus einer dünnen Flüssigkeit bestanden, werden mit zunehmendem Molekulargewicht immer zäher. Sobald sie halbfest, aber noch klebrig sind, unterbrechen wir die Reaktion und kühlen die ehemalige Emulsion ab. Sie ist zu einer „Dispersion“[86] von Polyacrylatkügelchen in Wasser geworden. Eine solche „farblose Dispersionsfarbe für Innen- und Außenanstrich“ besorgen wir uns im Baumarkt für den nächsten Versuch (sie darf natürlich auch durch eingearbeitete Pigmentfarbstoffe weiß oder sonstwie gefärbt sein).

---

[86] Genauer: Polymerdispersion

Versuch 25: Aushärten einer Dispersion

Wir bringen einen Tropfen Dispersion auf einen Objektträger, decken ihn mit einem Deckglas ab und betrachten ihn im Mikroskop bei 300–500-facher Vergrößerung. Es bietet sich uns das schon fast gewohnte Bild: kleine, mehr oder weniger runde Kügelchen, die von den Wassermolekülen der Dispersion hin- und hergestoßen werden. Aber am Rande des Tropfens, dort wo die Luft hinzutreten kann, verdunstet das Wasser allmählich. Die Kügelchen haben immer weniger Flüssigkeit zur Verfügung. Unvermeidlich stoßen sie jetzt zusammen und bleiben aneinander kleben. Es bildet sich eine zusammenhängende Haut von Polyacrylat. Der Sauerstoff der Luft kurbelt den Polymerisationsprozess wieder an und bewirkt, dass die ehemaligen Kügelchen zu nicht mehr klebrigem Kunststoff aushärten.

Wir können diesen Versuch auch mit einem Tropfen Milchsaft des Löwenzahns oder der Garten-Wolfsmilch durchführen. Diese Pflanzen bilden wie die Hevea-Wolfsmilch eine natürliche Dispersion, die nach Verletzungen die Wunden versiegelt.

Makroskopisch können wir die Dispersion mit dem Pinsel auf ein Stück Holz oder Pappe aufstreichen. Das Wasser verdunstet langsam und die Tröpfchen kommen miteinander in Berührung. Da sie noch klebrig sind, verschmelzen sie bald zu einem zusammenhängenden Film, der mit Hilfe des katalytisch wirksamen Luftsauerstoffs zu einem festen, nicht mehr klebrigen Kunststoff-Überzug aushärtet.

Ein Kunststoff für Künstler

Nach ganz kurzer Zeit zeigte sich, dass Acrylatdispersionen äußerst vielseitig sind. Sie lassen sich mit Pigmenten und Farbstoffen einfärben, sie dienten bald als (lösungsmittelfreier!) wetterfester Außenanstrich für Holz und Häuser, bald zur Veredelung von Leder und Textilien und nicht zuletzt zur Herstellung von Papier und Glanzpappe. Oder auch einfach als Kleber! Und bald malten die Künstler mit „Acrylfarben", modellierten die Bildhauer mit „Acryl". Auch die Kunststofflinsen, welche die Augenärzte ihren Patienten mit grauem Star einsetzen, bestehen aus „Acryl". Sie werden gefaltet durch einen millimeterkleinen Schlitz in das Auge eingebracht und entfalten sich von selbst.

Natürlich mussten für jede dieser Anwendungen Spezialdispersionen ausgetüftelt werden; heute gibt es dafür Tausende von Rezepten. Für einfachere Anwendungen haben inzwischen andere Monomere wie das Vinylchlorid, das Butadien, Vinylacetat und Styrol weitgehend die verhältnismäßig teure Acrylsäure verdrängt.

Sicher ist es ihnen aufgefallen, dass die bis jetzt vorgestellten Druckreaktionen des Acetylens alle auf die Anlagerung eines Wasserstoffatoms einerseits und einer funktionellen Gruppe (S. 25) andererseits an die Dreifachbindung hinauslaufen, wobei letztere den Geist aufgibt und sich brav in eine Doppelbindung verwandelt. Die ist dann ihrerseits fähig, zu polymerisieren.

Acetylen reagiert mit Acetylen

Ähnlich ist das Ergebnis, wenn Acetylenmoleküle miteinander reagieren. Das tun sie nämlich in salzsaurer Lösung mit Kupfer(I)-chlorid als Katalysator:

$$HC{\equiv}CH \; + \; HC{\equiv}CH \longrightarrow \underset{\text{Vinylacetylen}}{H_2C{=}CH{-}C{\equiv}CH}$$

Folgerichtig verschwindet die Dreifachbindung des einen Moleküls, die des anderen bleibt erhalten. Man kann sie vorsichtig hydrieren und kommt so zu dem Kautschukrohstoff Butadien, der uns zuerst auf S. 50 als Folgeprodukt der Steamcracker begegnete:

$$H_2C{=}CH{-}C{\equiv}CH \; + \; H{-}H \longrightarrow H_2C{=}CH{-}CH{=}CH_2$$

Mit Nickelverbindungen als Katalysatoren oder bei höherer Temperatur[87] reagieren drei Acetylenmoleküle miteinander unter Ringschluss und es entsteht das Benzol mit der Summenformel C_6H_6, das uns im nächsten Kapitel sehr beschäftigen wird:

$$3\,HC{\equiv}CH \longrightarrow C_6H_6$$

Und unter hohem Druck erhielt Reppe sogar einen Achterring, das Cyclooctatetraen, das vor ihm Richard Willstätter 1913 mit großer Mühe in kleiner Menge auf einem anderen, viel komplizierteren Wege hergestellt hatte:

$$4\,HC{\equiv}CH \longrightarrow C_8H_8$$

Diese merkwürdige Verbindung wird uns wegen ihrer formalen Ähnlichkeit mit Benzol beim nächsten Ausflug noch einmal begegnen.

---

[87] Die Reaktion geht auf den Franzosen Marcellin Pierre Eugène Berthelot (1827–1907, Professor an der Sorbonne in Paris) zurück, der aber 1868 ohne Katalysator nur schlechte Ausbeuten erzielte (s. auch S. 168).

Doping für einen Kunststoff

Noch nicht genug damit: wieder andere Katalysatoren[88] verwandeln unser Gas in einen hochpolymeren braunen Kunststoff mit annähernd unendlich vielen konjugierten Doppelbindungen, das „Polyacetylen“:

$$\ldots -HC{=}CH{-}HC{=}CH{-}HC{=}CH{-}HC{=}CH - \ldots$$

In diesem Riesenmolekül sind Langstrecken-Rennbahnen für π-Elektronen (s. S. 139) vorgegeben, und tatsächlich, wenn man es noch mit Iod oder einem anderen Oxidationsmittel „dopt“, wie die Angelsachsen sagen, so wird es ein respektabler elektrischer Leiter, der insbesondere dort eingesetzt werden kann, wo Metalle zu schwer sind. Die Schwierigkeiten, die das Polymere seiner Verarbeitung entgegensetzt, haben bisher allerdings den Einsatz in großem Maßstab verhindert.

Das wird auch so bleiben, weil die vielen konjugierten Doppelbindungen den Kunststoff extrem steif machen.

Reppe fand aber auch Reaktionen, bei denen die Dreifachbindung ohne wenn und aber erhalten bleibt und stattdessen ein Wasserstoffatom des Acetylens reagiert.

Reaktionsprodukte mit Dreifachbindung

So erhielt er mit Kupferacetylid als Katalysator aus Acetylen und dem damals noch nicht berüchtigten Formaldehyd (s. S. 80) gleich zwei Reaktionsprodukte. In geringer Ausbeute entstand Prop-1-in-3-ol, häufiger Propargylalkohol genannt, ein geschätztes Zwischenprodukt für Arzneimittelsynthesen:

$$HC{\equiv}CH + H_2CO \longrightarrow HC{\equiv}C{-}CH_2{-}OH$$

Hauptprodukt war das But-2-in-1,4-diol oder vereinfacht Butindiol:

$$H_2CO + HC{\equiv}CH + H_2CO \longrightarrow HOH_2C{-}C{\equiv}C{-}CH_2OH$$

Recht bemerkenswert ist, dass bei dieser Reaktion das Wasserstoffatom des Acetylens sich vom Kohlenstoffgerüst des Acetylens verabschiedet, an die C=O-Doppelbindung des Formaldehyds angelagert wird und die so entstehende $-CH_2OH$-Gruppe an das nackt zurückgelassene Kohlenstoffatom der Dreifachbindung ankuppelt.

[88] Erstaunlicherweise sind es die selben, von Karl Waldemar Ziegler und Giulio Natta entdeckten Katalysatoren, die auch Ethylen in Polyethylen umwandeln.

Auf den ersten Blick schien das Butindiol eine der vielen Verbindungen mit mehr akademischem Interesse zu sein. Reppe und seine Mitarbeiter hydrierten es jedoch katalytisch zum Butan-1,4-diol

$$HO{-}CH_2{-}CH_2{-}CH_2{-}CH_2{-}OH$$

und hatten damit ein billiges, anders schwer herstellbares Diol für Polyestersynthesen (S. 92), aber auch für die Herstellung von Butadien (durch Abspaltung von 2 Mol H_2O):

$$HO{-}CH_2{-}CH_2{-}CH_2{-}CH_2{-}OH \longrightarrow H_2C{=}CH{-}CH{=}CH_2 \; + \; 2\,HOH$$

Damit war Reppe in der Lage, Butadienkautschuk und Gummi auf der Basis Kohle herzustellen. Das Verfahren war in großem Maßstab gegen Ende des zweiten Weltkriegs in Betrieb.

Irgendein nachdenklicher Bursche in seiner Mannschaft entsann sich dessen, was er in seiner Hochschulzeit über die freie Drehbarkeit der C–C-Einzelbindung gelernt hatte (Stichwort: van 't Hoff) und bog auf dem Papier die Formel des Butandiols bis fast zum Ring:

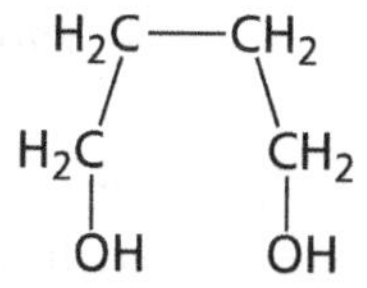

```
  H2C—CH2
  /      \
H2C      CH2
 |        |
 OH       OH
```

Dabei kam er auf die Idee, aus dem Molekül gezielt *ein* Molekül Wasser abzuspalten. Die Reaktion lief leicht und ergab mit vorzüglicher Ausbeute einen ringförmigen Ether, das Tetrahydrofuran:

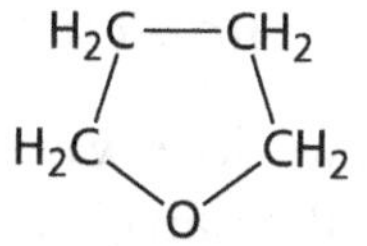

```
  H2C—CH2
  /      \
H2C      CH2
   \    /
     O
```

Das ist kein Wunder, denn der fast ebene Fünfring des Tetrahydrofurans bietet den Kohlenstoffatomen ähnlich wie im Cyclopentan komfortable Bindungswinkel von annähernd 109° (hier kam unserem Kollegen alles wieder in den Sinn, was er über Baeyers Ringspannungstheorie gelernt hatte). Das Sauerstoffatom stört keineswegs die Harmonie, denn Ether sind Abkömmlinge des Wassers und im Wassermolekül hat der Sauerstoff ebenfalls tetraedrische Bindungswinkel von ungefähr 109°!

Das Tetrahydrofuran erwies sich als ein sehr vielseitiges Lösungsmittel (wie alle Ether – S. 72). Aber sein Ringmolekül ließ sich auch mit geeigneten Katalysatoren wieder öffnen und zu einem interessanten Kunststoff, dem Polytetrahydrofuran polymerisieren:

$$\ldots -O-CH_2-CH_2-CH_2-CH_2-O-CH_2-CH_2-CH_2-CH_2- \ldots$$

Immer wieder erstaunen uns die Chemiker, die anscheinend mühelos Moleküle verbiegen, Ringe schließen, wieder öffnen und zu Ketten umformen, das alles mit traumwandlerischer Sicherheit, und ohne jemals eines ihrer Spielobjekte gesehen zu haben, also gewissermaßen blindlings.

Sicher glauben Sie mir, dass es diesen Tausendsassas auch gelang, aus dem Butan-1,4-diol durch Wasserabspaltung unter oxidierenden Bedingungen das Butyrolacton und aus diesem durch Umsetzen mit Ammoniak das Pyrrolidon herzustellen:

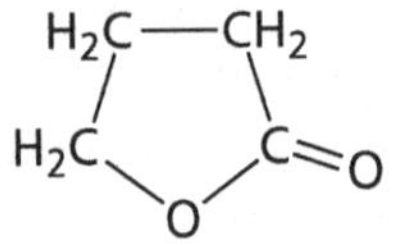

H_2C—CH_2, H_2C, $C=O$, O

Butyrolacton

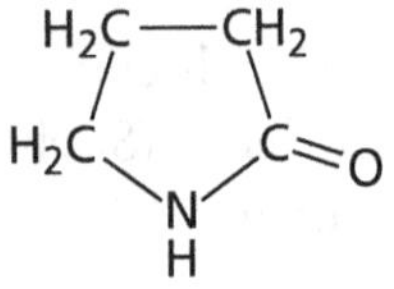

H_2C—CH_2, H_2C, $C=O$, N, H

Pyrrolidon

Und Reppe wäre nicht Reppe gewesen, wenn er nicht das letztere mit Acetylen in *N*-Vinylpyrrolidon umgewandelt hätte:

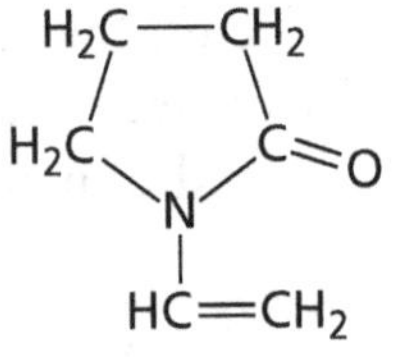

H_2C—CH_2, H_2C, $C=O$, N, $HC=CH_2$

Und hoppla, er hatte schon wieder etwas zum polymerisieren! Aber jetzt kommt die Überraschung: das Polyvinylpyrrolidon, kurz PVP genannt, erwies sich als ein außergewöhnlich vielseitiger Kunststoff. Er dient zum Verfestigen der Frisur in Haarsprays, zum Überziehen und Verfestigen von Tabletten, zum Entgiften im Magen-Darm-Trakt, als künstliche Tränenflüssigkeit, zur Veredelung von Textilien und sogar als Blutplasmaersatz. In den Lazaretten des letzten Weltkriegs und noch lange Jahre danach hat er dadurch vielen Tausenden von Menschen das Leben gerettet.

Sehen wir uns den Weg zum *N*-Vinylpyrrolidon noch einmal an, so stellen wir mit Erstaunen fest: in ihm stecken

- zwei Moleküle Acetylen (eines im Zwischenprodukt Butindiol und eines in der Vinylgruppe)
- zwei Moleküle Formaldehyd (für das Zwischenprodukt Butindiol)
- zwei Moleküle Wasserstoff (machten aus Butindiol das Butandiol)
- und ein Molekül Ammoniak (machte aus Butyrolacton Pyrrolidon).

Der Stammbaum des Vinylpyrrolidons

Acetylen entsteht aus Kohle (Koks) und Kalkstein (S. 144). Formaldehyd entsteht aus Luft und Methanol (S. 80), Methanol entsteht aus Kohlenoxid und Wasserstoff, (S. 78); Kohlenoxid und Wasserstoff entsteht aus Koks (oder Erdgas), Luft und Wasserdampf (S. 79). Auch Ammoniak machte Bosch aus Kohle (Koks), Luft und Wasserdampf.

Diese litaneihaften Sätze erinnern auffällig an den Stammbaum Jesu, den uns Lukas im dritten Kapitel seines Evangeliums herleiert (und der mit dem des Matthäusevangeliums nicht recht übereinstimmt). Die Ähnlichkeit kommt nicht von ungefähr: Tatsächlich haben wir hier einen chemischen Produktstammbaum vor uns, der die Herkunft des Polyvinylpyrrolidons von leicht verfügbaren, billigen Rohstoffen darstellt: Man braucht tatsächlich nichts außer Kohle, Kalkstein, Wasserdampf und Luft.

Die Kohlenstoffatome des Polyvinylpyrrolidons hatten also schon eine erstaunliche Reise hinter sich, wenn sie auf Omas Haaren als Festiger landeten:

Von der Erdatmosphäre des Karbonzeitalters vor 250 Millionen Jahren in einen Baumfarn, von da in die Kohle, vom Bergwerk in die Kokerei, dann ins Chemiewerk, zuletzt über Acetylen, Butindiol, Butandiol, Tetrahydrofuran, Butyrolacton, Pyrrolidon, Vinylpyrrolidon und Polyvinylpyrrolidon zum Kosmetikhersteller und von da auf die Frisur. Und der Weg wird nicht viel kürzer, wenn er inzwischen vom Erdöl ausgeht statt von Kohle.

Kohle war also der gemeinsame Rohstoff für alle Produkte, die für die Herstellung von Polyvinylpyrrolidon erforderlich sind.

Geschichte mit Zukunft

Aber heute nicht mehr! Acetylen stellen die modernen Chemieanlagen durch unvollständige Verbrennung von Erdgas (Methan) und anschließendes Abschrecken der Reaktionsgase her, die Methanol- und Ammoniakfabriken haben ebenfalls längst auf Erdgas als Rohstoff umgestellt und manche Substanz, die noch zu Reppes Zeiten nur über Acetylen zugänglich war, wird heute vom Erdöl ausgehend auf anderen Wegen aus dem billigeren Ethylen oder Butadien hergestellt – beim Vinylchlorid haben wir's gesehen (S. 110).

Ist also die Kohlechemie tot? Nur noch Geschichte?

Ja!

Aber Geschichte mit Zukunft. Denn die heute bekannten Erdgasvorkommen werden irgendwann bald, vielleicht in etwa 100 Jahren erschöpft sein. Und das Erdöl wird nicht als Ersatz einspringen können, weil es schon 60 Jahre früher zur Neige geht. Noch früher werden die Preise für diese fossilen Energien so ansteigen, dass die Kohle wieder konkurrenzfähig wird. An ihr herrscht noch 400 Jahre später kein Mangel!

Schon unsere Enkel oder Urenkel werden sich mit Freuden auf die „veralteten" Verfahren der Kohlechemie besinnen und nachträglich halbvergessenen Forschern wie Willson, Bosch, Bergius, Fischer, Tropsch und Reppe Denkmäler setzen.

Unsere Reise durch Reppes Wunderland geht hier zu Ende. Wir begleiteten Kohlenstoffatome von der Kohle bis zum Lazarett und bis zu einer Kosmetikfirma auf alten, heutzutage meist nicht mehr begangenen Wegen. Unterwegs lernten wir die Kunstgriffe kennen, mit denen Reppe das Acetylen bändigte und eine eindrucksvolle Reihe von Innovationen ermöglichte. Unser Ausflug war fast so abwechslungsreich wie der Lebenslauf eines Kohlenstoffatoms, den der italienische Dichter und Chemiker Primo Levi in seinem Werk „Das periodische System" schildert. Bei ihm gerät es nach einer langen Ruhezeit in einem Kalkgestein in ein Weinblatt, von da in den Leib eines Weintrinkers und weiter über die Stationen Schmetterling, Holzwurm und Milch in jene Zelle seines Gehirns, die seiner Hand befiehlt, einen Punkt aufs Papier zu drücken: diesen. Es ist der Schlusspunkt seines Buchs, aber nicht des unsrigen.

Unser nächster Ausflug soll uns zu einem rätselhaften Sonderling unter den ungesättigten Verbindungen führen: zum Benzol, der Grundsubstanz der sogenannten Aromaten.

Sechster Ausflug: Zu einem Sonderling

Als der berühmte englische Physiker Michael Faraday im Jahre 1825 Leuchtgas komprimierte, erhielt er eine ölige Flüssigkeit, aus welcher er eine Verbindung mit der molekularen Zusammensetzung CH isolierte. Neun Jahre später erhielt Mitscherlich die selbe Verbindung, wenn er Benzoesäure (ein Naturprodukt) mit gebranntem Kalk trocken destillierte. Er bestimmte die Dichte der verdampften Flüssigkeit und fand, dass bei 760 mm Quecksilbersäule und 0 °C 22,4 l Dampf 78 g wogen. Das Molgewicht musste demnach 78 betragen. Damit korrigierte er Faradays rohe Angaben zu einer Summenformel C_6H_6. Liebig taufte den Neuling auf den Namen Benzol[89]. Es zeigte sich bald, dass Faraday eine Verbindung entdeckt hatte, die den Chemikern über hundert Jahre lang schweres Kopfzerbrechen bereitete.

Höchst ungesättigt und doch nicht sattzukriegen

Denn wegen der Zusammensetzung C_6H_6 musste das Benzol eigentlich so ungesättigt sein wie etwa das Acetylen mit seiner Formel C_2H_2. Aber es benahm sich ganz anders als jenes: keine spontane Reaktion mit Chlor oder Brom, auch nicht mit Iodwasserstoff; keine „Salze“ mit Kupfer oder Silber; selbst die Hydrierung misslang hartnäckig unter den üblichen Bedingungen. Deshalb gaben es die meisten Chemiker resigniert auf, dem reaktionsträgen Exoten etwa die Formel

$$H_3C{-}C{\equiv}C{-}C{\equiv}C{-}CH_3 \quad \text{oder} \quad HC{\equiv}C{-}CH_2{-}CH_2{-}C{\equiv}CH$$

oder eine ähnliche zuzuschreiben. Der neue Stoff konnte keine Dreifachbindungen enthalten. Selbst Doppelbindungen wurden bezweifelt, weil die typischen Sättigungsreaktionen ausblieben oder nur unter anomalen Bedingungen höchst langsam in Gang kamen. Dazu versagte auch der klassische Nachweis von C=C-Doppelbindungen durch Schütteln mit sodaalkalischer Permanganatlösung, wie wir ihn in Versuch 22 kennengelernt haben: nicht

[89] Heute, in Annäherung an den Namen in der angelsächsischen Literatur und angesichts dessen, dass die Endung „ol“ den Alkoh*ol*en vorbehalten bleiben sollte, heißt das Benzol „Benzen“. Es ist aber fraglich, ob sich der neue Name durchsetzt.

einmal kochende Permanganatlösung zeitigte die erwartete Wirkung. Das sonderbare Verhalten verursachte viel vergebliches Kopfzerbrechen. Selbst Kekulé hatte Schwierigkeiten, seine nagelneue Strukturlehre auf den Sonderling anzuwenden. Sein Zeitgenosse Ladenburg schlug zum Beispiel 1869 kühn eine Prismenstruktur mit lauter Einfachbindungen vor:

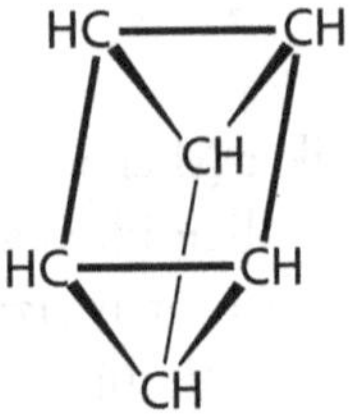

HC CH
CH
HC CH
CH

Kekulé näherte sich dem Problem auf seine Weise. Er sichtete sorgfältig die damals (1865) bekannten Veröffentlichungen über Benzol und verwandte Verbindungen, erriet, wo es Lücken der Erkenntnis gab, sortierte mit viel Fingerspitzengefühl irreführende Falschmeldungen aus und ordnete den brauchbaren Rest systematisch. Dabei fiel ihm auf, dass die C_6-Gruppierung in allen Abkömmlingen des Benzols auftritt. Wir wollen uns das an einigen Beispielen klar machen.

Außer dem Benzol waren auch damals schon andere „aromatische“[90] Verbindungen bekannt, zum Beispiel die Benzoesäure mit der Summenformel $C_7H_6O_2$. Kekulé schrieb stattdessen C_6H_5–COOH, Benzolcarbonsäure (s. S. 24). Die oben erwähnte Beobachtung Mitscherlichs, dass aus Benzoesäuresalzen durch Abspalten von CO_2 mit Hilfe von Calciumoxid Benzol entsteht, bestärkte ihn in dieser Schreibweise (ähnlich stellten wir in Versuch 18 Methan aus dem Salz der Essigsäure her). Ein Wasserstoffatom des C_6H_6-Moleküls sollte also in der Benzoesäure durch eine COOH-Gruppe ersetzt sein. Ähnlich schrieb er dem Toluol, dessen Summenformel C_7H_8 lautet, die Formel C_6H_5–CH_3 zu und dem Xylol statt C_8H_{10} das aussagekräftigere H_3C–C_6H_4–CH_3. Toluol war also gleich Methylbenzol und Xylol gleich Dimethylbenzol.

Es fiel ihm auf, dass es nur ein einziges Toluol gab, aber drei verschiedene Isomere von Xylol. Ähnlich gab es nur ein einziges Brombenzol mit der Formel C_6H_5Br, aber drei isomere Dibrombenzole mit der Formel Br–C_6H_4–Br. Und wieder ähnlich gab es nur *ein* Phenol mit der Formel C_6H_5–OH, aber *drei* Methylphenole („Kresole“) H_3C–C_6H_4–OH. Das konnte kein Zufall sein. Ganz ohne Zweifel steckte hinter dieser Gesetzmäßigkeit ein Hinweis auf die

[90] Wegen seines angenehmen Geruchs zählte man damals das Benzol zu den „aromatischen“ Verbindungen. Das Wort hat einen tiefgehenden Bedeutungswandel erfahren: heute nennt der Chemiker alle Verbindungen, die Benzolabkömmlinge sind, „Aromaten“, ganz unabhängig von ihrem Geruch, der auch sehr übel sein kann.

richtige Strukturformel des Benzols. Aus der Tatsache, dass es immer nur *ein* Isomeres mit *einem* Substituenten gab, konnte er noch schließen, dass alle sechs Kohlenstoffatome gleichwertig sein mussten. Aber sonst?

Die Frage, wie die Strukturformel des Benzols aussehen könnte, war damit nicht gelöst. Sie beschäftigte ihn bis in seine Träume.

Kekulé träumt wieder

Kekulé hat bei einem Festakt zum fünfundzwanzigjährigen Jubiläum der Benzolformel freimütig erzählt, wie er auf die richtige Lösung kam. Er war nach einem arbeitsreichen Tag vor dem gemütlich prasselnden Kaminfeuer seiner Wohnung in Gent eingenickt. Im Traum erschienen ihm wieder Atome, die sich zu Ketten vereinigt hatten. Schlangengleich wanden und drehten sich die Moleküle vor seinem inneren Auge, und da – da beobachtete er eine Molekülschlange, die sich in den eigenen Schwanz biss und dann wie ein Rad rotierte. Kurz danach wachte er auf. Den Rest der Nacht verbrachte er damit, dass er Ringformeln für das Benzolmolekül aufstellte und auf ihre Verträglichkeit mit den experimentellen Befunden prüfte.

Als Ergebnis stellte er der staunenden Fachwelt eine Ringformel vor, in der sich jeweils drei Doppelbindungen mit drei Einfachbindungen abwechseln:

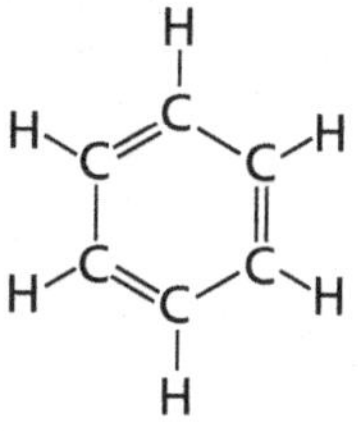

Es leuchtet ein, dass in diesem Molekül alle sechs Kohlenstoffatome gleichwertig sind, dass es folglich nur *eine* Verbindung des Typs C_6H_5X geben kann, wohl aber drei verschiedene Verbindungen des Typs $C_6H_4X_2$, nämlich:

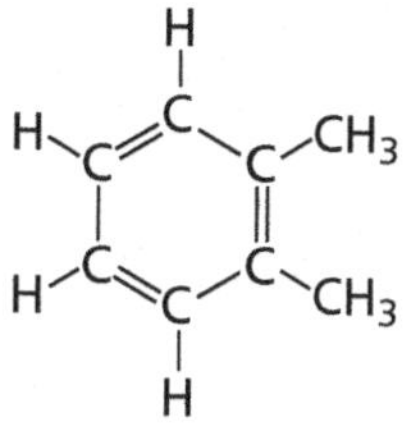

1,2-Dimethylbenzol „*ortho*-Xylol"

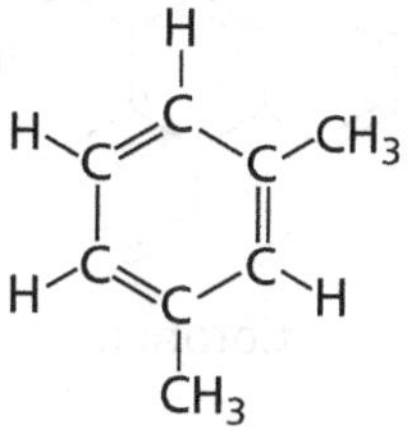

1,3-Dimethylbenzol „*meta*-Xylol"

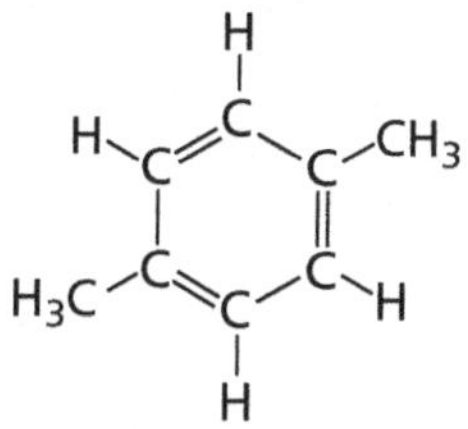

1,4-Dimethylbenzol „*para*-Xylol"

abgekürzt auch *o*-Xylol, *m*-Xylol und *p*-Xylol geschrieben. Jetzt konnte er vorhersagen, dass es drei isomere Verbindungen $C_6H_3X_3$ geben muss und zwar am Beispiel des Trimethylbenzols erläutert:

1,2,3-Trimethylbenzol „vicinales"[91]	1,2,4-Trimethylbenzol „asymmetrisches"	1,3,5-Trimethylbenzol „symmetrisches"

In den folgenden Jahren wurden immer mehr neue Benzolderivate hergestellt und alte geprüft. Nie ergab sich eine Abweichung von diesen Gesetzmäßigkeiten. Und bald erkannten die Zeitgenossen Kekulés, dass seine Benzolformel auch unentbehrlich war, wenn sie das chemische Benehmen anderer aromatischer Verbindungen wie Naphthalin, Anthracen, Phenanthren und Coronen verstehen wollten (Abb. 6.1).

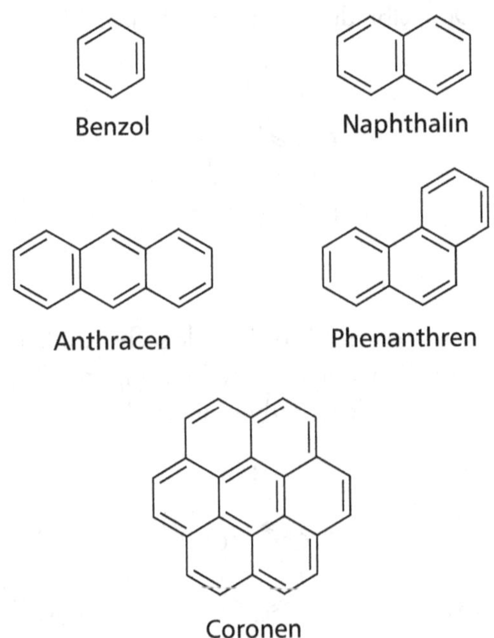

Abb. 6.1 Formeln von Aromaten

[91] Von lateinisch: vicinus = Nachbar

Durch Einwände zur Vollkommenheit

Dennoch haben seine Zeitgenossen die Benzolformel keineswegs unbesehen angenommen. Die Fachwelt hatte triftige Einwände. Zwei davon wollen wir genauer ansehen.

So bemängelte sein ehemaliger Schüler Ladenburg[92] 1879, dass es eigentlich zwei isomere *o*-Xylole geben müsste, nämlich:

Struktur I

und

Struktur II

Weil man aber immer nur eines gefunden hatte, konnte nach seiner Meinung die Benzolformel Kekulés nicht richtig sein.

Kekulé erinnerte sich wahrscheinlich an die rotierende Schlange seines Traums, als er entgegnete, die Doppelbindungen des Benzols befänden sich im Zustand der dauernden Oszillation und deshalb seien die beiden Formeln I und II in Wahrheit nur eine einzige.

Er erlebte nicht mehr den Triumph, seine kühne Hypothese experimentell bestätigt zu sehen. Das gelang Levine und Cole 1932 dadurch, dass sie *o*-Xylol mit Ozon (jener berüchtigten Verbindung O_3, die auf Erden zu viel und hoch über dem Südpol zeitweise zu wenig vorkommt) oxidierten. Dabei werden die C=C-Doppelbindungen geknackt und die Bindungsarme der beteiligten Kohlenstoffatome durch Sauerstoffatome abgesättigt:

$$C{=}C \longrightarrow C{=}O + O{=}C$$

[92] Albert Ladenburg, 1842–1911.

Hätte das *o*-Xylol die Struktur I, so wären folgende zwei Reaktionsprodukte zu erwarten:

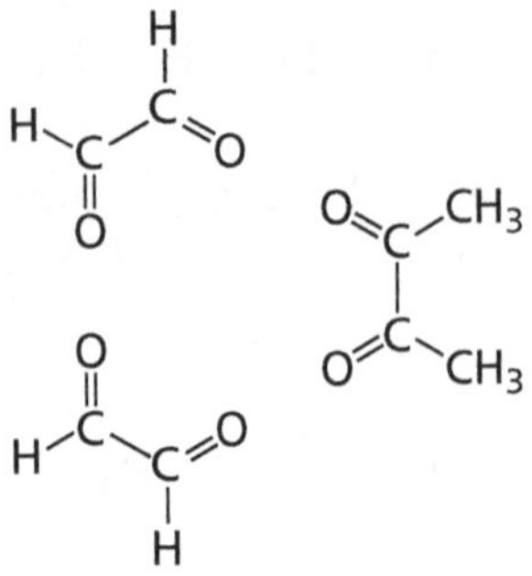

Aus der Strukturformel II dagegen die beiden Reaktionsprodukte

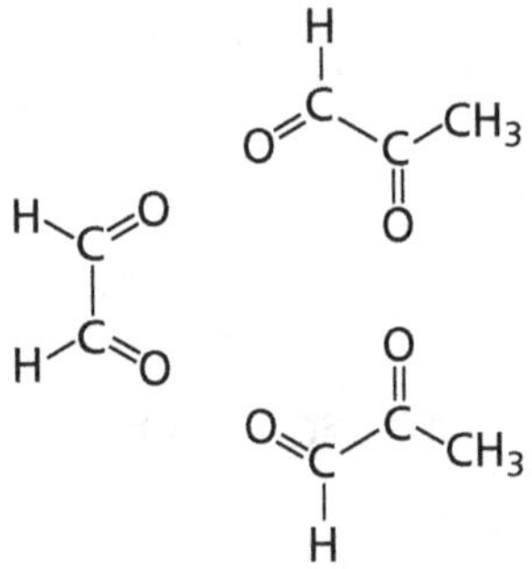

Levine und Cole fanden aber alle drei Reaktionsprodukte! Das ist nur zu erklären, wenn das *o*-Xylol wegen der Oszillation der Doppelbindungen sich so benimmt, als ob es aus einer 50:50-Mischung von Strukturformel I und II bestünde. Der Engländer J. Wibaut wies schließlich 1941 nach, dass bei der Ozonisierung sogar die zu erwartenden Mengenverhältnisse genau eintreten.

Heute wissen wir, wie nahe Kekulé der Wahrheit kam, denn die beiden Formeln für den Benzolring sind nichts anderes als zwei mesomere Formen, welche die ungewöhnliche Beweglichkeit der ($3 \times 2 =$) sechs delokalisierten π-Elektronen sichtbar machen. Im Klartext: Weder die eine, noch die andere Form ist allein richtig, sondern der wahre Zustand des Benzolmoleküls liegt genau dazwischen. Sozusagen gibt es zwischen den sechs Kohlenstoffatomen des Benzolrings weder Einfach- noch Doppelbindungen, sondern ausschließlich Eineinhalbfachbindungen, bildlich auch darstellbar mit drei Elektronen zwischen jedem Kohlenstoffatom und seinem Nachbarn oder einem Kreis im Sechseck der C-Atome:

Dafür haben uns inzwischen die Kollegen aus der Physik mit ihren Röntgenstrahl-Beugungs-Experimenten einen anschaulichen Beweis geliefert, denn die C–C-Abstände im Sechseck des Benzolrings sind alle gleich (139 pm[93]), und zwar kürzer als die C–C-Abstände in einer aliphatischen C–C-Einfachbindung (154 pm), aber länger als die C–C-Abstände in einer olefinischen C=C-Doppelbindung (135 pm).

Stichhaltiger war der Einwand von Kekulés Zeitgenossen, dass eine Verbindung mit drei C=C-Doppelbindungen unbedingt Olefincharakter zeigen müsste. Tatsächlich erklärt die Kekulé-Formel nicht, warum Reaktionen wie die Hydrierung und die Bromaddition nur unter atypisch harten Bedingungen stattfinden und das Benzol mit Kaliumpermanganat überhaupt nicht reagiert – das konnten erst die Quantenmechaniker mehrere Jahrzehnte später verstehen. Es gab daher zahlreiche Verbesserungsvorschläge, bei denen die Doppelbindungen zugunsten von zentral gerichteten Einfachbindungen verschwanden, zum Beispiel:

Der Wahrheit am nächsten kam 1899 Thiele[94] mit seinen „Restvalenzen“, mit denen er das rätselhafte Verhalten des Butadiens gegenüber Brom erklären konnte.

Er nahm nämlich an, jede C=C-Doppelbindung habe an jedem Kohlenstoffatom noch eine (gestrichelt gezeichnete) „Restvalenz“ frei:

Benachbarte Restvalenzen sollten sich gegenseitig absättigen können. Am Beispiel des Butadiens dargestellt, bleiben dann zwei Restvalenzen am Koh-

[93] 1 pm (gesprochen: Picometer) = 1 Billionstel Meter = 1 Milliardstel Millimeter, ausgeschrieben 0,000 000 001 mm.

[94] J. Thiele, 1865–1918, Professor in München und Straßburg.

lenstoffatom 1 und 4 übrig, während sich in der Molekülmitte zwischen den Kohlenstoffatomen 2 und 3 eine Doppelbindung anbahnt:

$$H_2C{=}CH{-}CH{=}CH_2$$

Damit konnte Thiele die erstaunliche Beobachtung erklären, dass ein Molekül Brom an die endständigen Kohlenstoffatome 1 und 4 addiert wird, während sich zwischen den mittleren Kohlenstoffatomen eine C=C-Doppelbindung ausbildet („1,4-Addition“ vgl. auch die Kautschukherstellung auf S. 130!):

$$H_2C{=}CH{-}CH{=}CH_2 + Br{-}Br \longrightarrow Br{-}H_2C{-}CH{=}CH{-}CH_2{-}Br$$

Auf die drei Doppelbindungen des Benzolrings übertragen, sättigen sich die Restvalenzen gegenseitig ab, so dass ein Brommolekül sozusagen keinen Angriffspunkt mehr findet:

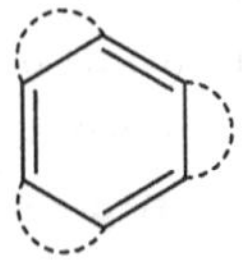

Damit war die Reaktionsträgheit des Benzols erklärt. Aber nicht alle folgten seiner Theorie. Die Entscheidung brachte wieder ein Laborbefund.

Wenn Thiele recht haben sollte, musste das benzolähnlich gebaute Cyclooctatetraen[95] mit seinen vier Doppelbindungen ähnlich stabil sein:

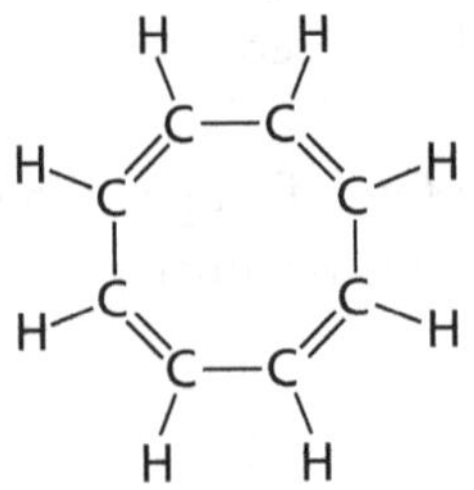

[95] Cyclo = Ring, Kreis; octa = acht (Kohlenstoffatome); tetra = vier; en = Doppelbindungen. Ein Kauderwelsch aus Latein, Griechisch und chemischem Fachchinesisch. Denken Sie an die zyklische Wiederkehr, an Oktett und Oktave, Tetraeder und Tetrapak, und ganz zuletzt an Ethyl*en*, die einfachste Verbindung mit einer Doppelbindung. Nach dieser Nomenklatur ist Benzol formal = „Cyclohexatrien“.

Willstätter[96] stellte diese Verbindung 1913 in einem mühsamen mehrstufigen Verfahren her (Reppe kam mit seiner eleganten Synthese aus vier Molekülen Acetylen einige Jahrzehnte später, s. S. 155). Alle waren gespannt und viele wurden enttäuscht: das Cyclooctatetraen war derart unbeständig, dass Willstätter es gar nicht so vollständig untersuchen konnte, wie er gern gewollt hätte. Es muss für Thiele eine böse Überraschung gewesen sein. Wieder war ein Versuch, die Reaktionsträgheit des Benzols zu erklären, kläglich misslungen.

Berg- und Talbahn für π-Elektronen

Heute wissen wir, dass das Cyclooctatetraen im Gegensatz zum Benzol keinen ebenen, sondern einen gezackten Ring aufweist. Es leuchtet uns ein, dass die leichtfüßigen π-Elektronen sich auf einer Berg- und Talbahn nicht so einfach bewegen können wie in einer ebenen Ringstrecke. Sie sind also *nicht* delokalisiert, sondern ortsgebunden und das heißt, dass wir *nicht* zwei gleichberechtigte mesomere Formen anschreiben dürfen wie beim Benzol. Grundsätzlich gilt immer: je mehr sinnvolle mesomere Formen wir anschreiben können, desto energieärmer – und das heißt stabiler – ist die Verbindung. Deshalb bleibt das Cyclooctatetraen energiereich (das heißt gleichzeitig: reaktionsfähig) und das Benzol ist stabil, energiearm und reaktionsträge[97]. Man sagt auch von solchen Verbindungen mit mehreren mesomeren Formen, dass sie durch „Resonanz" stabilisiert seien. Wir, die wir schlichte und anschauliche Vergleiche lieben, stellen uns bei diesem Wort einen hin- und herschwingenden Resonanzkörper vor, der die Schwingungen der Saiten (= π-Elektronen) gutmütig mitmacht und dadurch den Ton stabilisiert.

Klar, dass Kekulé mit dem theoretischen Rüstzeug seiner Zeit die richtige Antwort schuldig bleiben musste. Immerhin – er kam mit seinen beiden „oszillierenden" Formen intuitiv der Wahrheit traumhaft nahe.

Die Additionsreaktionen des Benzols

Sehen wir uns nun einige dieser nur unter stressigen Bedingungen verlaufenden Additionsreaktionen an!

[96] Richard Willstätter, geb. 1872 in Karlsruhe, lehrte in Berlin, Zürich und München. Er wurde wegen seiner jüdischen Abstammung trotz germanischen Aussehens, Nobelpreis (1915) und Kriegsauszeichnungen von den Nationalsozialisten vertrieben. Unter anderem synthetisierte er Lecithin und Kokain, arbeitete über Chlorophyll (Blattgrün) und Carotin, über Alkaloide und Enzyme. Gestorben 1942. Höchst lesenswerte Memoiren („Mein Leben").

[97] Siehe S. 77 in diesem Buch.

Die Hydrierung zum Beispiel erfordert im Gegensatz zum Verhalten der Olefine einen hochaktiven Nickelkatalysator und erhöhte Temperatur; sie ist technisch interessant, weil sie Cyclohexan ergibt, das Hauptausgangsmaterial für Perlon und Nylon, die wichtigsten Polyamide:

$$\text{Benzol (H–C Ring)} + 3\,H_2 \longrightarrow \text{Cyclohexan } (H_2C)_6$$

Oder die Bromierung: Nur wenn man reine Ausgangsverbindungen unter der Einwirkung des Sonnenlichts und ohne jeden Katalysator einsetzt, erhält man das Hexabromcyclohexan[98], während Olefine schon mit Bromwasser im Dunkeln reagieren:

$$C{=}C + Br_2 \longrightarrow Br{-}C{-}C{-}Br$$

... und die Substitutionsreaktionen

Verwendet der Chemiker stattdessen „technisch reines“ Brom, das immer eine Spur Eisenbromid enthält, so wirkt dieses als Katalysator und die Reaktion läuft ganz anders als erwartet:

$$\text{Benzol} + Br_2 \longrightarrow \text{Brombenzol } (C{-}Br) + HBr$$

im Klartext: eines der Wasserstoffatome wird dem Benzolring untreu und wirft sich als Proton dem Bromid-Ion an den Hals; das andere Bromatom tröstet an seiner Stelle den zurückgebliebenen Benzol- oder „Phenylrest“, es ersetzt also ein Wasserstoffatom. Der Chemiker nennt diese Ersatzreaktion „Substitution“ (S. 115). Hartnäckigen Chemiestudenten gelingt diese Sub-

---

[98] Die analoge Chlorverbindung, das Hexachlorcyclohexan oder HCH ist ein hochwirksames, für den Menschen ziemlich ungiftiges Insektizid („Lindan“). Da es dazu neigt, sich in Nahrungsketten anzureichern, ist seine Anwendung in vielen Ländern eingeschränkt oder verboten. Anscheinend ist es dennoch für die Bekämpfung der von Stechmücken übertragenen Malaria unentbehrlich.

stitution mehrfach, wobei sie hauptsächlich *o*- und *p*-Dibrombenzol erhalten, und nur ganz wenig *m*-Dibrombenzol. Der Grund für diese einseitige Bevorzugung der *o*- und *p*-Stellung war lange Zeit unklar; uns wird er sich gegen Ende dieses Kapitels fast von selbst erschließen.

Salpetersäure lässt sich leicht an Olefine addieren, wobei sich das Proton an die eine und der Nitratrest an die andere Seite der Doppelbindung anlagert:

$$H_2C{=}CH_2 + H{-}ONO_2 \longrightarrow H_3C{-}CH_2{-}ONO_2$$

Im Falle des Ethylens entsteht also der Salpetersäureester des Ethylalkohols. Mit Benzol verläuft die Reaktion ganz anders: unter Substitution und Wasserabspaltung entsteht „Nitrobenzol“:

$$C_6H_6 + HO{-}NO_2 \longrightarrow C_6H_5NO_2 + HOH$$

Auch das Toluol lässt sich so „nitrieren“. Wenn die Chemiker die Reaktion unter hinreichend harten Bedingungen durchführen, erhalten sie aus Benzol zuerst *m*-Dinitrobenzol und dann das *sym*-Trinitrobenzol (erstaunlicherweise fast keines der anderen Isomeren),

$$C_6H_3(NO_2)_3$$

aus Toluol das ähnlich gebaute *o,o,p*-Trinitrotoluol, einen detonationsstarken Sprengstoff [99]. Er wurde erst dann über die Presse richtig bekannt, als die Amerikaner die Sprengkraft ihrer Atombomben mit „TNT“ verglichen[100] – auch hier ist das Isomere mit den Nitrogruppen in Meta-Stellung das Haupt-Reaktionsprodukt:

---

[99] Ähnlich wie beim „Niroglycerin“ (das aber keine echte Nitroverbindung ist) entstehen beim exothermen Zerfall des TNT nur Gase (s. S. 119).

[100] Die Hiroshima-Bombe hatte eine Sprengkraft von 15 000 t Trinitrotoluol.

Aus Nitrobenzol gewinnen die Industriechemiker das Anilin, am elegantesten durch katalytische Hydrierung. Hier wird die Reaktionsträgheit des Benzolrings zur Tugend, denn der Wasserstoff lässt ihn völlig unangetastet und reduziert lieber die N=O-Doppelbindungen der Nitrogruppe bis zur Aminogruppe:

$$C_6H_5NO_2 + 3\,H_2 \longrightarrow C_6H_5NH_2 + 2\,H_2O$$

Von den Azofarbstoffen ...

Das Anilin – eigentlich müsste es Aminobenzol oder Phenylamin heißen – ist ein wichtiger Rohstoff für die Chemiker in der Farbenabteilung. Im allereinfachsten Fall setzen sie es bei Eistemperatur mit Salpetriger Säure um und „kuppeln" das entstandene „Diazoniumsalz" mit einem anderen Abkömmling des Benzols. Wir lassen der Einfachheit halber die Zwischenstufe des Diazoniumsalzes und alle unnötigen Substituenten weg, um uns klarzumachen, was bei der „Diazotierung"[101] eigentlich passiert und warum ein Farbstoff entsteht:

$$C_6H_5\text{-}NH_2 + ONOH \longrightarrow C_6H_5\text{-}N{=}N\text{-}OH + 2\,H_2O$$

Anilin + salpetrige Säure ⟶ Phenyldiazohydroxid

[101] Di = zwei und azote (französisch) = Stickstoff. An einen Aromatenkern werden zwei Stickstoffatome angefügt.

Dieses Phenyldiazohydroxid kuppelt zum Beispiel mit einem weiteren Mol Anilin und es entsteht das gelb gefärbte *p*-Aminoazobenzol[102]:

$$C_6H_5{-}N{=}N{-}OH + C_6H_5{-}NH_2 \longrightarrow C_6H_5{-}N{=}N{-}C_6H_4{-}NH_2$$

Phenyldiazohydroxid + Anilin ⟶ *p*-Aminoazobenzol

Warum ist es farbig? Wir erinnern uns an die konjugierten Doppelbindungen im Carotin und Vitamin A, die wir etwas salopp als Rennbahnen für π-Elektronen bezeichnet haben und finden sie hier wieder, wobei diese offensichtlich über die zentral gelegene farbverstärkende N=N-Doppelbindung hinweggaloppieren[103], denn die vergleichbare Verbindung mit C=C-Doppelbindung, ein Ethylenderivat, ist kein Farbstoff. Umgekehrt ist die zwischen zwei Aromaten eingeschlossene N=N-Doppelbindung typisch für alle „Azofarbstoffe“. Besonders aromatische Phenole und Amine dienen als Kupplungskomponenten, Anilin und die Naphthylamine als Kandidaten für die Diazotierung.

Naphthalin α-Naphthylamin (NH_2) β-Naphthylamin (NH_2)

Geschickte Farbstoffchemiker bauen noch Gruppen ein, welche die Löslichkeit in Wasser erhöhen, insbesondere Sulfonsäuregruppen. Wie?

... über Sulfonsäuren ...

Sie setzen dazu Benzol oder einen anderen Aromaten mit konzentrierter Schwefelsäure oder gar „Oleum“, einer Lösung von SO_3 in Schwefelsäure um. Wieder verweigern die Doppelbindungen des Aromaten ihren Dienst: im Gegensatz zu ihren olefinischen Kollegen lagern sie keine Schwefelsäure an, sondern spalten Wasser ab, ganz ähnlich wie bei der Nitrierung:

$$C_6H_6 + HO{-}SO_2{-}OH \longrightarrow C_6H_5{-}SO_2{-}OH + H_2O$$

[102] Jetzt „*Azo*benzol“, weil die beiden Stickstoffatome gedanklich auf zwei Aromatenkerne verteilt werden, auf jeden Benzolring also nur noch ein „*azote*“ (Stickstoffatom) kommt.

[103] Wir vergleichen hier noch einmal mit dem Farbstoff Indigo, der uns auf S. 18 beschäftigte und erkennen, dass auch bei ihm die π-Elektronen auf „Rennbahnen“ aus konjugierten Doppelbindungen über farbverstärkende N-Atome „hinweggaloppieren“ können.

Es entstehen die aromatischen Sulfonsäuren mit der funktionellen Gruppe $-SO_3H$.

... zu den Sulfonamiden

Wir haben jetzt das Rüstzeug, um einen echten Azofarbstoff , das „Prontosil“ auf das Papier zu malen:

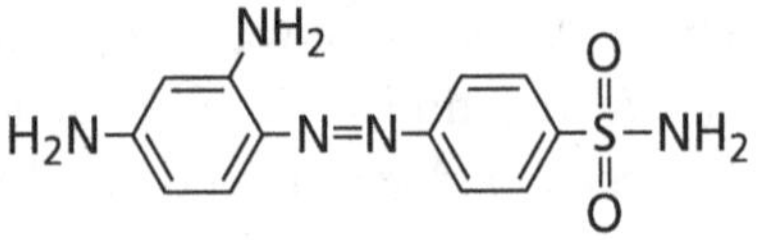

In seinem Molekül ist die OH-Gruppe des Sulfonsäurerests durch eine NH_2-Gruppe ersetzt. (Nur für Neugierige und Unersättliche: Dies erreicht man zum Beispiel, wenn man als sulfonierende Substanz $Cl–SO_2–Cl$ einsetzt und das so hergestellte Benzolsulfonsäurechlorid mit der Formel $C_6H_5–SO_2–Cl$ anschließend mit Ammoniak reagieren lässt.) Solche Verbindungen nennen die Chemiker „Sulfonamide“. Die Pharmazeuten bekommen leuchtende Augen, wenn sie dieses Wort hören.

Ein Farbstoff als Arzneimittel

Das Prontosil wurde bereits Anfang der dreißiger Jahre hergestellt, war als roter Farbstoff nicht besonders gut geeignet, haftete aber verblüffend gut auf Wolle. Wolle ist nichts anderes als ein Protein (Eiweiß), sagte sich ein schlauer Kopf bei den Farbenfabriken Bayer, und Bakterien bestehen zum Teil ebenfalls aus Eiweißverbindungen. So kam er auf die Idee, diesen Azofarbstoff mit der Sulfonamidgruppe als Arzneimittel zu testen.

Das Ergebnis war eine Sensation: er vernichtete im Körper von Versuchstieren Streptokokken und Staphylokokken, also höchst gefährliche Krankheitserreger, gegen die bis dahin buchstäblich kein Kraut gewachsen war. Dagegen wirkte die Substanz im *Labor* gegen Kokkenkulturen überhaupt nicht. Das war sehr merkwürdig, hinderte aber die Farbenfabriken Bayer nicht daran, den Stoff 1932 zum Patent anzumelden. Schon 1933 rettete ein deutscher Arzt namens Gerhard Domagk mit diesem brandneuen, am Menschen noch nicht erprobten Medikament das Leben eines an Sepsis erkrankten Mädchens (seiner Tochter!). Das blieb weitgehend unbemerkt, und erst als er[104] 1934

[104] Gerhard Domagk, 1895–1964, Direktor der Farbenfabriken Bayer, Professor in Münster; Nobelpreis für Medizin 1939.

die Ergebnisse seiner Tierversuche veröffentlichte, wurde die Fachwelt hellhörig ...

Französische Forscher entdeckten im folgenden Jahr, dass das Prontosil im menschlichen oder tierischen Gewebe zu *p*-Aminobenzolsulfonamid

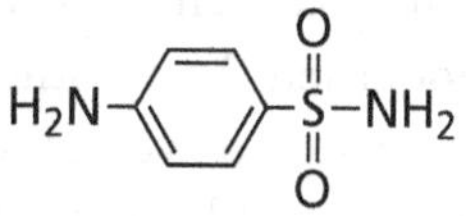

abgebaut wird und dass dieser seit 1908 bekannte Stoff die eigentlich wirksame Arznei war. Prontosil selbst war dagegen völlig unwirksam, wenn es ungespalten die Kokken bekämpfen sollte. Ein „Aha"-Ergebnis! Denn jetzt war es klar, warum es im Laborversuch gegen Streptokokken-Kulturen völlig wirkungslos blieb, beim Menschen oder Versuchstier dagegen seine segensreiche Wirkung entfalten konnte.

Die Forscher stürzten sich auf diese neue Erkenntnis, vor allem auch, weil das *p*-Aminobenzolsulfonamid auf Grund seiner fast zwei Jahrzehnte zurückliegenden Entdeckung jetzt (1935) nicht mehr durch Patente geschützt werden konnte. Bis 1940 synthetisierten und erprobten sie nicht weniger als 1000 „Sulfonamide", fanden aber nur ein gutes halbes Dutzend, das der Grundsubstanz überlegen war. Alle diese Verbindungen sind an einem der Wasserstoffatome der SO_2–NH_2-Gruppe verändert (substituiert). Nachfolgend zwei der wirksamen Substanzen:

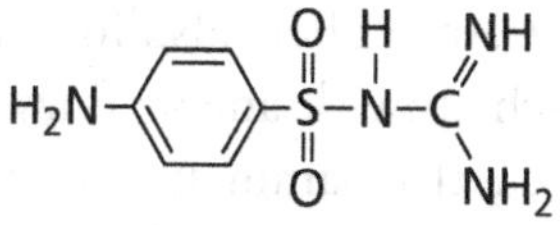

Sulfaguanidin

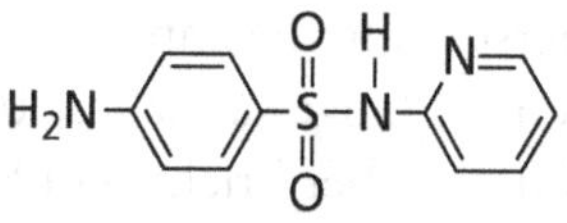

Sulfapyridin

Schlechte Presse für Lebensretter

Sulfonamide haben heute ähnlich wie die „Antibiotika" bei vielen Anhängern des Zeitgeists eine schlechte Presse. Sie schadeten mehr als sie nützten, und die „alternative" oder „sanfte" Medizin sei allemal besser, so lautet eine viel gehörte und gern geglaubte Meinung. Wie töricht solches Gerede ist, erkennen wir bei einem Blick auf die Statistik. Vor der Entdeckung der Sulfonamide und Antibiotika starben an Hirnhautentzündung 90–100 % der Erkrankten, danach weniger als 10 %. Eine Lungenentzündung war früher für 30–50 % der Patienten tödlich, heute dank Sulfonamiden für 5–10 von hundert. Das alles den so gefürchteten Nebenwirkungen zum Trotz.

Angesichts solcher Zahlen zeugt es von ideologisch beschränkter Weltsicht, wenn Anhänger der „Naturmedizin" die Nachteile dieser chemischen Therapien systematisch hochspielen und die Erfolge verniedlichen oder gar abstreiten. Selbst die Entstehung resistenter Krankheitserreger, die gern ins Feld geführt wird, um die modernen Antibiotika zu verteufeln, ist nicht so gefährlich und so häufig, wie uns gern weisgemacht wird: Schließlich sind gerade die Sulfonamide schon über 70 Jahre im Gebrauch und immer noch in den allermeisten Fällen wirksam.

Warum die Sulfonamide wirken

Natürlich gibt es verschiedene Theorien, aber die wahrscheinlichste besagt, dass die Bakterien solche Moleküle von selbsthergestellten Stoffwechselprodukten nicht unterscheiden können. Sie brauchen zum Beispiel für die Herstellung ihrer wichtigsten Enzyme[105] *para*-Aminobenzoesäure:

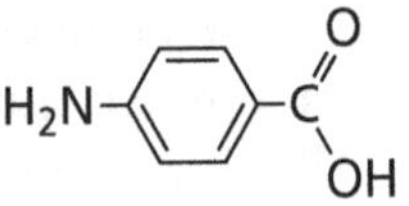

Wird nun dem Bakterium ein Sulfonamid angeboten, so verzichtet es auf selbsterzeugte *p*-Aminobenzoesäure und benutzt stattdessen ahnungslos für die Enzymherstellung die ähnlich gebaute *p*-Aminobenzolsulfonsäure. Es erhält natürlich ein abgewandeltes, biologisch unwirksames „Enzym". Ohne wirksames Enzym aber bricht sein Stoffwechsel zusammen. Die Ähnlichkeit zwischen beiden Molekülen führt also das Bakterium tödlich in die Irre.

Ähnlich steht es wohl mit der *p*-Aminosalicylsäure, die gegen Tuberkulose hilft:

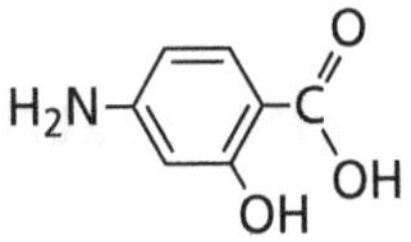

und die lange Zeit das einzige wirksame Medikament gegen diese furchtbare Krankheit war. Die Ärzte mussten „PAS" allerdings in so hohen Dosen verabreichen, dass sie sehr glücklich waren, als die Pharmazeuten aktivere Substanzen entdeckten.

---

[105] Enzyme sind Biokatalysatoren.

Die *p*-Aminosalicylsäure ist ihrerseits ein Abkömmling der Salicylsäure:

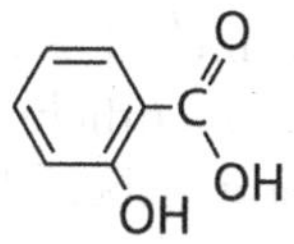

und die ist, zusammen mit ihrem Verwandten, dem Salicylalkohol und dessen Verbindungen ...

... eines der ältesten Arzneimittel der Menschheit

Der berühmte griechische Arzt Hippokrates verordnete schon vor 2400 Jahren Weiden- oder Pappelrinde gegen rheumatische Beschwerden. Sein Rezept erfuhr im 19. Jahrhundert eine glanzvolle Rechtfertigung, als der Italiener Piria 1838 aus der Rinde der Salweide (Salix caprea L.) Salicylsäure gewann und die Mediziner nach und nach deren entzündungshemmende, fiebersenkende und schmerzstillende Wirkung erkannten[106].

Die Wirksamkeit dieser ehrwürdigen Arznei war allerdings schon immer begrenzt, weil es schwierig war, den Kranken ausreichende Mengen in verträglicher Form zu verabreichen. Wer isst schon gern gemahlene Baumrinde oder trinkt den daraus gebrühten Tee in großen Mengen? Und wie steht es mit der Bekömmlichkeit solcher Speisen und Getränke? Vermutlich schlecht. Geradezu beispielhaft zeigt uns die Salicylsäure die Schwächen und Probleme der „Phytomedizin".

Heilpflanzen aus chemischer Sicht

Diese uralte, wahrscheinlich schon in der Steinzeit praktizierte Heilmethode, die den Kranken mit „Heilpflanzen" helfen will, steht neuerdings wieder in höchstem Ansehen. Allerlei Säfte, Blüten, Blätter, Wurzeln und die Aufgüsse daraus gelten als sicher wirksam, dabei garantiert unschädlich und frei von allen Nebenwirkungen, während Präparate mit chemisch reinen Wirkstoffen Misstrauen auslösen, weil sie im bedenklichen Rufe stehen, mehr zu schaden als sie nützen. Auf den ersten Blick scheint das zu stimmen, denn

---

[106] In der Rinde von Weiden und Pappeln kommt genau genommen keine Salicylsäure vor, sehr wohl aber das Salicin, eine Verbindung des Salicylalkohols mit Traubenzucker.
Piria, der Entdecker der Salicylsäure, zerstörte das Salicinmolekül und oxidierte den Alkohol zur Säure. Salicin und Salicylalkohol wirken als Arzneimittel ähnlich wie Salicylsäure.

vor den Nebenwirkungen der Tabletten warnen ellenlange Angst einflößende Beipackzettel, während es von den „natürlichen“ Heilmitteln meist lapidar heißt, Nebenwirkungen seien nicht bekannt. Das heißt aber auch meistens: nicht erforscht oder nicht veröffentlicht.

Dabei ist es uns, die wir gelernt haben, hinter allen Erscheinungen des täglichen Lebens das Wirken der Moleküle zu sehen, völlig klar, dass auch Naturheilmittel, soweit sie diese Bezeichnung verdienen, immer ihre Wirksamkeit bestimmten chemischen Substanzen verdanken, die in ihnen enthalten sind. Leider enthalten sie darüber hinaus andere chemische Verbindungen, oft in großer Zahl, die meist gar nicht erforscht, keineswegs frei von Nebenwirkungen und manchmal giftig oder gar krebserregend sind. Der Gehalt der Heilpflanze an wirksamer Substanz schwankt je nach Standort, Reifegrad, Erntezeit, Dauer und Art der Lagerung; die richtige Dosierung ist entsprechend schwierig und oft unmöglich, vor allem, wenn eine höhere Menge erforderlich ist. Eben weil die angewandten Konzentrationen häufig nicht ausreichen, werden auch keine Nebenwirkungen verspürt. Mit den Nebenwirkungen bleibt aber nicht selten auch die klinisch nachweisbare Wirkung aus, und wenn der Kranke dennoch eine Besserung verspürt, so verdankt er dies einer Art Autosuggestion, die auch mit einem Placebo[107] zu erzielen ist.

Aus all diesen Gründen ist es immer ein Riesenfortschritt, wenn es gelingt, die wirksame Substanz einer Arzneipflanze zu erkennen, zu isolieren und rein darzustellen, sei es nun aus dem Heilkraut selbst oder ausschließlich im Labor auf chemischem Wege. Selbstverständlich macht das für die Wirkung überhaupt keinen Unterschied. Ab jetzt nimmt der Kranke nur *eine* Verbindung zu sich und nicht ein unkontrollierbares Gemenge. Nebenwirkungen sind nur von dieser *einen* Verbindung zu erwarten und nicht mehr von all ihren Begleitern. Und schließlich ist die genaue Dosierung in ausreichender Menge viel einfacher als bisher.

Es ist also kein Nachteil, sondern ein Vorteil für den Patienten, wenn der Arzt statt eines Kräutertees Tabletten oder Kapseln verschreibt. Um zu unserem Beispiel zurückzukehren: wenn er Salicylsäure verordnet statt eines Tees oder Breis aus gemahlener Weidenrinde.

Das taten auch die Ärzte des 19. Jahrhunderts, obwohl die meisten ihrer Kranken die Salicylsäure ziemlich schlecht vertrugen. Sie verursacht nämlich unangenehme Magenbeschwerden, bis hin zum Erbrechen, und auf lange

---

107 „Placebo“ (lat. „ich gefalle“) nennt man ein garantiert wirkungsloses Präparat, das dennoch, wenn es in der vom Patienten gewünschten Form gereicht wird, eine Besserung der Krankheitssymptome erzielt. Moderne Arzneimittel müssen einen Doppelblindtest bestehen, bei dem die Hälfte der Patienten ein gleich aussehendes Placebo einnimmt und auch der Arzt nicht weiß, ob er ein Placebo oder das Arzneimittel verabreicht.

Sicht entstehen sogar Magenblutungen. Warum das so ist, wollen wir uns anhand der Formel der Salicylsäure klarmachen.

Der zentrale Benzolkern des Moleküls trägt zwei funktionelle Gruppen: eine Carboxylgruppe und eine Hydroxylgruppe. Erstere macht die Verbindung zu einer Carbonsäure, wenn man so will, zu einem Abkömmling der Ameisensäure:

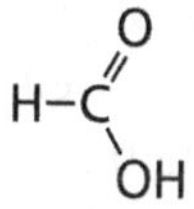

Ameisensäure 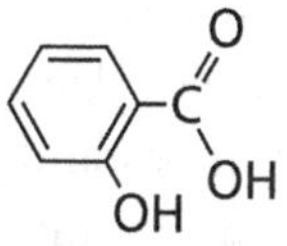 *o*-Hydroxy-phenylameisensäure = Salicylsäure

Letztere macht die Verbindung zu einem aromatischen Alkohol, einem Abkömmling des Phenols

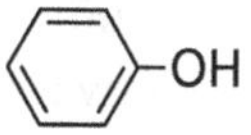

Während aber die alkoholische OH-Gruppe bei den Aliphaten keine saure oder alkalische Reaktion zeigt (s. Versuch 10), ist das Phenol eine schwache Säure, die teilweise in ein positiv geladenes Wasserstoffion und ein negativ geladenes „Phenolat"-Anion zerfällt:

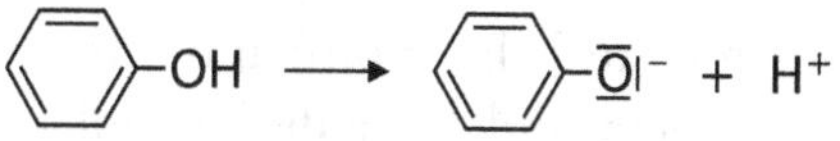

Warum tut uns das Phenol das an, während der Ethylalkohol oder das Methanol das offensichtlich nicht kann?

Der Grund ist der, dass wir für das Phenolat-Ion drei sinnvolle mesomere Formen anschreiben können, während das aliphatische Alkoholat-Ion sich mit einer einzigen begnügen muss:

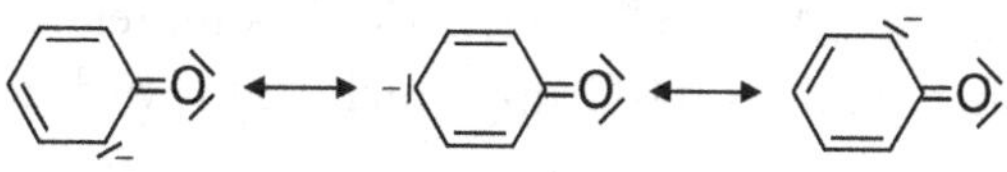

Die Antwort fordert natürlich eine neue Frage heraus: Warum kann der Benzolring dem Sauerstoffatom seine negative Ladung abnehmen, indem er ein Elektronenpaar „ansaugt"?

Das ermöglichen ihm wieder die π-Elektronen der benzolischen Doppelbindungen, die so beweglich sind, dass sie die negative Ladung des Phenolat-Ions am *o*- oder am *p*-Kohlenstoffatom des Rings ansiedeln können.

Wir wissen von anderen Elektronenschiebereien, dass mehr Mesomere mehr Stabilität bedeuten; das Phenolat-Ion ist also viel beständiger als das aliphatische Alkoholat-Ion (selbstverständlich liegt sein wahrer Zustand wie immer zwischen den drei Mesomeren). Das Phenolat-Ion bildet sich deshalb schon in wässriger Lösung, wenn das Phenol ein Wasserstoff-Ion abstößt; der aliphatische Alkohol hält dagegen sein Proton fest, weil das Alkoholat-Ion in wässriger Lösung unbeständig ist und sich deshalb an den Wasserstoff klammert, ähnlich wie ein Ertrinkender an den Rettungsring.

Im Salicylsäuremolekül gibt es also gleich *zwei* funktionelle Gruppen, die sauer wirken, nämlich die OH-Gruppe *und* die COOH-Gruppe[108], ferner den Benzolring, an den der Magen des Patienten auch nicht gerade gewöhnt ist. Kein Wunder, dass er rebelliert!

Vielseitig wirksam, aber nicht gut verträglich, heißt es also in dem Beipackzettel, den wir dem Arzneimittel Salicylsäure mitgeben müssen. Ja, wenn wir das Medikament verändern könnten, ohne seine Wirksamkeit zu beeinträchtigen! Aber ist das nicht so etwas wie die Hände waschen, ohne sie nass zu machen? Eine Quadratur des Kreises?

Aspirin – die magenfreundlich verkleidete Salicylsäure

Vor mehr als 100 Jahren löste Felix Hoffmann, ein junger Chemiker der Farbwerke Bayer, das Problem, indem er die phenolische OH-Gruppe der Salicylsäure mit Essigsäure[109] veresterte. Es entstand die nur noch schwach saure Acetylsalicylsäure:

COOH
O–C–CH$_3$
‖
O

die unter dem Namen „Aspirin®“[110] viel, viel bekannter ist. Diese Verbindung hat keine phenolische OH-Gruppe mehr und wird deshalb vom Ma-

---

108 Die beiden funktionellen Gruppen verstärken sich sogar gegenseitig in ihrer sauren Wirkung. Den Grund dafür erkennen wir auf S. 185 (Fußnote).

109 Genau genommen: mit Hilfe von Essigsäureanhydrid, s. S. 89.

110 In diesem Kunstwort steckt der lateinische Name des Spierstrauchs (Spiraea), der in allen seinen Organen Salicylsäure enthält. Das vorgeschaltete A erinnert an die Essigsäure, lateinisch Acidum Aceticum.

gen der Patienten sehr viel besser vertragen. Sie bleibt während ihres gesamten Aufenthalts im schwach salzsauren Magensaft stabil und zerfällt erst im Dünndarm, wo das Milieu schwach alkalisch ist, zu Essigsäure und Salicylsäure (s. Versuch 26). Hier kann nun der Wirkstoff ohne Beschwerden über die Darmzotten aufgenommen werden und mit Hilfe der Blutbahn zum Entzündungsherd gelangen. Aspirin® ist also nichts anderes als magenfreundlich eingekleidete Salicylsäure.

Das Aspirin ist nunmehr seit über einem Jahrhundert ein bewährtes, zuverlässig wirkendes Mittel. Die Menschheit hat inzwischen davon mehr eingenommen als an allen anderen Arzneien zusammen. Im Grunde ist es ein Naturstoff, aber chemisch verändert; erst dadurch wurde es so vielseitig einsetzbar. Die Mediziner entdecken immer noch weitere Tugenden dieser Substanz, so zum Beispiel, dass sie bei regelmäßiger Einnahme die Gerinnungsneigung des Blutes herabsetzt und deshalb vorbeugend gegen Schlaganfall und Herzinfarkt wirkt. Nach einer Studie der Universität von Wisconsin, die 1890 Diabetespatienten erfasste und sich über 14 Jahre erstreckte, vermindert regelmäßig eingenommenes Aspirin außerdem das Risiko von Amputationen bei Zuckerkrankheit. Inzwischen verdichten sich auch die Hinweise darauf, dass „ASS" (Acetylsalicylsäure) sogar den menschlichen Darm gegen Krebszellen schützt, wenn dieses Medikament über einen längeren Zeitraum in niedrigen Mengen verabreicht wird. Ganz offensichtlich ist es, wie die Frankfurter Allgemeine Zeitung am 20.11.2013 bewundernd schreibt, ein „Allroundtalent".

Die Chemiker stellen Aspirin aus Phenol, einem Nebenprodukt der Koksgewinnung her. Nach einem von Kolbe vor gut 140 Jahren entdeckten Verfahren wird das Natriumsalz des Phenols (Natriumphenolat) unter Druck mit Kohlendioxid umgesetzt. Erstaunlicherweise drängt sich dieses zwischen das Kohlenstoffatom in Orthostellung und sein Wasserstoffatom[111]:

ONa + O=C=O ⟶ ONa, C(=O)–OH

Wieder fällt uns auf, dass die anderen Isomeren nicht oder nur sehr untergeordnet entstehen.

Durch Ansäuern wird die Salicylsäure frei:

[111] Mit Benzol oder Nitrobenzol misslingt diese Reaktion vollständig. Offensichtlich wird sie erst durch die phenolische OH-Gruppe möglich. Warum, erkennen wir am Ende dieses Kapitels.

$$C_6H_4(ONa)COOH + HCl \longrightarrow C_6H_4(OH)COOH + NaCl$$

und kann nun mit Essigsäureanhydrid verestert werden:

$$C_6H_4(OH)COOH + (CH_3CO)_2O \longrightarrow C_6H_4(OCOCH_3)COOH + CH_3COOH$$

Unsere Laborausrüstung erlaubt uns nicht, die Synthese nachzuvollziehen. Wir wollen stattdessen den Weg umgekehrt beschreiten, uns Aspirin kaufen, zu Salicylsäure verseifen und aus dieser durch Abspaltung von Kohlendioxid Phenol gewinnen.

Versuch 26: Salicylsäure aus Aspirin

Wir zerdrücken eine Tablette (0,5 g gewöhnliches Aspirin, ohne Zusatz von Vitamin C u. dgl.) und kochen sie im Reagenzglas einige Minuten mit ca. 3 ml einer 10 %igen Natronlauge (Schutzbrille!). Es entsteht eine sämige, trübe Flüssigkeit, die wir nach dem vollständigen Abkühlen langsam und unter Umrühren in etwa 20 ml 1:5 verdünnte Salzsäure eingießen. Ein weißer Niederschlag von Salicylsäure fällt aus.

Wir filtrieren ihn ab und waschen ihn auf dem Filter zwei mal mit ganz wenig kaltem Wasser. Nun überführen wir ihn noch feucht in etwa 15 ml entmineralisiertes Wasser und erhitzen die Mischung bis zum Sieden. Dabei löst sich der Niederschlag auf. Falls noch eine geringfügige Trübe zurückbleibt, wird die Flüssigkeit siedend heiß filtriert.

Beim langsamen Abkühlen bilden sich prächtige Kristallnadeln von reiner Salicylsäure. Wir filtrieren sie ab, waschen noch einmal mit wenig kaltem entmineralisiertem Wasser und lassen sie auf dem Filterpapier trocknen.

Wir formulieren:

$$C_6H_4(OCOCH_3)COOH \xrightarrow[2.\ HCl]{1.\ NaOH} C_6H_4(OH)COOH + NaOCOCH_3$$

Dass Natriumacetat als Nebenprodukt entstand, erkennen wir am Essigsäuregeruch, der auftritt, wenn man die eingetrocknete Versuchslösung (also das erste Filtrat) mit verdünnter Schwefelsäure erwärmt.

Versuch 27: Phenol aus Salicylsäure

Wir erhitzen die Salicylsäurekristalle aus Versuch 26 sehr rasch in einem Reagenzglas. Es entsteht unter Schmelzen und Gasentwicklung eine ziemlich aufdringlich riechende Substanz, die sich im kalten Teil des Reagenzglases in Tropfen abscheidet. Diese kristallisieren. Die Kristalle sind weiß bis rosafarben und neigen an der Luft dazu, rasch dunkler zu werden. Im Gegensatz zu Salicylsäure lösen sie sich nicht in Sodalösung, wohl aber in verdünnter Natronlauge; die Lösung ist gelb. Wir haben nach der folgenden Reaktionsgleichung durch Decarboxylieren aus Salicylsäure Phenol erhalten, ähnlich wie wir in Versuch 18 Methan aus Essigsäure herstellen konnten:

$$\text{OH, COOH} \longrightarrow \text{OH} + CO_2$$

Mit unseren bescheidenen Mitteln ist es uns gelungen, das Aspirin in Bruchstücke (Natriumsalz der Essigsäure, Kohlendioxid und Phenol)zu zerlegen. Wenn die Strukturformel des Aspirins nicht bekannt wäre, könnten wir aus ihnen Rückschlüsse auf seine Strukturformel ziehen, ganz ähnlich, wie wir es auf S. 18 ein wenig unanschaulich beschrieben haben. Wenn wir dazu noch bedenken, dass Salicylsäure als Zwischenprodukt auftrat und die Strukturformel des Phenols als bekannt voraussetzen, ist es mit unseren beiden schlichten Versuchen erwiesen, dass die Strukturformel des Aspirins einen Benzolring, eine mit Essigsäure veresterte phenolische OH-Gruppe und in *o*-Stellung dazu eine COOH-Gruppe enthalten muss.

Funktionelle Gruppen als Lotsen

Es lohnt sich sehr, hier ein wenig zu verweilen. Mehrmals haben wir gesehen, dass bei zweifachen Substitutionsreaktionen an Aromaten nicht alle denkbare Isomere entstehen, sondern ganz bevorzugt eine Auswahl. So tritt bei der Salicylsäuresynthese das CO_2 nur an das Kohlenstoffatom in *o*-Stellung; bei der Bromierung des Benzols erhält man nur *o*-Dibrombenzol und *p*-Dibrombenzol (S. 171) und auch TNT, das Endprodukt der Toluolnitrierung, trägt alle drei Nitrogruppen in *o*- und *p*-Stellung (S. 172) zur Methylgruppe. Das Phenyldiazohydroxid (S. 173) kuppelt mit einem Anilinmolekül fast ausschließlich in dessen *p*-Stellung.

Andererseits lernten wir, dass die Nitrierung des Benzols als Zwischenprodukt *m*-Dinitrobenzol und als Endprodukt *sym*-Trinitrobenzol ergibt (s. S. 171). Ähnlich verläuft die mehrfache Sulfonierung mit Hilfe von Schwefelsäure/Oleum.

Unsere erste Schlussfolgerung aus diesen Beobachtungen lautet:
Funktionelle Gruppen am Benzolkern wirken wie Lotsen. Sie steuern neue Substituenten in bevorzugte Positionen
und zwar steuern die Gruppen $-CH_3$, $-OH$, $-Br$ und $-NH_2$ in *o*- und/oder *p*-Stellung;
dagegen die Gruppen $-NO_2$ und $-SO_3H$ (übrigens auch die Carboxylgruppe $-COOH$) in die *m*-Stellung.

Wo liegt der Unterschied zwischen den beiden Gruppen?

An der Zahl der Atome kann es nicht liegen, denn die $-CH_3$-Gruppe enthält vier, die $-NO_2$-Gruppe drei, die $-NH_2$-Gruppe ebenfalls 3 Atome. Nach kurzer Prüfung verwerfen wir auch den Zuruf, sauerstoffhaltige Gruppen lenkten in *m*-Stellung. Das trifft zwar bei der $-NO_2$-Gruppe und der $-SO_3H$-Gruppe zu, aber die $-OH$-Gruppe enthält ebenfalls Sauerstoff und lotst in die *o*- und *p*-Stellung.

Einen wirklichen Unterschied erkennen wir, wenn wir die funktionellen Gruppen etwas ausführlicher anschreiben:

In *o*-/*p*-Stellung lenken:

$$-CH_3 \qquad -OH \qquad -Br \qquad -NH_2$$

und in *m*-Stellung lenken:

$$-N(=O)=O \qquad -S(=O)_2-OH \qquad -C(=O)-OH$$

Denn jetzt fällt uns auf, dass die *m*-lenkenden Gruppen alle Doppelbindungen enthalten, die *o*-/*p*-Lotsen dagegen nicht.

Deshalb kommt uns der Verdacht, dass die *o*-/*p*-lenkenden Gruppen vielleicht Elektronen in den Benzolkern hineindrücken könnten, ähnlich, wie wir es beim Phenolat-Ion auf S. 179 gesehen haben. Beim Brombenzol sähe das so aus:

$$\ominus\,C_6H_5{=}Br^{+} \longleftrightarrow C_6H_5^{\ominus}{=}Br^{+}$$

und beim Anilin ähnlich:

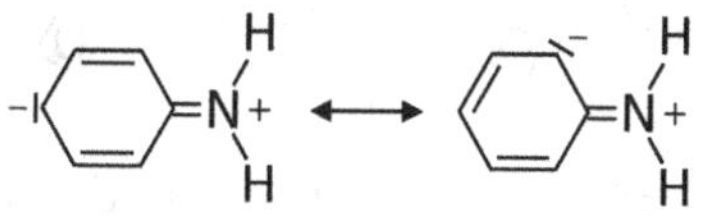

Tatsächlich siedelt sich die negative Ladung, die der Benzolring dadurch erhält, in *o*- oder *p*-Stellung an. Die mesomere Grenzform mit dem Elektronenpaar in *m*-Stellung ist dagegen unsinnig, weil in ihr die Kohlenstoffatome des Sechsrings nicht mehr alle Doppelbindungen aufnehmen können. Mindestens eines von ihnen hat dann zehn Elektronen (= fünf Elektronenpaare, als fünf Bindestriche dargestellt) um sich versammelt:

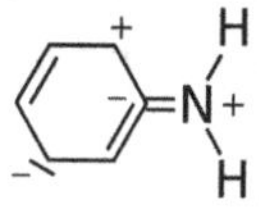

Jetzt verstehen wir, dass das Br^+-Ion, das bei der Bromierung als Zwischenstufe auftritt (S. 114) mit seiner Elektronenlücke an das Kohlenstoffatom in *o*- oder *p*- Stellung herantritt und dass dieses ein Proton an das Br^--Ion abgibt. Und schon haben wir das Phenol in *o*- oder *p*-Stellung „elektrophil" substituiert:

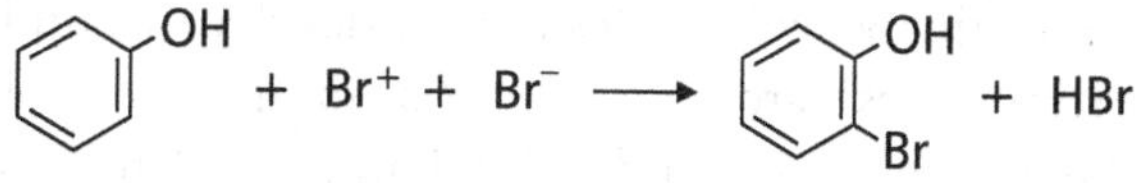

Wenn das so ist (und es ist wirklich so), können wir als zweite Schlussfolgerung festhalten:
Funktionelle Gruppen, die dem Benzolkern Elektronen anbieten, lenken neu ankommende Substituenten an das o- oder p-Kohlenstoffatom.[112]

Offensichtlich ziehen dann die zur *m*-Stellung lenkenden funktionellen Gruppen Elektronen aus dem Kern *heraus*:

[112] Zurück zur Salicylsäure: Sie ist ziemlich stark sauer, weil die OH-Gruppe Elektronen in den Kern drückt und die COOH-Gruppe Elektronen aus dem Kern heraussaugt. Dadurch wird das Phenolat-Ion noch mehr stabilisiert als im Phenol selbst, und das heißt, dass die phenolische OH-Gruppe mit großer Begeisterung ein Wasserstoff-Ion (Proton) abgibt. – Der Elektronendruck aus dem Phenolat-Ion ermöglicht bei der Salicylsäuresynthese dem CO_2 in *o*-Stellung die Entstehung einer Additionsverbindung, die sich dann zur COOH-Gruppe umlagert.

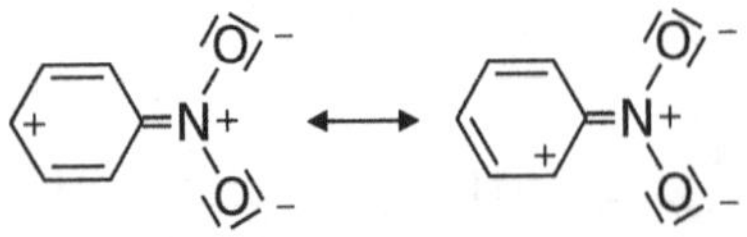

Und hier sehen wir, dass die positive Ladung, die der Benzolring dadurch erhält, sich wieder nur an den Kohlenstoffatomen in *o*- oder *p*-Stellung ansiedeln kann. Diese Kohlenstoffatome werden dadurch für den Angriff des Br^+-Ions blockiert, denn gleichnamige Ladungen stoßen sich ab. Wenn überhaupt, bleibt noch das *m*-Kohlenstoffatom einer Substitution zugänglich. Aber nur widerwillig! Denn dem dort befindlichen Kohlenstoffatom fehlt mangels elektrischer Ladung jegliche Attraktivität. Wir halten als dritte Erkenntnis fest:

Funktionelle Gruppen, die aus dem Benzolkern Elektronen herausziehen, bewirken damit, dass nur in m-Stellung (und nur mühsam) eine weitere Substitution stattfinden kann.[113]

Benzol macht super Benzin

Das Benzol ist keineswegs ein Stoff, mit dem nur die Chemiker zu tun haben. Jeder von uns, der Auto fährt, hat in seinem Leben erhebliche Mengen davon verbraucht: es ist nämlich zusammen mit seinen Homologen Toluol, *o*-, *m*-, *p*-Xylol und Ethylbenzol ein Bestandteil des Benzins und insbesondere des Superbenzins. Diese aromatischen Verbindungen erhält man beim Cracken als Nebenprodukte wegen des dabei auftretenden Wasserstoffmangels (s. S. 44). Sie verleihen dem Kraftstoff höhere Klopffestigkeit. Den Grund dafür haben wir schon auf S. 48 begriffen und verstehen ihn jetzt, wo wir die Strukturformel kennen, noch leichter: das ebene, sechseckige Ringmolekül bietet dem Verbrennungssauerstoff nur oben und unten Angriffsflächen, verbrennt also langsamer und kontrollierter als die Kettenmoleküle *n*-Octan oder *n*-Heptan, die den Sauerstoff von allen Seiten angreifen lassen. Das Benzol ist als Benzinbestandteil ziemlich problematisch, denn es verursacht Leukämie. Gefährdet waren besonders die Tankwarte; seit aber an den Tankstellen Absaugvorrichtungen eingeführt wurden, welche den Benzindampf in den Tank zurückfördern, gelangt sehr viel weniger Benzin und Benzol auf diesem Wege in die Umwelt. Bedenklich ist nach wie vor,

[113] Wir erinnern uns: nur unter verschärften Bedingungen lässt sich das Benzol zweifach oder gar dreifach nitrieren oder sulfonieren; ähnlich schwierig ist die Bromierung von Nitrobenzol oder Benzoesäure, während die Bromierung von Phenol nach der ersten Substitutionsregel außerordentlich glatt verläuft. Dies deshalb, weil die negativ aufgeladenen Kohlenstoffatome den potenziellen elektrophilen Angreifern das Handwerk erleichtern.

dass der Ottomotor kein Benzin vollständig verbrennt und deshalb mit den Auspuffgasen Benzol – wenn auch in geringer Konzentration – ausstößt. Tatsächlich ist es vor allem in verkehrsreichen Zonen der Großstädte deutlich nachweisbar. Deshalb gibt es seit mehr als einem Jahrzehnt benzolarmes Benzin (anfangs „Super plus benzolarm" genannt), in dem andere, unbedenklichere Zusätze für entsprechend hohe Klopfzahlen sorgen. Den wichtigsten Fortschritt bei der Bekämpfung der Benzolimmission brachte aber zweifellos der Katalysator, der über 90 % aller Schadstoffe im Abgas beseitigt. Zwischen 1982 und 1995 sank zum Beispiel die Benzolbelastung im Ballungsgebiet Rhein/Ruhr von 8,8 µg pro Kubikmeter Luft auf 2,4 µg pro Kubikmeter (1 µg ist ein Millionstel Gramm, ausgeschrieben 0,000001 g), und das, obwohl der Verkehr inzwischen ganz erheblich zugenommen hatte. In hessischen Großstädten misst man inzwischen Werte um 1,5 Millionstel Gramm, 5 gelten als unbedenklich. Dennoch stoßen Ottomotoren in der Bundesrepublik jährlich etwa 2000 t Benzol aus (2005).

Vom Benzol zum Graphit

Benzol ist natürlich bei weitem nicht die einzige aromatische Verbindung. Es gibt eine ganze Reihe von Substanzen, die aus aneinandergelagerten Benzolringen bestehen, wie uns Abb. 6.1 zeigt. Wir schreiben nun unter die Namen die Summenformeln und die Molekulargewichte (MG):

Benzol
C_6H_6
MG 78

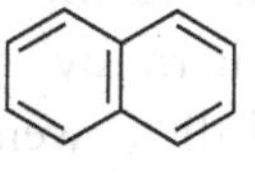

Naphthalin
$C_{10}H_8$
MG 128

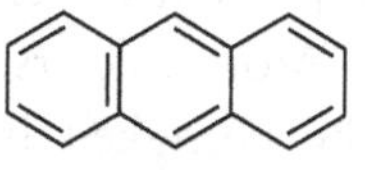

Anthracen
$C_{14}H_{10}$
MG 178

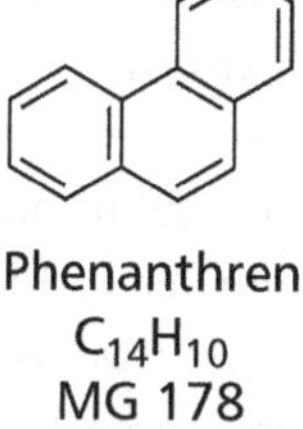

Phenanthren
$C_{14}H_{10}$
MG 178

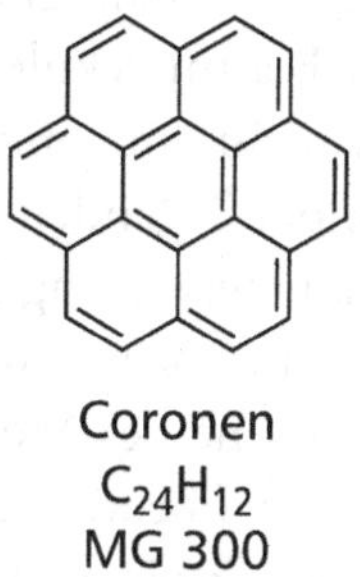

Coronen
$C_{24}H_{12}$
MG 300

Dabei fällt uns auf, dass der Kohlenstoffgehalt solcher Verbindungen mit zunehmendem Molekulargewicht immer näher an die 100 %-Marke heranrückt (das Benzol hat noch (6 × 12):(6 × 12 + 6 × 1) = 92,3 % C, Naphthalin 93,75 %, Anthracen und Phenanthren 94,4 % und Coronen 96 %). Der Wasserstoffgehalt nimmt dementsprechend ab, von 7,7 % bis auf 4 %.

Ein zweidimensionales Metall

Wir können nun in einem Gedankenexperiment immer neue Benzolkerne in allen vier Himmelsrichtungen an das Coronenmolekül anfügen und kommen dadurch zu immer größeren, vollkommen ebenen, blattartigen Molekülen, die nur noch an den Randkohlenstoffatomen Wasserstoff gebunden haben. Zuletzt haben wir ein unendlich großes zweidimensionales Molekül vor uns, das praktisch nur noch aus Kohlenstoffatomen besteht. Wir verstehen schon lange so viel Chemie, dass wir ohne Zagen seine Eigenschaften als Stoff vorhersagen zu können:

Die π-Elektronen der C=C-Doppelbindungen sind gleichmäßig über alle Kohlenstoffatome der Fläche verschmiert, ihre Beweglichkeit bewirkt, dass die Substanz eine extrem tiefe Farbe, nämlich schwarz, annimmt und dass sie den elektrischen Strom leitet. Sicher ist der Stoff ein Festkörper mit äußerst hohem Schmelzpunkt, denn es müssen chemische Bindungen zerbrochen werden, um die Atome so verschiebbar zu machen, wie das für Flüssigkeiten erforderlich ist. Aus dem gleichen Grund ist unsere Substanz in Wasser und anderen Lösemitteln völlig unlöslich. Sie ist auch nur sehr schwer entflammbar, weil sie erst bei extrem hohen Temperaturen brennbare Gase (Kohlenstoffdampf!) entwickelt. Wenn sie aber brennt – etwa so wie 1986 die Füllung des Atomreaktors in Tschernobyl – so entsteht Kohlendioxid. Ihre mechanische Festigkeit ist beachtlich, wenn ihre Blattmoleküle längs oder quer gezogen werden, denn auch in diesem Fall müssen chemische Bindungen zerrissen werden. Sie ähnelt insofern einem Papierblatt, das wir in zwei Richtungen nur mühsam durch Ziehen zerreißen können. Aber senkrecht dazu ist ihre mechanische Festigkeit gering, weil zwischen den aufeinandergepackten Blattmolekülen nur die schwachen zwischenmolekularen Kräfte einen losen Zusammenhalt bewirken[114] – ähnlich wie bei einem Stoß von lose aufeinander liegenden Papierblättern.

Die chemische Zusammensetzung ist praktisch 100 % C, wir haben also ein Element hergestellt. Es ist sozusagen ein zweidimensionales Metall, weil die Elektronen in der Blattebene des Moleküls sehr leicht fließen; senkrecht dazu müssen sie von Ebene zu Ebene springen, haben es also schwerer. Weil das Element meist aus einem Gewirr von winzigen, unregelmäßig aneinander gela-

[114] Der Abstand zwischen den einzelnen aufeinandergepackten Blattmolekülen ist deshalb mit 335 pm deutlich größer als der Abstand in einer C-C-Einfachbindung (154 pm).

gerten Kriställchen besteht, kann der Strom in den Kriställchen in zwei Richtungen fließen, in der dritten, dazu senkrechten Richtung nicht. Er hat es auch nicht ganz leicht, von Kriställchen zu Kriställchen zu springen. Insgesamt gesehen, wird die Substanz wohl ein elektrischer Halbleiter sein und ihre schwarze Farbe wird eher halbmetallisch als metallisch oder nichtmetallisch glänzen.

Wir fragen uns natürlich, ob es überhaupt solche Riesenmoleküle gibt. Antwort: ja. Es sind die Moleküle des Graphits, der zweiten und häufigeren Modifikation des Kohlenstoffs nach der sehr viel selteneren und kostbareren des Diamants. Er entsteht, wenn kohlehaltige Sedimentgesteine tief im Erdinneren sehr lange sehr hoch erhitzt werden. Der Kohlenstoff verliert dabei alle Bindungspartner wie zum Beispiel Wasserstoff, Sauerstoff, Stickstoff und Phosphor. Das Sedimentgestein wird dann im Laufe geologischer Zeiträume wieder an die Erdoberfläche gehoben. In ihm kommt der Graphit als ziemlich häufiges Mineral vor, auch in Deutschland (in der Nähe von Passau), allerdings ziemlich selten in größeren Kristallen. Die sind dann meist als regelmäßig sechseckige Säulen ausgebildet. Es ist ganz interessant, aber eigentlich logisch, dass sich die sechseckige Anordnung der Atome in der Kristallgestalt wiederholt. Die Härte der Kristalle ist sehr gering (nämlich 1 nach der Skala von Mohs – s. S. 28), weil von ihnen bei der geringsten Beanspruchung blättchenförmige Riesenmoleküle abschilfern. Kristalliner Graphit lässt sich also schon mit dem Fingernagel ritzen, und er fühlt sich fettig an, weil sogar unsere Haut beim Reiben Kristallblättchen ablöst. Wegen dieser Eigenschaft, die der Kristallograph „vollkommene Spaltbarkeit" nennt, wirkt unser Element auch als Trockenschmiermittel.

Warum wir mit „Bleistift" schreiben können

Nachdem wir den molekularen Aufbau des Graphits verstanden haben, begreifen wir leicht, warum man mit Graphitminen schreiben kann. Das Papier ist in mikroskopischer Vergrößerung rau wie eine Feile, es raspelt vom Graphit der Bleistiftmine Kristallblättchen ab, die mit Hilfe der zwischenmolekularen Anziehungskräfte an seiner Oberfläche hängen bleiben. Jeder Bleistiftstrich besteht also aus vielen Tausend abgespaltenen Graphitkristallblättchen, die sich heftig an das Papier klammern und allenfalls mit dem „Radiergummi" mechanisch davon abgerieben werden.

Der irreführende Name „Bleistift" rührt noch aus der Zeit her, in der man wirklich mit einem Stift aus Blei schrieb. In diesem Fall reibt das Papier winzige Partikel dieses weichen Metalls ab. Der Bleistiftstrich sieht schwarz aus, weil fein verteilte Metalle dunkler aussehen als grobe Späne oder gar polierte Bleche. Weil Blei giftig ist, waren die Schullehrer recht froh, als sie nach Friedrich Staedtlers Erfindung (1662!) ihren Zöglingen „Bleistifte" mit Graphitminen vorschreiben konnten. Die verschiedenen Härten der Graphitminen erreichen die Hersteller durch Brennen von feingemahlenem Graphitpulver mit mehr oder weniger Tonerde als Beimengung. Sie betten also die Graphitkriställchen sozusagen in mehr oder weniger fest gebrannte Keramik ein.

Fußball im Chemielabor

Im Jahre 1985 haben der Brite Harold W. Kroto und der Amerikaner Richard E. Smalley eine weitere Modifikation des Kohlenstoffs entdeckt. Sie entsteht in ziemlich geringen Ausbeuten neben viel Ruß, wenn man Graphit bei erniedrigtem Druck in einer Heliumatmosphäre erst verdampft und dann an einer kalten Oberfläche brutal abschreckt. Aus dem Ruß kann man mit unpolaren Lösemitteln eine rote Flüssigkeit gewinnen, aus der das „Fulleren" kristallisiert. Es besteht aus Molekülen, die je 60 Kohlenstoffatome enthalten, und die sind so angeordnet, dass 20 Benzolringe zu einem fußballartigen Kugelmolekül zusammen gebogen sind. Dabei müssen 12 (win-

Abb. 6.2 Das Modell des Fußballmoleküls Fulleren. Die Kohlenstoffatome befinden sich an den 60 Ecken des „Balls".

Abb. 6.3 Biosphère-Pavillon des Architekten Richard Buckminster Fuller in Montreal

zige) Löcher in Gestalt von regelmäßigen Fünfecken frei bleiben[115]; beim richtigen Fußball sind diese 12 Fünfecke aus schwarzem, die 20 Sechsecke aus weißem Leder. Abb. 6.2 zeigt ein Modell dieses wunderschönen Moleküls, Abb. 6.3 zum Vergleich ein Bauwerk des amerikanischen Architekten Richard Buckminster Fuller, nach dem unser Fußballmolekül benannt wurde.

Sehr erstaunt waren die Kristallchemiker, als sie entdeckten, dass das Fullerenmolekül bei 25 °C im Kristallgitter tatsächlich wie ein Fußball rotiert. Bei 400 °C sublimiert es, das heißt, dass es ohne zu schmelzen in den dampfförmigen Zustand übergeht und beim Abkühlen wieder fest wird, ohne vorher flüssig gewesen zu sein. Es kommt sogar in der Natur vor, und zwar im Schungit, einem Mineral aus dem nordwestrussischen Karelien. In Spuren, so versichern uns inzwischen die Analytiker, ist es sogar in jedem Ruß enthalten. 1996 gab es den Nobelpreis für die Entdecker und ihren Mitarbeiter R. F. Curl.

Sehr bald gelang es den Entdeckern und anderen Forschern, weitere Fullerene herzustellen; so zum Beispiel eines mit der Formel C_{70}, das aus 12

---

[115] Die Fünfecke erschienen den beiden Entdeckern sehr befremdlich. Sie sind aber unverzichtbar, denn allein aus Sechsecken kann man keine geschlossene Figur konstruieren. Dies hat der geniale Schweizer Mathematiker Leonhard Euler schon im 18. Jahrhundert nachgewiesen.

Fünfringen und 25 Sechsringen besteht. Es hat die Gestalt eines „American Football"; beim C_{76} ist die länglichrunde Gestalt noch deutlicher ausgeprägt. Inzwischen gibt es wurstförmige Moleküle mit mehr als 100 Kohlenstoffatomen, Röhrchen mit oder ohne Deckel an den Enden und noch einiges mehr. Natürlich wird auch nach kleineren Fullerenen gesucht, das C_{36} hat man schon gefunden, das C_{50} noch nicht. Noch kleinere sind wahrscheinlich wegen der zunehmenden Bindungsspannung unmöglich; das C_{36} reagiert im Gegensatz zu den anderen Fullerenen schon freiwillig mit Luft. Adolf von Baeyer lässt grüßen!

In den Hohlraum solcher Kohlenstoffverbindungen können geschickte Experimentierer fremde Atome einschließen, so zum Beispiel Helium oder Metallatome. Die Optimisten unter ihnen hoffen, auf diese Weise eines Tages besonders aktive Katalysatoren zu erhalten.

Noch mehr Schlagzeilen machten allerdings die „Kohlenstoff-Nanoröhrchen", die man seit 1991 ebenfalls aus verdampftem Graphit erhält. Sie sind nur wenige tausendstel Millimeter lang und messen einige Millionstel Millimeter im Durchmesser. Ihre Druck- und Zugfestigkeit schlägt alle Rekorde – kein Wunder! Denn zum Zerreißen oder Zerbrechen müssen C–C-Bindungen zerstört werden, wie sie im Benzolmolekül vorliegen. Bei ihnen sind fünfeckige Löcher nicht mehr nötig (sie sind ja auch keine geschlossene Körper). Im Grunde genommen sind es intelligent zurecht gebogene Graphitmoleküle, wie dies Abb. 6.4 zeigt.

Das Traumauto mit Wasserstoffantrieb

Von ihnen weiß man, dass sie bis zu 20 Gewichtsprozent Wasserstoff aufsaugen. Das ist ein Wert, der die Autokonstrukteure ins Träumen bringt, denn damit könnte man vielleicht dieses billige und umweltfreundliche Gas, das sonst nur unter Druck und bei tiefen Temperaturen als Flüssigkeit getankt werden kann und selbst dann ziemlich schäbige Reichweiten ergibt, elegant in einfachen Behältern unterbringen. Die Reichweite eines Autos mit normalen „Tank"-Dimensionen läge bei 1500 Kilometern! Und es wäre selbst mit einem Ottomotor praktisch abgasfrei, weil bei der Verbrennung von Wasserstoff nur Wasserdampf (und Stickstoffoxide in geringer Menge) entstehen. Beim Einsatz einer Brennstoffzelle (s. S. 79) wäre Wasserdampf das einzige Abgas überhaupt, die Energieausbeute wäre wegen des hohen Wirkungsgrads des Elektromotors verdoppelt und das Auto wäre kaum zu hören. Kühne Träumer wollen mit ihm von Berlin nach Wladiwostok fahren, ohne aufzutanken. Hoffentlich haben sie sich nicht verrechnet.

Auch andere Eigenschaften der Nanoröhrchen sind vielversprechend: extrem hohe Strombelastbarkeit und Wärmeleitfähigkeit, Halbleiter-Eigenschaf-

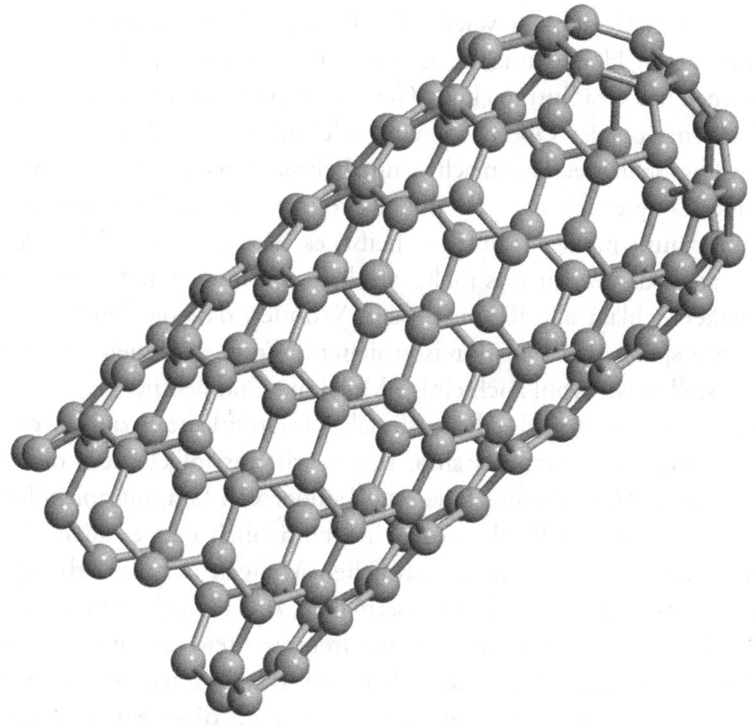

Abb. 6.4 Ein Kohlenstoff-Nanoröhrchen

ten machen sie für den Bau von winzigen Transistoren interessant, angeblich verzögern sie das Altern der Haut und vieles andere mehr.

Der großtechnischen Anwendung stehen allerdings noch einige Probleme im Wege, an denen zahlreiche Forscher mit großer Energie arbeiten. Inzwischen gibt es drei Herstellverfahren, darunter ein katalytisches auf Basis von Kohlenwasserstoffen und ein Laserverfahren. In Leverkusen lief ab 2010 eine Technikumsanlage für 200 Tonnen Produkt jährlich. Bayer hat sie Interessenten zum Kauf angeboten.

Wie nicht anders zu erwarten, haben die „Nanotubes" inzwischen auch Ängste ausgelöst – vor allem in Deutschland. Dies, obwohl Fütterungsversuche mit Ratten zu einer Verdoppelung der Lebenszeit führten und keinen Hinweis auf Giftwirkung erbrachten.

Ein Wiedersehen im Internet

Voller Begeisterung über das Vorkommen von Graphit haben wir seine blattartigen Riesenmoleküle zu einem hexagonalen Kristall aufeinander geschichtet. Groß ist deshalb unser Erstaunen, wenn wir im Internet „Graphen" aufrufen. Welch ein Wiedersehen! Verblüfft erkennen wir, dass diese Substanz, deren Herstellung im Labor erst 2004 gelang, nichts anderes ist als ein einzelnes Graphitmolekül . Geim und Novoselov haben es mit Hilfe von Tesafilm von der Oberfläche eines Graphitkristalls abgelöst. Es hat sofort gewaltig Schlagzeilen gemacht, zum Beispiel wegen seiner außergewöhnlich hohen Zugfestigkeit – die uns als routinierte Strukturchemiker allerdings überhaupt nicht erstaunt. Es heißt, es sei das härteste Material überhaupt – auch das ist für uns nicht wirklich überraschend. Seine elektrische Leitfähigkeit schlägt alle Rekorde! Kein Wunder, dass die Entdecker schon sechs Jahre später den Nobelpreis erhielten. Wenn wir einen Bleistiftstrich machen, stellen wir wohl auch einige Moleküle Graphen her.

Weil wir schon vom dreidimensionalen Graphitkristall zum zweidimensionalen Graphen gekommen sind, fragen wir uns folgerichtig, ob es auch eindimensionale Graphitmoleküle oder Bänder von Graphitmolekülen gibt. Das wären Fasern aus Kohlenstoff! Und tatsächlich gibt es auch die. Man stellt sie seit Jahrzehnten in beträchtlichen Mengen her und arbeitet sie in Kunststoffe ein, die dadurch gewissermaßen zu Höchstleistungen animiert werden. Die Masten von Hochsee-Segelrennyachten, die Stäbe der Hochspringer, Wasserskier, Windräder, aber auch die Rahmen von Rennrädern, Flugzeugleitwerke und Flugzeugrümpfe enthalten diese wunderbaren Verstärker. Weil sie leichter sind als Glas- oder Mineralfasern und deshalb Sprit sparen, finden sie auch im Automobilbau, besonders bei Renn- und Sportwagen zunehmend Anklang.

Wie man „Carbonfasern" herstellt? Verblüffend einfach. Man polymerisiert Acrylnitril zu Polyacrylnitril und spinnt aus diesem Fäden:

$$\ldots -CH_2-\underset{\displaystyle CN}{\underset{|}{C}}H-CH_2-\underset{\displaystyle CN}{\underset{|}{C}}H-CH_2-\underset{\displaystyle CN}{\underset{|}{C}}H-CH_2-\underset{\displaystyle CN}{\underset{|}{C}}H- \ldots$$

Dann sorgt man durch eine brutale Hitzebehandlung (1700 °C!) dafür, dass Wasserstoff- und Stickstoffatome die Flucht ergreifen. Die zurückbleibenden Kohlenstoffatome bilden Zickzackketten und die wiederum sind so freundlich, sich zu Ketten von Benzolringen, also praktisch eindimensionalen Gebilden zusammenzuschließen, wobei die Faserstruktur erhalten bleibt. Im Grunde genommen steuern wir die Reaktion, nach der Graphit in geologischen Zeiträumen aus Kohle entstand (s. S. 189), stark beschleunigt in eine einzige Richtung und nutzen dabei die Tatsache aus, dass er so ungewöhnlich hitzebeständig ist. Deshalb werden Carbonfasern neuerdings sogar zur Verstärkung von Keramik eingesetzt.

Mit diesem Abstecher in die anorganische Chemie endet unser Ausflug in die Welt der Aromaten. Wir begannen ihn mit dem Besuch bei einem Sonderling, einer erstaunlich stabilen, aber dennoch ungesättigten Verbindung, wir folgten den Diskussionen, die Kekulés erträumte Strukturformel für das Benzol auslöste und lernten dabei seine Reaktionen kennen. Es war recht lehrreich, zu sehen, dass Aromaten viel lieber Wasserstoffatome gegen andere Reste austauschen („substituieren") als weitere Reaktionspartner aufzunehmen („addieren"). Den Abkömmlingen, die daraus hervorgehen, begegneten wir an ganz unerwarteten Stellen: in Sprengstoffen, Farbstoffen und Arzneimitteln.

Ein Abstecher zurück zu den Anfängen der Medizin machte uns mit der Salicylsäure bekannt, einer vielseitigen, aber wenig bekömmlichen Arznei. In raffinierter Verkleidung und bis zur Unkenntlichkeit maskiert trafen wir sie im 20. Jahrhundert wieder, jetzt unter dem Decknamen „Aspirin". Dieses bauten wir bis zum Phenol ab. Die Abbauprodukte hätten uns Rückschlüsse auf die Strukturformel dieses Medikaments erlaubt, wenn sie noch nicht bekannt wäre.

Bei einer Rast fiel uns auf, dass vorhandene Substituenten zusätzliche Neuankömmlinge auf bestimmte Plätze lotsen, und als wir nach Gesetzmäßigkeiten Ausschau hielten, fielen uns die Substitutionsregeln der Aromaten sozusagen in den Schoß. Schließlich trafen wir an einer Tankstelle wieder auf das Benzol, fuhren von da mit Super über Naphthalin, Anthracen und Phenanthren bis zum Coronen, einem erstaunlich symmetrischen Aromaten. Von da ging's in Gedanken weiter bis zum Graphit in unseren Bleistiftminen. Am Ende landeten wir auf einem Sportplatz der Anorganiker, auf dem Football und Fußball gleichzeitig gespielt werden. Gleich daneben beginnt das Traumland der Autokonstrukteure, die mit intelligent aufgerollten Graphitmolekülen im Tank traumhaft weit fahrende Wasserstoffautos bauen wollen. Zuletzt entdeckten wir sogar Kohlenstofffasern – in den Stäben der Hochspringer, Rennrädern und in den Masten von Hochsee-Segelrennyachten.

Unser nächster Ausflug soll uns zeigen, ob es außer dem Benzol und seinen Homologen auch andere Aromaten gibt.

Siebenter Ausflug: Zu anderen Aromaten

Sicher ist es Ihnen aufgefallen, dass wir bei der Beschreibung des Fußballmoleküls eigentlich etwas willkürlich verfuhren. Weil wir gerade vom Graphit geredet hatten, passte es uns vorzüglich in die Argumentation, die Strukturformel des Fullerens aus 20 Benzolringen aufzubauen, zwischen denen 12 fünfeckige Löcher klaffen. Nur führt uns Abb. 6.2 etwas in die Irre, denn die Kohlenstoffatome sind so dick, dass weder im aromatischen Sechseck noch in den Fünfecken nennenswerte Hohlräume frei bleiben. Wir hätten deshalb auch das Fußballmolekül anders beschreiben können, nämlich:

Es besteht aus 12 ebenen Fünfringen, die an jeder Seite anliegend insgesamt 20 Benzolringe tragen und über diese annähernd kugelförmig miteinander verknüpft sind.

Das führt uns zu der neugierigen Frage, ob denn nur die ebenen Sechserringe des Benzols mit ihren sechs delokalisierten π-Elektronen eine Verbindung aromatisch machen oder ob es zum Beispiel ebene Fünfringe mit sechs π-Elektronen sein dürfen.

Hier erheben die Skeptiker unter uns schwerwiegende Einwände. Sie fragen sich mit Recht, woher denn die sechs π-Elektronen kommen sollen, wenn doch feststeht, dass in einen Fünfring aus Kohlenstoffatomen nur zwei C=C-Doppelbindungen hineinpassen, die es zusammen nur auf vier Elektronen bringen.

Nur die Findigsten haben eine zündende Idee: Wie wär's, so fragen sie, wenn das „Cyclopentadien"[116] an seiner einzigen CH_2-Gruppe ein positiv geladenes Wasserstoff-Ion abgäbe, das unter Zurücklassung seines Elektrons dem vereinsamten Kohlenstoffatom

a) eine negative Ladung und

b) ein freies Elektronenpaar

verschaffte? Dieses Elektronenpaar könnte das vorhandene Quartett von π-Elektronen zum Sextett erweitern und damit dem „Cyclopentadienyl"-Anion aromatischen Charakter aufpressen:

[116] Cyclo = Ring, Penta = fünf, di = zwei und „en" = Doppelbindung. Deshalb „Cyclopentadi-en" gesprochen.

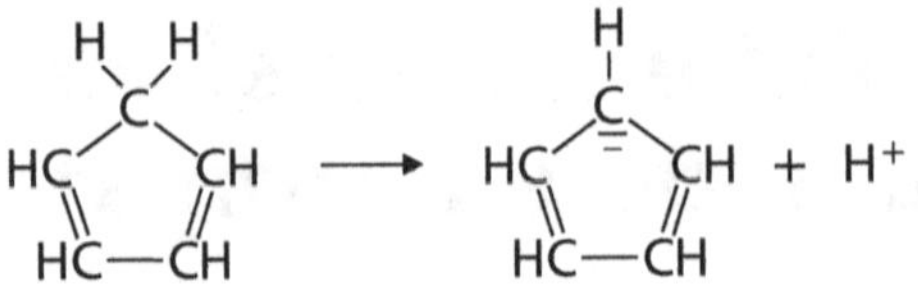

Ein Anion mit aromatischem Charakter?

Die Skeptiker wenden mit Recht ein, dass sie noch nie von CH_2-Gruppen gehört hätten, von denen ein Proton abdissoziiert und die Gedächtnisstarken geben ihnen Recht: Das sei schon deshalb unmöglich, weil ja die C–H-Bindungen völlig kovalent und überhaupt *nicht* ionisch seien. Schließlich seien gerade deswegen die Kohlenwasserstoffe keine Säuren im Sinne von Protonendonatoren. Worauf die Phantasievollen entgegnen, dass die schnellsten unter ihnen schon fünf mesomere Grenzformen für das Cyclopentadienyl-Anion angeschrieben hätten, und zwar:

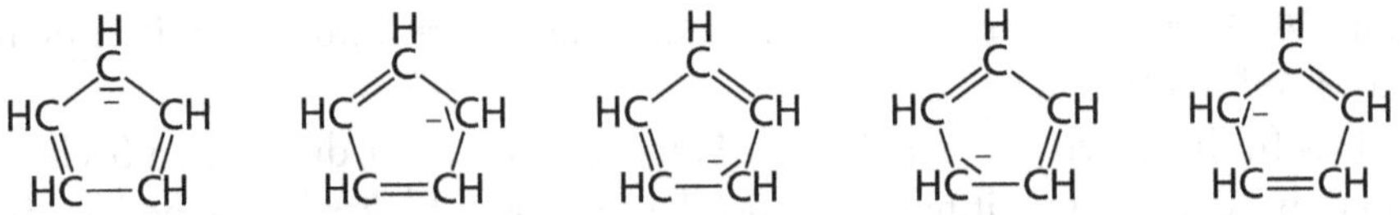

Sie meinen, dass deshalb dieses Ion beständig sein müsste, so beständig etwa wie das Phenolat-Anion, das dank seiner drei mesomeren Grenzformen (s. S. 179) schließlich auch entgegen allen Erwartungen aus einer phenolischen OH-Gruppe ein Proton abgegeben habe.

Und da gibt es natürlich auch die Unentschlossenen, die sowohl der einen wie auch der anderen Partei Recht geben. Wenn wir die darauf aufmerksam machen, dass das doch nicht geht, geben sie auch uns Recht.

Da keine der Parteien die Argumente der anderen für überzeugend hält, beschließen alle, die Frage durch ein Experiment zu klären. Aber wie?

Jetzt hat ein Skeptiker eine gute Idee: Hinterlistig schlägt er vor, man sollte versuchen, ein Salz der „Säure" Cyclopentadien herzustellen. Denn wenn schon dieser Kohlenwasserstoff bereit sei, ein Proton abzugeben, dann sei er schließlich eine mehr oder weniger starke Säure.

Ein Kohlenwasserstoff als Säure?

Die Gesichter der Kreativen werden länger, als sich zeigt, dass das Cyclopentadien nicht daran denkt, sich etwa mit Natronlauge neutralisieren zu lassen. Es färbt auch keine Lackmuslösung rot und es löst schon gar nicht Eisen oder Zink unter Wasserstoffentwicklung auf, wie das zum Beispiel die Essigsäure tut. Aber anders wird die Sache, sobald einer ein Stückchen Natrium in die Flüssigkeit einwirft. Unter lebhafter Wasserstoffentwicklung entsteht eine „metallorganische Verbindung", das von den Kreativen prophezeite Natriumcyclopentadienyl:

```
             H  H                    Na+   H
              \/                           |
              C                            C
            /   \                        / = \
Na  +    HC       CH    ——→         HC        CH   +  ½ H2
          \\     //                   \\     //
           HC—CH                       HC—CH
```

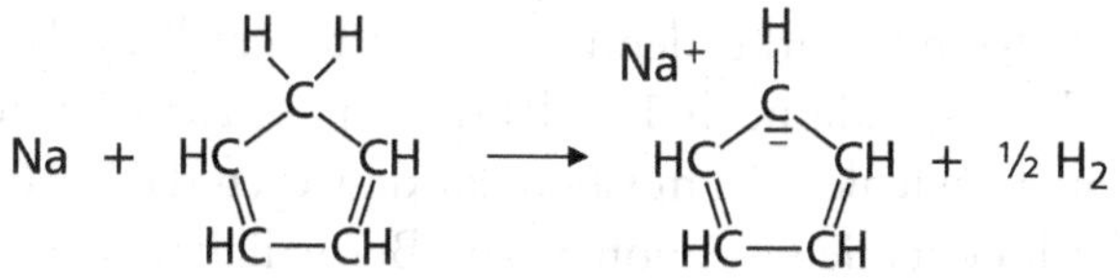

Offensichtlich gibt das Cyclopentadien an seiner CH_2-Gruppe alle guten Vorsätze auf, wenn ein aromatisches System mit seinen mesomeren Formen lockt. Sofort verstößt es eines der beiden kovalent gebundenen Wasserstoffatome, behält dessen Elektron gleich für sich und stürzt sich in das aufregende Leben eines ebenen Fünfrings mit sechs π-Elektronen. Es geht ihm offensichtlich so, wie Heinrich Heine beschrieben hat:

Himmlisch war's, wenn ich bezwang
Meine sündige Begier,
Aber wenn's mir nicht gelang,
Hatt' ich doch ein groß' Pläsier.

Die Skeptiker trösten sich mit der Beobachtung, dass das Natriumcyclopentadienyl bei weitem nicht so stabil ist, wie die Kreativen meinten. Wasser zerlegt das wacklige Molekül sofort wieder in Cyclopentadien und NaOH:

$$Na(C_5H_5) + H\text{–}OH \longrightarrow C_5H_6 + NaOH$$

Ein echter Aromat: Das Ferrocen

Aber ihre Siegesstimmung ist nur von kurzer Dauer. Denn inzwischen haben die Kreativen allen Unkenrufen zum Trotz das wacklige Natriumcyclopentadienyl mit Eisen(II)-chlorid umgesetzt und eine braune, völlig stabile Verbindung erhalten, in der die Analytiker neben einem Fe^{2+}-Ion zwei negativ geladene C_5H_5-Reste finden. Das Zeug benimmt sich überhaupt nicht wie ein Eisensalz: Kein Zerfall mit Wasser oder Natronlauge in Eisenhydroxid und Cyclopentadien, unlöslich in Wasser, löslich in polaren und sogar in unpolaren Lösungsmitteln, zum Beispiel in Alkohol und Benzol (!). Keine Neigung, Brom an die Doppelbindungen anzulagern, eher schon eine an das

Benzol erinnernde Neigung, Wasserstoffatome zu substituieren: kurzum, eine Verbindung mit aromatischem Benehmen. Dabei ist sie, wie uns die Physiker auf Grund ihrer Röntgenstrukturanalysen versichern, sandwichartig gebaut: Zwischen zwei ebenen C_5H_5-Ringen ist das Fe^{2+}-Ion eingepackt wie der Schinken zwischen zwei Brotscheiben. Die Anorganiker dagegen erklären uns, warum das Eisen-Ion so ungeheuer stabilisierend auf die beiden Cyclopentadienyl-Ionen wirkt, denn ihnen ist aufgefallen, dass dem positiv zweiwertigen Eisen gerade noch 12 Elektronen bis zur nächsten vollständigen Elektronenschale fehlen. Es missbraucht deswegen die 2×6 π-Elektronen der beiden Cyclopentadienyl-Anionen zur Befriedigung seines Elektronenhungers, indem es sie in leere eigene Elektronenbahnen einbaut und sich so das Elektronenkleid des Edelgases Krypton zurechtschneidert. Es leuchtet ein, dass Verbindungen mit vollständig aufgefüllten Edelgasschalen ähnlich reaktionsträge sind wie die Edelgase selbst.

Und wozu das alles? Das Ferrocen ist längst kein kurioser Einzelfall mehr. Da gibt es Exoten wie das Dibenzolchrom, das Bleitetraethyl und zinnorganische Verbindungen, um nur wenige zu nennen. Die Chemie der „metallorganischen Verbindungen" ist inzwischen ein umfangreiches Teilgebiet unserer Wissenschaft und Gegenstand zahlreicher Forschungsarbeiten, zumal manche ihrer Vertreter hochwirksame Katalysatoren sind.

Leser, die nach wie vor Schwierigkeiten mit dem Verständnis der Chemie haben, sind wahrscheinlich längst in die innere Emigration gegangen oder haben sonstwie abgeschaltet. Mehr oder weniger resigniert erinnern sie an die „nahezu unbeschränkte Fähigkeit des Kohlenstoffatoms, andere Atome in seine Ketten- und Ringverbindungen aufzunehmen" und fragen etwas ungehalten, ob denn nun wirklich keine einfacheren Moleküle denkbar sind, welche in ihrer Elektronenkonfiguration dem Benzol ähneln. Schließlich, so meinen sie, müsste es möglich sein, eine der sechs CH-Gruppen dieses Ringmoleküls so zu ersetzen, dass einerseits weiterhin sechs delokalisierte π-Elektronen vorhanden sind und andererseits keine berg- und talbahnähnliche Verbiegungen des Sechsecks auftreten.

Ein Seitenblick auf die Heterocyclen

Unser suchender Blick bleibt an dem rechten Nachbarn des Kohlenstoffatoms im Periodensystem der Elemente hängen. Tatsächlich! Ein Stickstoffatom hat fünf Valenzelektronen, genau so viele wie eine CH-Gruppe, in welcher das Wasserstoffatom bekanntlich eines und das Kohlenstoffatom vier beisteuert. Es müsste sich anstelle einer CH-Gruppe in ein sechseckiges Molekül einfügen lassen, ohne die ebene Anordnung der Ringatome zu stören, denn wir wissen aus der anorganischen Chemie, dass Methan (CH_4) und Ammoniak (NH_3) beide tetraedrisch gebaut sind, wenn man davon absieht, dass bei letzterem ein Wasserstoffatom fehlt. (Es wird in diesem Molekül durch ein freies Elektronenpaar ersetzt.) Wenn also die Bindungsarme der beiden Elemente in die gleiche Richtung weisen, werden sie wohl auch fähig sein, sich in einem ebenen Ringmolekül gegenseitig zu vertreten. Und tatsächlich gibt es eine Verbindung C_5H_5N, die eben gebaut, sechseckig und aromatisch ist. Sie heißt Pyridin:

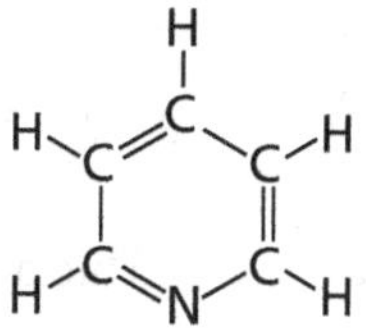

Dort, wo die Kohlenstoffatome jeweils ihr Wasserstoffatom binden, hat das Stickstoffatom ein freies Elektronenpaar, ganz ähnlich wie im Ammoniakmolekül. Weil sich auch hier ein Wasserstoff-Ion anlagern kann, reagiert das Pyridin ähnlich wie das Ammoniak oder die Amine (S. 24) basisch.

Im Pyrimidin sind sogar zwei CH-Gruppen durch je ein Stickstoffatom ersetzt, ohne dass dadurch der Ring gewellt oder der aromatische Charakter des Moleküls ernsthaft gestört wird:

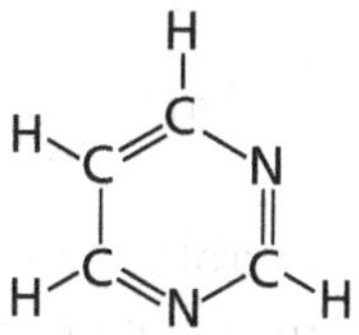

Selbstverständlich sind das nicht die einzigen aromatischen „Heterocyclen“[117]. So gibt es eine seit langem bekannte Verbindung, die dem Naphthalin ähnlich ist, aber in einem der beiden aneinanderkondensierten Sechsringe ein Stickstoffatom enthält, das Chinolin:

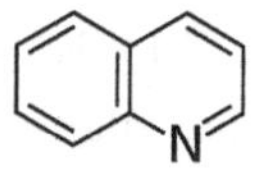

Seinen Namen hat es, weil es schon im 19.Jahrhundert durch Abbau aus dem Arzneimittel Chinin gewonnen wurde.

---

117 Abgeleitet aus dem griechischen „heteros“ = verschieden und dem lateinischen „cyclus“ = Kreis, Ring

Die Überlegung, mit der wir eine CH-Gruppe des Benzols durch ein Stickstoffatom ersetzten, können wir auch auf das aromatische Cyclopentadienyl-Anion anwenden. In ihm müssen wir eine $(CH)^-$-Gruppe durch ein Fremdatom ersetzen. Dieses Fremdatom sollte 5 + 1 = 6 Elektronen aufweisen (das sechste Elektron entspricht der negativen Ladung der zu ersetzenden CH-Gruppe). Sofort denken wir an den Sauerstoff und an seinen unteren Nachbarn Schwefel, und tatsächlich sind die Verbindungen C_4H_4O und C_4H_4S ebene Fünfringverbindungen mit sechs delokalisierten π-Elektronen und aromatischem Charakter:

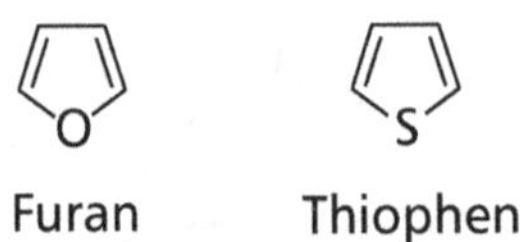

Sechs Valenzelektronen hat aber nicht nur der Sauerstoff und der Schwefel, sondern auch die NH-Gruppe, weil in sie der Stickstoff fünf und der Wasserstoff eines als Mitgift einbringt. Deshalb entsteht ebenfalls ein aromatisches Molekül, wenn wir das Sauerstoffatom des Furanmoleküls durch eine NH-Gruppe ersetzen:

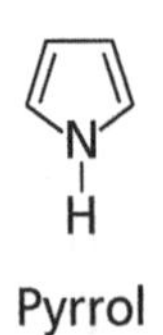

Erstaunlicherweise kommen Pyrrolringe nicht nur in dem synthetischen Farbpigment Phthalocyanin, sondern auch in zwei ganz ähnlich gebauten lebenswichtigen Naturfarbstoffen vor, nämlich im Blattgrün und im Blutfarbstoff Hämoglobin.

Ein vielfotografiertes Molekül

Das Kupfer-Phthalocyanin (Abb. 7.1) ist ein wunderschön blau gefärbter Komplex, der so extrem stabil ist, dass man ihn in konzentrierter Schwefelsäure ohne Zersetzungsreaktionen lösen und anschließend durch Verdünnen wieder ausfällen kann. Mehr noch: er lässt sich bei 500 °C im luftleeren Raum „sublimieren", verdampft also, ohne vorher zu schmelzen und schlägt sich an einer kühleren Stelle der Apparatur als gereinigter Feststoff nieder, wiederum unter Überspringen des flüssigen Zustands. Wegen seiner ungewöhnlichen Stabilität gelang es schon vor Jahrzehnten, einzelne Moleküle auf eine ganz

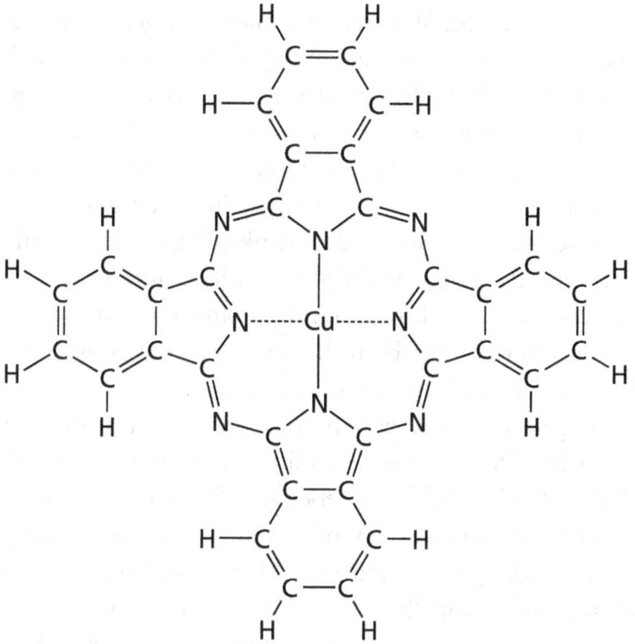

Abb. 7.1 Kupfer-Phthalocyanin

feine metallische Spitze aufzudampfen und das so hergestellte Präparat im „Feldelektronenmikroskop" zu untersuchen. Dabei sorgt man durch elektrische Heizung und Anlegen einer Spannung von mehreren tausend Volt dafür, dass die Metallspitze Elektronen ausstößt. Diese Elektronen durchdringen das Präparat überall, werden aber dort, wo sie auf Atome treffen, stärker zurückgehalten als an atomfreien Stellen. Jedes Atom des durchstrahlten Moleküls wirft also sozusagen einen Schatten. Eine ringförmige Anode zieht nun die Elektronen sehr weit auseinander, bevor sie auf einen Bildschirm prallen und dort ähnlich wie beim Fernsehen Helligkeit erzeugen. Weil die Elektronen so weit auseinander gezogen werden, vergrößern sich auch die Schatten der Phthalocyaninmoleküle, bis sie als dunkle, mit bloßem Auge bequem erkennbare Flecken auf dem Bildschirm abgebildet werden. So entsteht ein äußerst stark vergrößertes Bild der auf die Metallspitze aufgedampften Kupfer-Phthalocyanin-Moleküle.

Dieses Bild kann man nicht nur betrachten, sondern auch fotografieren. Bei etwa zehnmillionenfacher Vergrößerung erkennt man besonders leicht die zentral gelegenen Kupferatome, weil sie den stärksten Schatten werfen. Die Benzolringe sind als graue Scheibchen sichtbar; die regelmäßig sechseckige Anordnung der Kohlenstoffatome wird besonders deutlich, wenn man all ihre Wasserstoffatome durch Chloratome ersetzt hat (Abb. 1). Dieser

Trick ist vorteilhaft, weil die Wasserstoffatome im Gegensatz zu den Chloratomen fast keinen Schatten werfen und daher praktisch nicht abgebildet werden.

Der Versuch mit dem Feldelektronenmikroskop bestätigte geradezu überwältigend die Vorhersage der Wissenschaftler, die mithilfe von Röntgenbeugungsversuchen und spektroskopischen Befunden die Strukturformel der Abb. 7.1 erarbeitet hatten. Es war ein später, nun auch für Augenmenschen nachvollziehbarer Triumph der Strukturlehre, die Kekulé ohne jede Hoffnung auf eine derartige Bestätigung einfach aufgrund der damals bekannten Tatsachen mit detektivischem Spürsinn erdacht hatte, und gleichzeitig eine Bestätigung seiner Benzolformel. Mit dieser Aufnahme wurden zwei Träume endgültig und unwiderlegbar wahr![118]

Natürlich fragen wir uns, warum das Kupfer-Phthalocyanin so ungewöhnlich stabil ist. Die Antwort erschließt uns ein Blick auf die Strukturformel der Abb. 7.1: Das Molekül ist eben und besteht aus Benzol- und Pyrrolringen, die über Stickstoffatome so miteinander verknüpft sind, dass in jeder Richtung auf eine Doppelbindung eine Einfachbindung folgt und auf jede Einfachbindung eine Doppelbindung. Dieses hochkonjugierte System von Doppelbindungen und aromatischen Kernen ist seinerseits eine Art Super-Aromat und deswegen so außergewöhnlich stabil. Dazu kommen die durch Komplexbildung stabilisierten Kupfer-Stickstoffbindungen, die wegen der Wanderungen der π-Elektronen untereinander völlig gleichberechtigt sind.

Es entstehen also wieder die uns nun schon geläufigen Rennbahnen für Elektronen, welche die Eigenschaft haben, bestimmte Lichtquanten einzufangen und dadurch weißes Licht farbig erscheinen lassen. Die metallfreie Verbindung, das eigentliche Phthalocyanin, ist intensiv grünlichblau gefärbt und ähnlich stabil wie der tiefblaue Kupferkomplex; der Bleikomplex ist gelbgrün, der Eisenkomplex wieder blau. Die Farbstoffe werden vielseitig verwendet, vor allem als Pigmente in Autolacken.

Die wichtigste Komplexverbindung der Welt

Das Blattgrün oder Chlorophyll[119] (Abb. 7.2) kommt, wie der Name verrät, in grünen Blättern vor und zwar in zwei Formen (Chlorophyll a und b), die sich nur durch eine Aldehydgruppe anstelle einer Methylgruppe unterscheiden. Es dient den Pflanzen hauptsächlich zur Aufnahme von Sonnenlicht, denn es absorbiert dank seiner delokalisierten Elektronen daraus die Strahlen

---

[118] Inzwischen gibt es auch elektronenmikroskopische Aufnahmen von Polystyrol, auf denen die Benzolringe erkennbar sind. Das vor wenigen Jahren erfundene Rastertunnelelekronenmikroskop ermöglicht noch stärkere Vergrößerungen, bei denen Atome sichtbar werden.

[119] Aus dem Griechischen „phyllon" = Blatt und „chloros" = grün.

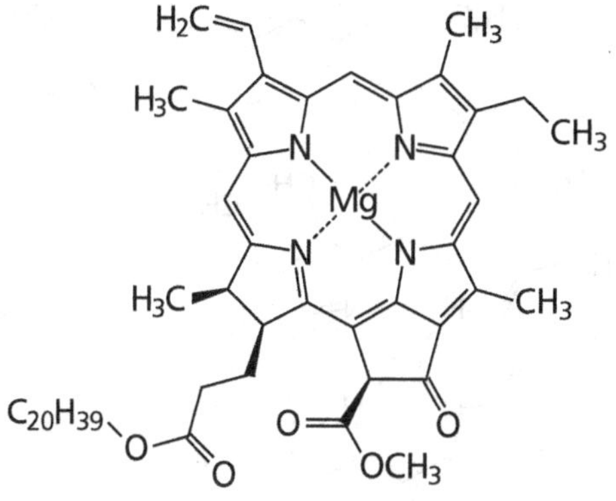

Abb. 7.2 Chlorophyll a

mit der Wellenlänge des roten und blauen bis blauvioletten Lichts. Übrig bleibt grünes Licht, und deshalb erscheinen uns die chlorophyllhaltigen Pflanzenteile grün. Die vom Chlorophyll aufgenommene Lichtenergie wird für die Herstellung von Glucose (Traubenzucker) aus Kohlendioxid und Wasser verwendet, so wie wir das bei der Abhandlung der Photosynthese beim nächsten Ausflug kennenlernen werden. Es trifft sich gut, dass dabei Sauerstoff als Nebenprodukt entsteht. Gäbe es plötzlich kein Blattgrün und keine Photosynthese mehr, so hätten wir bald weder Nahrung noch Luft zum Atmen, alle Tiere und Pflanzen gingen zugrunde. So gesehen, ist das Chlorophyll die wichtigste Komplexverbindung der Welt.

Erstaunlich, dass ein recht ähnlich gebautes Molekül die Aufgabe übernimmt, den Sauerstoff der Atemluft in den roten Blutkörperchen zu binden und von den Lungen zu den Sauerstoff verbrauchenden Organen zu transportieren. Das ist natürlich kein Zufall, sondern das Ergebnis einer langen Reihe von Experimenten, welche die Evolution nach der Entdeckung der Photosynthese vor zweieinhalb Milliarden Jahren vornahm.

Wettlauf mit dem Tode

Während beim Blattgrün ein Magnesium-Ion als Zentralatom auftritt, besetzt in der ähnlich gebauten „Häm-Gruppe" des Blutfarbstoffs Hämoglobin (Abb. 7.3) ein Eisen(II)-Ion diesen Platz. Die Anorganiker versichern uns, dass es das Eisen liebt, sich in seinen Komplexverbindungen mit insgesamt sechs „Liganden" zu umgeben. Diese sechs Bindungspartner sind an den Ecken eines Oktaeders angeordnet, in dessen Mittelpunkt das Eisen sitzt. Im Blutfarbstoff besetzen die vier Stickstoffatome der vier Pyrrolringe die Ecken eines Quadrats. Zwei der vier Eisen-Stickstoffbindungen sind homöo-

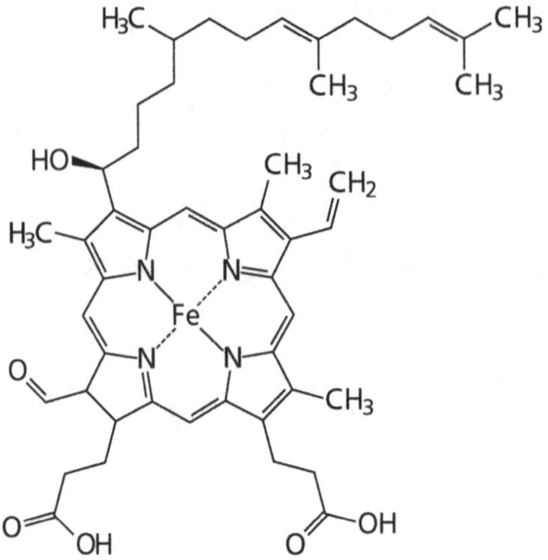

Abb. 7.3 Häm

polar, zwei weitere sind Nebenvalenzbindungen, die hauptsächlich aufgrund elektrostatischer Anziehungskräfte funktionieren. Aber selbstverständlich bewirken die schnell laufenden delokalisierten Elektronen des Moleküls, dass alle vier Bindungen am Fe-Atom gleichwertig sind. Einen der beiden noch übrigen Ligandenplätze besetzt ein Eiweißmolekül namens Globin, der andere wird für die Bindung eines Sauerstoffmoleküls benötigt. Die Molekülkette des Eiweißmoleküls ist dabei so kunstvoll um die Häm-Gruppe herum gewunden, dass die Häm-Gruppe gleichsam in einer Tasche liegt. Drei weitere Taschen beherbergen noch drei weitere Häm-Gruppen, so dass ein Molekül Hämoglobin vier Moleküle Sauerstoff binden kann. Dieser Prozess findet in der Lunge statt und kehrt sich am Zielort des Sauerstofftransports um. Hier wird der an das Hämoglobin gebundene Sauerstoff wieder abgegeben und das sauerstofffreie, dunkler rot gefärbte Hämoglobin kehrt in die Lunge zurück, wo es sich erneut mit Sauerstoff beladen lässt.

Der Sauerstoff ist nur locker an das Eisen-Ion gebunden, schließlich soll er ja auch wieder abgegeben werden. Deshalb ist es auch verständlich, dass ähnlich gebaute Moleküle wie zum Beispiel das giftige Kohlenmonoxid statt seiner gebunden werden, wenn sie mit der Atemluft in die Lungen geraten. Das CO blockiert den Ligandenplatz des Sauerstoffs am Eisenatom der Häm-Gruppe, das Hämoglobin fällt als Sauerstofftransporteur aus, der Körper kann nicht mehr die Verbrennungsvorgänge des Stoffwechsels unterhalten, so dass der Mensch innerlich erstickt. Zu allererst werden dabei die Gehirnzellen geschädigt. Wenn allerdings die Zufuhr von Kohlenmonoxid rechtzeitig unterbrochen und den Lungen wieder Sauerstoff zugeführt wird, erobert sich der Sauerstoff nach und nach seine Andockplätze an den Eisenatomen der

Häm-Gruppen zurück und das Kohlenmonoxid wird ausgeschieden. So ist es zu erklären, dass eine nicht zu weit fortgeschrittene Kohlenmonoxidvergiftung durch frische Luft rückgängig gemacht wird. Die Entgiftung geht recht langsam, weil das CO unglücklicherweise vom Häm-Komplex fester gebunden wird als der Sauerstoff. Sie ist also ein Wettlauf mit dem Erstickungstod. Nur der riesige Sauerstoffüberschuss in der kohlenoxidfreien Luft bewirkt, dass das CO im Hämoglobin wieder durch Sauerstoff verdrängt wird. Demgegenüber tritt die Kohlenoxidvergiftung sehr rasch ein, weil das Hämoglobin Sauerstoffmoleküle verschmäht, wenn ihm CO-Moleküle mit der Atemluft angeboten werden. Es genügt bereits ein halber Liter Kohlenmonoxid pro Kubikmeter, um so viele Eisenatome mit CO zu belegen, dass der Tod durch innere Erstickung rasch eintritt.

Unser Abstecher zu anderen Aromaten geht hier schon zu Ende. Er führte uns über ein Anion mit fünf Kohlenstoffatomen und sechs π-Elektronen in einem ebenen Kohlenwasserstoffring zu äußerst stabilen Metallkomplexen, die deutlich ihre aromatischen Eigenschaften zeigen. Bald darauf begegneten wir ungesättigten Fünf- und Sechsringmolekülen mit Stickstoff-, Sauerstoff- oder gar Schwefelatomen als Ringglied. Auch sie erwiesen sich als aromatisch, wenn sie eben gebaut und mit insgesamt sechs π-Elektronen ausgestattet waren. Mit leichtem Erstaunen trafen wir derartige Heterocyclen dann in so verschiedenen Substanzen wie Autolack, Blattgrün und Blut. Hochbefriedigt erkannten wir in elektronenmikroskopischen Aufnahmen die von Kekulé erträumten Benzolmoleküle und begriffen ein wenig mehr von der wunderbaren Photosynthese, die mit Hilfe der Sonnenenergie aus den einfachen anorganischen Molekülen Kohlendioxid und Wasser Zucker und Sauerstoff herstellt und damit die Grundlage unseres Lebens schafft. Mit Überraschung sahen wir, dass die roten Blutkörperchen einen blattgrünähnlichen Aromatenkomplex zum Transport des Sauerstoffs verwenden und verstanden, warum die Rettung eines mit Kohlenmonoxid Vergifteten ein Wettlauf mit dem Tode ist.

Unser nächster Ausflug führt uns in eine künstliche Welt und der übernächste ins Grüne. Wir lernen dort eine uralte Erfindung primitiver Mikroorganismen genauer kennen: Eine mit Solarenergie betriebene Synthese, der wir unsere heutige Welt verdanken.

Achter Ausflug: In eine künstliche Welt

Jeder weiß, dass Gemische von Benzindampf mit Luft außerordentlich gefährlich sind. Ein Funke genügt, um eine heftige Explosion auszulösen, oder um eine unglaublich rasche Verbrennungsreaktion zu starten, wie sie etwa in unserem Automotor abläuft. Vorsichtige Leute sollten sich also hüten, Kohlenwasserstoffe mit Luft oder gar Sauerstoff umzusetzen.

Andererseits dürfen wir ein wenig träumen ...

Wenn es gelänge, diese Reaktion zu bändigen, könnte man sie vielleicht auch so führen, dass nicht nur so einfältige Moleküle wie Kohlendioxid und Wasserdampf als Endprodukte entstehen? Dass vielmehr die Reaktion bei Zwischenprodukten stehen bleibt und auf diese Weise vielleicht Alkohole, Aldehyde oder Carbonsäuren ergibt? Oder ganz andere, in unserer Einführung bisher noch gar nicht erwähnte Verbindungen?

Diese Träume haben Chemiker schon vor mehr als hundert Jahren verfolgt und sie immer wieder ins Labor getrieben, auf die Suche nach geeigneten Reaktionsbedingungen, wirksamen Katalysatoren und den unentbehrlichen Sicherheitsmaßnahmen. Wie fast immer, wenn etwas grundlegend Neues erprobt wird, gab es Enttäuschungen, Misserfolge, Brände und Unfälle, aber auch Erfolge. Heute kennen wir mehrere Dutzend Reaktionen, bei denen Luft gezielt organische Moleküle angreift und in guten bis ausgezeichneten Ausbeuten wichtige Grundstoffe der Chemie preiswert zugänglich macht. Dabei dienen nur ausnahmsweise die benzinähnlichen gesättigten Kohlenwasserstoffe als Partner, wie etwa bei der Essigsäuresynthese aus Butan und Luft, bei der man mit einem manganhaltigen Katalysator allerdings außer der erwünschten Essigsäure die gesamte Palette der Carbonsäuren mit bis zu vier Kohlenstoffatomen als Nebenprodukte erhält, also Ameisensäure, Propionsäure und Buttersäure.

Die Tücken einer Synthese mit Nebenprodukten

Man muss das Reaktionsgemisch sorgfältig destillieren und die Kaufleute der Firma überreden, Kunden für diese Verbindungen zu suchen oder aber unverkäufliche Mengen verbrennen. Besonders die übel ranzig riechende

Buttersäure ist ein Kandidat für eine derartige Resteverwertung. Weil der Markt nur selten die Nebenprodukte in den Mengen abnimmt, wie sie durch das Verfahren erzeugt werden, kann es vorkommen, dass sogar andere, wertvollere Säuren verbrannt werden müssen. Derartige Erschwernisse machen uns begreiflich, warum neben dieser einfachen Essigsäuresynthese andere mit weniger Nebenprodukten durchaus ihren Platz behauptet haben, so wie etwa die uralte Biosynthese aus Wein, oder die modernere aus Methanol und Kohlenmonoxid.

Chemiker, die zur Resignation neigen, legen aufgrund derartiger Erfahrungen den Gedanken, Kohlenwasserstoffe mit Luft oder gar Sauerstoff umzusetzen, seufzend wieder zu den Akten. Hartnäckigere Forscher geben so schnell nicht auf. Sie vermuten, dass es vielleicht am Rohstoff Butan lag, wenn allzu viele Nebenprodukte entstanden und denken intensiv über andere Kohlenwasserstoffe und ihre Eigenschaften nach. Fast sofort verwerfen sie den naheliegenden Gedanken, statt Butan Isobutan, Propan oder Ethan einzusetzen, weil sie mit Recht vermuten, dass auch diese ein Säuregemisch ergeben werden, das nur mühsam aufzudestillieren und noch mühsamer zu verkaufen sein wird. Aber die findigsten unter ihnen erinnern sich an das privilegierte Wasserstoffatom in „Allylstellung", also an der CH_3-Gruppe des Propylens, von dem wir auf S. 115 gelernt haben, dass es sich durch ein Chloratom ersetzen lässt, ohne dass der C=C-Doppelbindung Leid widerfährt, wenn man nur genügend hohe Temperaturen anwendet. Sie hoffen, dass die Reaktion mit Luftsauerstoff bei hohen Temperaturen ebenfalls die Doppelbindung unbeschädigt lässt und stattdessen die CH_3-Gruppe angreift.

Zielgenaue Oxidation führt zu Acrylsäure

In diesem Falle müsste aus dem billigen Propylen in einem einzigen Schritt die wertvolle „Schlüsselsubstanz für die Herstellung von Dispersionen", also Acrylsäure entstehen, die seinerzeit Reppe etwas mühsamer aus Acetylen, Kohlenmonoxid und Wasser hergestellt hatte:

$$H_2C{=}CH{-}CH_3 + 1{,}5\ O_2 \longrightarrow H_2C{=}CH{-}CO{-}OH + H_2O$$

Um zu vermeiden, dass Explosionen ihre Träume jäh unterbrechen, verwenden sie außer einem Katalysator ein Luft-Propylengemisch, das außerhalb der Explosionsgrenze liegt und starten den ersten Versuch. Und finden tatsächlich, dass der Gedankengang richtig war. Aber es sind dann noch hunderte von weiteren Versuchen nötig, um den richtigen Katalysator, das beste Mengenverhältnis der Ausgangsprodukte, die geeignetste Reaktionstemperatur und die optimale Reinigung der rohen Acrylsäure zu finden ... Ganz abgesehen davon, dass auch der Bau eines geeigneten Reaktors langwierige Versuche in einer halbtechnischen Anlage erfordert, denn er besteht zuletzt aus gekühlten Rohrbündeln, in die der Katalysator in Form von Tabletten eingefüllt wird, wobei sorgfältig darauf zu achten ist, dass in allen Rohren der gleiche Füllstand erreicht wird (andernfalls gibt es Rohre, durch welche die Propylen-Luftmischung so schnell durchpfeift, dass die Reaktion unvollständig bleibt).

Zwischen der ersten Idee und der technischen Durchführung liegen deshalb oft Jahre. Und es ist ungeheuer vorteilhaft, wenn andere Chemiker schon eine ähnliche Synthese entwickelt haben.

Gerade das war bei der Acrylsäuresynthese der Fall, denn seit Jahrzehnten gab es die vergleichbare Luftoxidation des *o*-Xylols, die mithilfe eines Vanadiumoxid enthaltenden Katalysators durchgeführt wird und in einem einzigen Schritt Phthalsäureanhydrid ergibt. Bei ihr nutzten die Erfinder geschickt die Tatsache aus, dass der Benzolring des *o*-Xylols wegen seines aromatischen Charakters besonders stabil ist und deshalb der Sauerstoff die beiden Methylgruppen allein angreift. Theoretisch muss eigentlich die Phthalsäure nach folgender Gleichung entstehen:

$$\mathrm{C_6H_4(CH_3)_2 + 3\,O_2 \longrightarrow C_6H_4(COOH)_2 + 2\,H_2O}$$

Die Temperaturen im Reaktor sind allerdings so hoch, dass die Phthalsäuremoleküle sofort ein Molekül Wasser abspalten und das „Anhydrid" der Phthalsäure bilden:

$$\mathrm{C_6H_4(CO)_2O}$$

Diese Substanz ist ein gesuchtes Zwischenprodukt für Farbstoffsynthesen, für die Herstellung von Weichmachern[120] oder Polyestern (s. S. 92).

---

[120] Erst durch den Zusatz von „Weichmachern" erhält das Polyvinylchlorid („PVC") die uns vertrauten Eigenschaften; ohne Zusätze ist es ziemlich hart und spröde, dient aber dann z. B. für Fensterrahmen („Hart-PVC"). Die Weichmacher sind meist hochsiedende Ester, zum Beispiel Mischungen aus verschiedenen isomeren Dioctylphthalaten.

Natürlich fragen wir uns, ob nur das *o*-Xylol dieser Luftoxidation zugänglich ist, und ob nicht etwa nach einem sehr ähnlichen Verfahren auch die Terephthalsäure aus *p*-Xylol entsteht. Die richtige Antwort lautet „Ja, mit Einschränkungen", denn man muss in diesem Falle mit Essigsäure als Lösungsmittel im Rührreaktor arbeiten und ein gelöstes Salz des Vanadiums als Katalysator einsetzen anstelle des auf einem festen Trägermaterial aufgebrachten Vanadinoxids. Dennoch findet die Reaktion

$$H_3C-C_6H_4-CH_3 + 3\,O_2 \longrightarrow HO(O=)C-C_6H_4-C(=O)OH + 2\,H_2O$$

mit vertretbarer Geschwindigkeit statt, wenn auch das Lösungsmittel bei den relativ hohen Reaktionstemperaturen sehr dazu neigt, die Innenauskleidung der Rührkessel zu korrodieren. Es ist deshalb nicht sehr erstaunlich, dass sich neben dieser eleganten Synthese andere, robuste Oxidationsverfahren behauptet haben, so zum Beispiel die Oxidation des *p*-Xylols mit konzentrierter Salpetersäure.

Wozu braucht man überhaupt diese exotische Dicarbonsäure? Und womit hat sie einen Platz in diesem schlichten Buch verdient?

Ein Kunststoff für Cola-Flaschen

Die Antwort ist ziemlich überzeugend. Fast jeder von uns hat schon Derivate der Terephthalsäure in der Hand gehalten, denn sie ist die eine Hauptkomponente des Werkstoffs PET oder ausgeschrieben Polyethylenterephthalat, der in zunehmendem Maße dem Flaschenglas Konkurrenz macht. So hat sich die Weltfirma Coca-Cola entschieden, ihre Limonade in PET-Flaschen abzufüllen, weil die Vorteile auf der Hand liegen: geringeres Gewicht bei gleicher Wandstärke, ähnliche Geschmacksneutralität, Verwendbarkeit für Mehrwegflaschen, Durchsichtigkeit, Unzerbrechlichkeit und die Möglichkeit, das Material umweltfreundlich zu entsorgen (wenn es nicht neu aufgeschmolzen wird, kann man es ohne Probleme verbrennen und die dabei frei werdende Wärmeenergie nutzen). Fast jeder von uns hat aber auch schon Polyethylenterephthalat auf der Haut getragen, denn der Kunststoff lässt sich auch zu Fasern ausziehen und verspinnen, Die daraus hergestellten Gewebe heißen dann „Trevira", „Dacron", „Terylen" oder „Diolen" oder anders, je nach Herstellerfirma.

Wenn aber Terephthalsäure die eine Hauptkomponente des PET ist, was ist denn dann die andere? Und wie erhält man die kostengünstig?

Dem Namen nach zu urteilen, muss sie etwas mit Ethylen zu tun haben. Wenn wir jedoch versuchen, Ethylen mit Terephthalsäure umzusetzen, erhalten wir nicht einmal auf dem geduldigen Papier ein polymeres Reaktionsprodukt:

$$HOOC{-}C_6H_4{-}COOH + H_2C{=}CH_2 \longrightarrow ?$$

es sei denn, dass wir irgendwie Wasserstoff aus den beiden Reaktanden herausspalten:

$$HOOC{-}C_6H_4{-}COOH + H_2C{=}CH_2 \longrightarrow {-}OOC{-}C_6H_4{-}COO{-}CH_2{-}CH_2{-} + H_2$$

Das allerdings geht nach aller Erfahrung nicht so ohne weiteres. Nur auf dem Papier lässt sich H_2 mit O einfangen, weil dabei H_2O entsteht. Aber vielleicht geht das über einen Umweg?

Tatsächlich! Ethylen, dieses einfachste aller Olefine ist nicht nur im PET enthalten, sondern ist auch eines der beiden Ausgangprodukte. Wieder dient Luftsauerstoff als Oxidationsmittel. Mithilfe eines silberhaltigen Katalysators entsteht bei 250 °C aus Ethylen und Luftsauerstoff eine erstaunliche Verbindung, nämlich das Ethylenoxid.

Eine spannungsreiche Verbindung

Denn dieses bei 14 °C flüssig werdende, sehr giftige Gas besteht aus Dreiring-Molekülen:

$$H_2C{-}CH_2 \text{ (über O verbrückt)}$$

Wir kennen den Bau des Wassermoleküls (S. 66) und wissen daher, dass der Sauerstoff ähnliche Bindungswinkel anstrebt wie der Kohlenstoff und dass deshalb nach der Baeyerschen Ringspannungstheorie das Ethylenoxid ein ähnlich gespanntes, reaktionsfähiges Molekül sein muss wie das Cyclopropan (S. 126). Wahrscheinlich ist es sogar noch reaktionsfähiger, denn das Sauerstoffatom mit seinen beiden freien Elektronenpaaren hält sicher sehnsüchtig Ausschau nach Reaktionspartnern mit Elektronenlücken.

Und tatsächlich: es braucht nur ein Proton in die Nähe zu kommen, so wird es schon eingefangen und der Ring öffnet sich. Einerseits entsteht eine alkoholische $-CH_2OH$-Gruppe, die am anderen Molekülende entstehende CH_2-Gruppe angelt sich den ehemaligen Partner des Protons. Wenn das etwa ein OH-Ion war (mit anderen Worten: wenn ein Wassermolekül des Wegs daherkam), entsteht noch eine zweite $-CH_2-OH$-Gruppe und so erhalten wir äußerst elegant ein Molekül Glykol:

$$H_2C{-}CH_2 \text{ (über O verbrückt)} + H^+ + OH^- \longrightarrow H_2C(OH){-}CH_2(OH)$$

Und damit haben wir schon den zweiten Rohstoff für das PET, denn jetzt brauchen wir nur noch Glykol beidseitig mit Terephthalsäure verestern, und schon haben wir eine unendlich lange Molekülkette, also den Kunststoff Polyethylenterephthalat kreiert:

$$n\,HOCH_2{-}CH_2OH + n\,HOOC{-}C_6H_4{-}COOH \longrightarrow \left[{-}OCH_2{-}CH_2{-}O{-}CO{-}C_6H_4{-}CO{-}\right]_n + n\,H_2O$$

Natürlich enthält die genaue und technisch brauchbare Rezeptur noch weitere Komponenten, die gezielt zu Molekülverzweigungen oder Vernetzungen führen.

Die Molekülketten, die bei der beidseitigen Veresterung der Terephthalsäure entstehen, sind wegen der eingebauten Benzolringe ziemlich sperrig. Sie können nur schwer aneinander vorbei gezogen werden. Dies verstärkt den Zusammenhalt des fertigen Kunststoffs und die Festigkeit der Polyesterfasern.

Erstaunlicherweise ist das Propylenoxid nicht so einfach zugänglich wie das Ethylenoxid. Man erhält es, wenn man an Propylen Unterchlorige Säure anlagert. Dabei verschwindet die Doppelbindung und es entsteht eine Mischung von 1-Chlorpropan-2-ol und 2-Chlorpropan-1-ol:

$$2\,H_2C{=}CH{-}CH_3 + 2\,HOCl \longrightarrow CH_2Cl{-}CHOH{-}CH_3 + HO{-}CH_2{-}CHCl{-}CH_3$$

Aus der Mischung der Chlorpropanole spaltet man dann mithilfe einer billigen Lauge (am besten Calciumhydroxid, also „gelöschten Kalk“) HCl ab und schließt damit den Ring zum Propylenoxid.

Neugierige Chemiker haben natürlich längst ausprobiert, ob das aus Propylen und Chlor preiswert herstellbare Allylchlorid (s. S. 115) einer ähnlichen Umsetzung mit Unterchloriger Säure zugänglich ist. Erwartungsgemäß erhielten sie über das 1,2-Dichlorpropan-3-ol das „Epichlorhydrin“, also ein 1-Chlorpropylen-2,3-oxid:

$$H_2C{=}CH{-}CH_2{-}Cl + HOCl \longrightarrow HO{-}CH_2{-}CHCl{-}CH_2Cl$$

$$2\ HO{-}CH_2{-}CHCl{-}CH_2Cl + Ca(OH)_2 \longrightarrow CaCl_2 + 2\ \underset{\diagdown O \diagup}{H_2C{-}CH}{-}CH_2Cl$$

Das Epichlorhydrin wiederum ist eine Schlüsselsubstanz zur Herstellung der „Epoxyharze", einer Palette von hervorragenden Klebern mit Handelsnamen wie „Epikote" oder „Araldit". Zu ihrer Herstellung setzt man das Epichlorhydrin mit aromatischen Diolen um. Zuerst reagiert die gespannte Dreierringgruppe, wobei ein chlorierter Etheralkohol entsteht:

$$HO{-}R{-}OH + \underset{\diagdown O \diagup}{H_2C{-}CH}{-}CH_2Cl \longrightarrow HO{-}R{-}O{-}CH_2{-}\underset{OH}{CH}{-}CH_2Cl$$

Dieser bildet wieder eine Epoxidgruppe, wenn alkalisch reagierende Substanzen (vielleicht ein Amin) anwesend sind, die HCl abspalten:

$$HO{-}R{-}O{-}CH_2{-}\underset{OH}{CH}{-}CH_2Cl - HCl \longrightarrow HO{-}R{-}O{-}CH_2{-}\underset{\diagdown O \diagup}{HC{-}CH_2}$$

Und dieses neu entstandene Olefinoxid reagiert mit der freien OH-Gruppe eines weiteren Diolmoleküls. Es entsteht eine Verbindung, die wieder wie gehabt an der OH-Gruppe mit Epichlorhydrin reagiert, dann ein Epoxid bildet, mit Diol reagiert und so fort. Sie sehen schon: es bildet sich eine unendlich lange Molekülkette, also ein Harz:

$$HO{-}R{-}O{-}CH_2{-}\underset{\diagdown O \diagup}{HC{-}CH_2} + HO{-}R{-}OH \longrightarrow$$

$$HO{-}R{-}O{-}CH_2{-}\underset{OH}{HC}{-}CH_2{-}O{-}R{-}OH; \quad + \underset{\diagdown O \diagup}{H_2C{-}CH}{-}CH_2Cl \longrightarrow$$

$$HO{-}R{-}O{-}CH_2{-}\underset{OH}{HC}{-}CH_2{-}O{-}R{-}O{-}CH_2{-}\underset{OH}{CH}{-}CH_2Cl; \quad - HCl \longrightarrow$$

$$HO{-}R{-}O{-}CH_2{-}\underset{OH}{HC}{-}CH_2{-}O{-}R{-}O{-}CH_2{-}\underset{\diagdown O \diagup}{HC{-}CH_2}; \quad + HO{-}R{-}OH \text{ usw.}$$

Und es ist ein wahres Wunder, dass sich Mutter Natur bei der regelmäßigen Aufeinanderfolge dieser drei Reaktionen nicht verhaspelt. Die Reaktion Epichlorhydrin-Diol zeigt übrigens, dass die hochgespannte Olefinoxidgruppe nicht nur mit Wasser und anderen Protonendonatoren reagiert, sondern auch mit phenolischen oder alkoholischen OH-Gruppen durchaus zufrieden ist.

Auf dem Weg zum Nylon und Perlon

Ein anderer Kohlenwasserstoff, der bei behutsamer Oxidation durch Luftsauerstoff nicht zu einem wilden Gemisch von Carbonsäuren führt, ist das Cyclohexan. Es kommt in manchen Erdölsorten natürlich vor (so zum Beispiel in Erdöl aus Baku am Kaspischen Meer), kann auch durch gewaltsame Hydrierung aus Benzol gewonnen werden, ist also leicht zugänglich und billig. Wenn man es bei mäßigen Temperaturen in Gegenwart eines löslichen Kobaltsalzes mit Luft behandelt, entsteht das Cyclohexanol, also ein Alkohol, in dessen Molekül der unebene Sechsring des Cyclohexans unversehrt erhalten ist:

OH

Das Cyclohexanol kann man mit Luft weiteroxidieren zum Cyclohexanon:

O

Dieses cyclische Keton ist eine Schlüsselverbindung für die Herstellung von weiteren Kunststoffen.

Der Natur abgeschaut: Die Polyamide

Denn wenn man es mit Hydroxylamin, einem durch partielle Hydrierung aus NO leicht zugänglichen anorganischen Stoff umsetzt, so erhält man unter Wasserabspaltung das Cyclohexanonoxim:

$$=O + H_2N{-}OH \longrightarrow =N{-}OH + H_2O$$

Dieses jedoch tut den Kunststoffchemikern den Gefallen, sich unter dem Einfluss von Katalysatoren zu einer (unebenen) Ringverbindung mit sieben Kettengliedern, dem Caprolactam umzulagern:

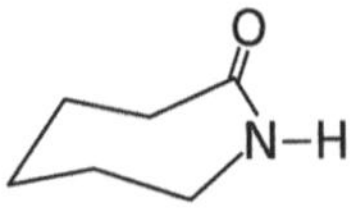

O
N–H

Und das ist nun nichts anderes als ein cyclisches Derivat der Aminocapronsäure. Tatsächlich erhält man auf dem Papier diese Säure, wenn man den siebengliedrigen Ring mit Wasser aufspaltet:

$$\text{(cyclisches Amid, Ring mit C=O und N-H)} + HOH \longrightarrow H_2N{-}(CH_2)_5{-}CO{-}OH$$

Im Polymerisationsreaktor der Industriechemiker steuert man jedoch die Reaktion gleich so, dass aus den Aminocapronsäuremolekülen unter Wasserabspaltung die für Kunststoffe typischen Riesenkettenmoleküle entstehen:

$$\ldots H_2N{-}(CH_2)_5{-}CO{-}OH + H_2N{-}(CH_2)_5{-}CO{-}OH + \ldots \longrightarrow$$
$$\ldots {-}HN{-}(CH_2)_5{-}CO{-}NH{-}(CH_2)_5{-}CO{-} \ldots + n\,HOH$$

So stellt man „Nylon“ her! Dieses „Polyamid“ hat nicht nur die Eigenschaft, sich zu äußerst reißfesten, hochglänzenden Fäden verspinnen zu lassen. Nein, es beweist Vielseitigkeit, indem es sich auch zu sehr formstabilen Kunststoffteilen verarbeiten lässt, die sogar für die Herstellung von Präzisionsinstrumenten geeignet sind – ein fast schon gewohnter Anblick sind zum Beispiel Schublehren aus Polyamid.

Der seidige Glanz der Nylonfasern ist kein Zufall. Naturseidefasern sind nämlich chemisch ganz ähnlich gebaut. Sie werden ebenfalls aus Aminocarbonsäuren durch Wasserabspaltung erzeugt und weisen demnach ebenfalls die Gruppierung –CHR–CO–NH– als Bindeglied der Ketten auf, gehören also zu den Eiweißverbindungen (S. 28). Allerdings verwendet die Seidenraupe hauptsächlich kurzkettige Aminosäuren wie die Aminoessigsäure $H_2N{-}CH_2{-}CO{-}OH$.

Während also bei der Polymerisation von Aminocapronsäure ein „Nylon 6“ entsteht, erzeugt die Seidenraupe ein „Nylon 2“ (einfach nach der Zahl der Kohlenstoffatome in den Kettengliedern benannt):

$$\ldots H_2N{-}CH_2{-}CO{-}OH + H_2N{-}CH_2{-}CO{-}OH \ldots \longrightarrow$$
$$\ldots {-}NH{-}CH_2{-}CO{-} \ldots + n\,HOH$$

Selbst die Formbeständigkeit der Polyamidkörper muss uns nicht bass erstaunen lassen, denn auch sie sind sozusagen der Natur abgeschaut. Die Polyamidgruppe –CO–NH– kommt nämlich auch in den Proteinen oder Eiweißverbindungen vor, aus denen der uralte Werkstoff Horn besteht. Auch hier liegt der Unterschied zu unserem Polyamid „Nylon 6“ in der Zahl der Kettenglieder aus Kohlenstoffatomen. Sie beträgt bei Horn wieder nur 2, aber die CH_2-Kettenglieder tragen bei ihm meistens noch andere Gruppen wie zum Beispiel $-CH_3$ oder auch $-C_6H_5$. Die Polyamide gehören also zu einer Gruppe von Kunststoffen, welche die Natur seit Hunderten von Millionen Jahren herstellt. Selbstverständlich haben die Chemiker inzwischen auch „Nylon 8", „Nylon 4" und alle möglichen Zwischenglieder synthetisiert. Diese Polyamide dienen für besondere Anwendungen, haben aber nicht die riesige Bedeutung von „Nylon 6" erreicht.

Wer aber Cyclohexanon hat, muss nicht unbedingt Nylon 6 daraus machen. Er kann stattdessen seine Schlüsselsubstanz mithilfe von Salpetersäure oxidieren. So wird der Ring geöffnet und man erhält Adipinsäure:

$$HO{-}CO{-}CH_2{-}CH_2{-}CH_2{-}CH_2{-}CO{-}OH$$

"Wozu der ganze Quatsch?" werden Sie sich fragen. Aber schon beim Stichwort „Polyester" fällt Ihnen auf, dass die Adipinsäure mit ihren beiden CO–OH-Gruppen mühelos mit den beiden OH-Gruppen von Glykol oder anderen Diolen unter Wasserabspaltung reagieren kann und dabei Polymere bildet:

$$HO{-}CH_2{-}CH_2{-}OH \;+\; HO{-}CO{-}(CH_2)_4{-}CO{-}OH$$
$$\longrightarrow \;\ldots{-}O{-}CH_2{-}CH_2{-}O{-}CO{-}(CH_2)_4CO{-}O{-}\ldots \;+\; n\,HOH$$

sodass man demnach auch Polyester aus Cyclohexanon herstellen kann.

Außerdem ist Adipinsäure ein wichtiges Zwischenprodukt auf dem Syntheseweg, der zum Hexamethylendiamin führt. Um zu diesem Molekül zu gelangen, neutralisieren die Chemiker erst einmal die Adipinsäure mit Ammoniak:

$$NH_3 \;+\; HO{-}CO{-}(CH_2)_4{-}CO{-}OH \;+\; NH_3 \longrightarrow NH_4O{-}CO{-}(CH_2)_4{-}CO{-}ONH_4$$

Aus dem Diammoniumsalz der Adipinsäure spalten sie nacheinander vier Moleküle Wasser ab und erhalten dadurch das Adipinsäuredinitril oder 1,4-Dicyanobutan:

$$N{\equiv}C{-}(CH_2)_4{-}C{\equiv}N$$

das natürlich auch entsteht, wenn man an beiden Enden des Butadienmoleküls Blausäure (H–C≡N) anlagert und das 1,4-Dicyanobuten hydriert.

Wenn wir nun noch an die C≡N-Dreifachbindungen des Dinitrils mithilfe eines Katalysators soviel Wasserstoff anlagern wie nur möglich, so erhalten wir das gesuchte Diamin:

$$H_2N{-}(CH_2)_6{-}NH_2$$

Der vorausschauende Chemiker hat einen Teil der hergestellten Adipinsäure für eine schlichte Neutralisationsreaktion mit dem neu gewonnenen Diamin reserviert und setzt ihn nun ein, um das Salz aus Adipinsäure und Hexamethylendiamin, im Betriebsjargon „AH-Salz" genannt, herzustellen:

$$H_2N\text{–}(CH_2)_6\text{–}NH_2 + HO\text{–}CO\text{–}(CH_2)_4\text{–}CO\text{–}OH$$
$$\longrightarrow H_2N\text{–}(CH_2)_4\text{–}NH_3^+ \ {}^-O\text{–}CO\text{–}(CH_2)_4\text{–}CO\text{–}OH$$

Bei genauerer Betrachtung dieses Salzes erkennt unser geübtes Auge, dass einerseits bei Wasserabspaltung in der Molekülmitte wieder eine der eiweißähnlichen Polyamidbindungen entsteht:

$$H_2N\text{–}(CH_2)_6\text{–}NH\text{–}CO\text{–}(CH_2)_4\text{–}CO\text{–}OH$$

und andererseits das so entstandene Molekül unendlich lange Ketten mit –CO–NH-Gruppen bildet, wenn man die Salzbildung und Wasserabspaltung an hintereinander aufgereihten derartigen Molekülen vornimmt. Kurzum, es entsteht ein unendlich langes Molekül der Formel

$$\ldots \text{–}NH\text{–}(CH_2)_6\text{–}NH\text{–}CO\text{–}(CH_2)_4\text{–}CO\text{–} \ldots$$

welches den Trivialnamen „Nylon 6,6" führt, weil es aus zwei verschiedenen Molekülen mit je sechs Kohlenstoffatomen in der Kette zusammengesetzt ist. Selbstverständlich haben findige Chemiker auch hier verschiedene Kunststofftypen zugänglich gemacht, so etwa das Nylon 6,8 oder Nylon 4,4.

Das war vielleicht zuletzt ein wenig starker Tobak. Es ist auch nicht so wichtig, dass Sie die etwas langwierige Herstellung des Nylon 6,6 aus Cyclohexan, Luft, Ammoniak und Wasserstoff jederzeit herbeten können. Wichtiger ist, dass Sie begriffen haben, dass durch mehrmalige Neutralisation und Wasserabspaltung aus Diaminen und Dicarbonsäuren eiweißartige Polyamide entstehen können., und dass die Adipinsäure eine echte Schlüsselsubstanz nicht nur zur Herstellung von Nylon 6,6, sondern auch von Polyestern ist.

Kunststoffe nach Maß

Auch das Hexamethylendiamin oder 1,6-Diaminohexan dient nicht nur zur Herstellung von Polyamid. Die Petrochemiker setzen es mit zwei Mol Phosgen[121] um und erhalten so das Hexamethylendiisocyanat. Dieses wiederum ist ein Rohstoff zur Herstellung der Polyurethane:

[121] Phosgen ist der Trivialname für das giftige Gas, das aus Kohlenmonoxid und Chlor nach der Gleichung $CO + Cl_2 \longrightarrow Cl\text{–}CO\text{–}Cl$ entsteht.

$$Cl-C(=O)-Cl$$

Phosgen

$$\begin{aligned}&Cl-CO-Cl + H_2N-(CH_2)_6-NH_2 + Cl-CO-Cl\\&\longrightarrow 2\,HCl + Cl-CO-NH-(CH_2)_6-NH-CO-Cl\\&\longrightarrow 2\,HCl + O=C=N-(CH_2)_6-N=C=O\end{aligned}$$

Denn wenn man das Hexamethylendiisocyanat mit Diolen (also Glykol und Konsorten) umsetzt, bilden sich wieder unendlich lange Molekülketten, also Kunststoffe:

$$\begin{aligned}&HO-(CH_2)_x-OH + O=C=N-(CH_2)_6-N=C=O \longrightarrow\\&\ldots -O-(CH_2)_x-O-CO-NH-(CH_2)_6-NH-CO- \ldots\end{aligned}$$

diesmal mit den teils an Harnstoff, teils an Kohlensäure erinnernden „Urethan"-Gruppen –O–CO–NH– als Bindeglied. In der Praxis verwendet man als bifunktionellen Alkohol meist schon einen Polyester, der an den Enden des Kettenmoleküls noch freie alkoholische OH-Gruppen trägt. Klar, dass man gerade auch hier durch gezielt-dosierte Verwendung von Trialkoholen oder Triisocyanaten Verzweigungen und Vernetzungen in die Riesenmoleküle einführen kann, kurzum: man bastelt tatsächlich „Kunststoffe nach Maß", welche direkt auf die Bedürfnisse des Verbrauchers zugeschnitten sind.

Polyurethanschaum durch Wasserzusatz

Will zum Beispiel der Kunde einen Kunststoff haben, der Hohlräume am Bau isolierend mit Schaum füllt, so setzt man zur Mischung aus Diisocyanat und Diol noch geringe Mengen Wasser zu und sorgt dafür, dass dieses mit übriggebliebenen Isocyanatgruppen reagieren kann. Denn bei dieser Reaktion entsteht Kohlendioxid nach der Gleichung

$$\ldots -(CH_2)_6-N=C=O + HOH \longrightarrow \ldots -(CH_2)_6-NH_2 + CO_2\uparrow$$

und dieses Gas schäumt den aushärtenden Kunststoff auf. Die entstehenden Aminogruppen bleiben dabei keineswegs erhalten (sie würden ja den Schaum alkalisch machen), sondern reagieren ebenfalls mit weiteren Isocyanatgruppen zu echten Harnstoffderivaten:

$$\ldots -(CH_2)_6-NH_2 \ + \ O{=}C{=}N-(CH_2)_6-$$
$$\longrightarrow \ldots -(CH_2)_6-NH-CO-NH-(CH_2)_6- \ldots$$

Das hochgiftige Phosgen ist auch der Rohstoff für die hochwertigen Polycarbonate, die man erhält, wenn man es mit den wahrhaftig vielseitigen Diolen oder auch Diphenolen umsetzt. Dabei wird Chlorwasserstoff abgespalten.

$$HO-R-OH + Cl-CO-Cl \longrightarrow HO-R-O-CO-O-Cl \ + \ HCl$$
$$HO-R-O-CO-Cl \ + \ HO-R-O-CO-Cl \longrightarrow \ldots O-R-O-CO-O- \ldots \ + \ HCl$$

Es sind Ester der so unbeständigen Kohlensäure, die sich bekanntlich jedem Versuch zur Reindarstellung dadurch entzieht, dass sie in ihr Anhydrid CO_2 und Wasser zerfällt. Ganz im Gegensatz hierzu sind ihre Polyester äußerst formbeständige, dauerhafte und ziemlich harte Materialien, vielen von uns unter dem Handelsnamen „Makrolon“ bekannt. Aus Makrolon bestehen zum Beispiel Motorradhelme, Brillengläser, CD-, CD-ROM- und DVD-Scheiben; im Panzerglas für Banken ist Makrolon mit Glas kombiniert, ohne Glas dient es für Flugzeugfenster.

Bakelit, der älteste Kunststoff

Nein, ganz ohne Zweifel ist das Papier der älteste Kunststoff der Menschheit – aber wir sind inzwischen so an dieses geduldige Material gewöhnt, dass wir es eher als eine Zubereitung aus Naturstoffen empfinden und deshalb unberechtigterweise für viel umweltfreundlicher halten als etwa Polyethylen oder sonst ein lieblos „Plastik“ genanntes Produkt. Nehmen wir also Kunststoff im gemeinhin verstandenen Sinne, so ist zweifellos das Bakelit der Methusalem, denn es ist über 100 Jahre alt.

Ihn entdeckte der Belgier Leo Hendrik Baekeland, als er 1907 Phenol mit Formaldehydlösung umsetzte. Er mischte Natronlauge als Katalysator dazu und ließ der Reaktion viele Stunden Zeit, obwohl er für ihre Beschleunigung schon erhöhte Temperaturen und Drücke gewählt hatte. Und siehe da, das Gemisch wurde rot und so fest, dass er den Glaskolben zerschlagen musste, der ihm als Reaktionsgefäß diente. Es entstand ein in der Hitze nicht verformbarer „Duroplast“, der älteste, aber auch heute noch nicht veraltete Kunststoff. Die Riesenmoleküle bilden sich in diesem Falle über die Zwischenstufe Salicylalkohol:

$$C_6H_5OH + CH_2O \longrightarrow C_6H_4(OH)CH_2{-}OH$$

dieser reagiert mit weiterem Formaldehyd zu einem *o,o,p*-Trimethylolphenol

$$C_6H_4(OH)CH_2{-}OH + CH_2O \longrightarrow HO{-}H_2C{-}C_6H_3(OH){-}CH_2{-}OH$$

$$HO{-}H_2C{-}C_6H_3(OH){-}CH_2{-}OH + CH_2O \longrightarrow HO{-}H_2C{-}C_6H_2(OH)(CH_2{-}OH){-}CH_2{-}OH$$

und dieses kann sich unter Wasserabspaltung zu einem Riesenmolekül zusammenkondensieren:

$$\ldots{-}O{-}H_2C{-}C_6H_2(OH)(CH_2{-}\ldots){-}CH_2{-}\ldots$$

Es ist erstaunlich, dass Harnstoff und Melamin mit Formaldehyd ähnlich reagieren:

$H_2N{-}C({=}O){-}NH_2$

Harnstoff

$C_3N_3(NH_2)_3$

Melamin

Dabei erhält man Harze und Leime. Melaminharze eignen sich zum Beispiel besonders gut für weiße Lichtschalter, Steckdosen und so fort.

So viele Kunststoffe, so viele Riesenmoleküle! Dem Laien will nicht in den Kopf, dass eine derartige Vielfalt notwendig sein soll. Er stellt sich vor, dass ein oder zwei Typen ausreichen müssten, beklagt die zunehmende Vermüllung der Meere und Landschaften und wenn er abends müde auf seine Matratze aus elastomerem „Schaumgummi“ sinkt, träumt mancher sanft von der ach so schönen Zeit ohne „Plastik“, in der man sich mit Stein, Holz, Horn, Metall, Leder, Glas und Pappe oder Papier so wunderbar behelfen konnte.

Es gäbe ein böses Erwachen, wenn über Nacht alle Kunststoffe aus der Welt verschwänden. Schon der gewohnte Griff zum Lichtschalter ginge ins Leere. Dennoch wäre das Befingern der blanken Kontakte ohne verhängnisvolle Folgen, denn die fehlende Isolierung hätte die Stromversorgung des Haushalts und der Stadt längst zusammenbrechen lassen. Die Zahnbürste bliebe unauffindbar, der Wasserhahn ließe sich mangels Dichtung nicht zudrehen, die Kaffeemaschine wäre zu einer kläglichen Metallkonstruktion entartet. Ohne Kreditkarten, Telefon, Radio, Fernsehen, iPod, Tablet, Notebook und Computer wäre das Leben zwar noch möglich, aber sinnlos, wie Loriot vermutlich formuliert hätte. Auch vom Kühlschrank, Staubsauger und der Einbauküche blieben wenig mehr als schöne Erinnerungen. Ökokatastrophen wegen verschwundener Abwasserleitungen müssten weiter an der Lebensqualität zehren; Erdgasausbrüche aus den verschwundenen Rohrleitungen Angst und Schrecken verbreiten. Die Mehrzahl aller Kleider wäre ohne die Kunstfasern überaus fadenscheinig geworden und die Schuhe meistens ohne Sohlen und Schnürsenkel weniger brauchbar. Die Autos – lauter fahruntüchtige Schrotthaufen ohne Reifen, Batterien, Tanks, Stoßfänger und Instrumentenbretter; die Flugzeuge fielen vom Himmel und die Supermärkte wären ohne die Kunststoffverpackungen ein wüster Ort der mangelnden Hygiene und des raschen Verderbs. Krankenhäuser wären paralysiert, Operationsnähte platzten auf, Bibliotheken und Regierung würden ausgebremst. Wegen fehlender Druckplatten gäbe es nicht einmal Zeitungen, die den völligen Zusammenbruch der Zivilisation melden und kommentieren könnten. Und es wäre ein überaus magerer Trost, dass auch die Finanzämter und Steueroasen nicht mehr funktionieren würden ...

Nicht nur im Kampf ums Überleben der Arten, sondern auch im Kampf um Marktanteile gelten die unbarmherzigen Gesetze Darwins: Das Bessere setzt sich durch, es ist der natürliche Feind des Guten.

Es ist deshalb kein Zufall, dass die Kunststoffe in weniger als einem Jahrhundert die klassischen Werkstoffe aus so vielen Anwendungen verdrängt haben. Und wenn sie ihrerseits ganze Technologien erst ermöglicht haben (wir denken dabei an Computer, 3D-Drucker und Smartphones), dann gewiss nicht, weil sie die Werbeindustrie anpreist, sondern wegen ihrer geradezu fabelhaften Vielseitigkeit. Im täglichen Verdrängungswettbewerb zwischen klassischen und modernen Werkstoffen setzt sich eben das Material durch, das den Anforderungen am besten gerecht wird, und da sind einfach die Kunststoffe auf vielen Gebieten unschlagbar: Sie rosten nicht, sie sind leicht, sie sind recycelbar, sie sind umweltfreundlich herstellbar, leicht zu entsorgen, sie sind je nach Bedarf hart oder weich, zäh oder spröde, durchsichtig oder trüb, formbeständig, elastisch, unzerbrechlich, aufgeschäumt, schlagfest und reißfest oder gefärbt oder farblos, kurzum, Kunststoffe sind

Alleskönner. Weil die Anforderungen so überaus vielfältig sind, muss es auch mehr als einige wenige Kunststoffsorten geben.

Nicht zuletzt schonen wir natürliche Ressourcen wie Erz, Holz und Mineralien, wenn wir Kunststoffe anstelle der klassischen Werkstoffe einsetzen, und, soweit wir Leder und Pflanzenfasern damit ersetzen, machen wir kostbaren Acker- oder Weideboden für die Ernährung der immer noch

Die wichtigsten Methoden zur Herstellung von Kunststoffen

1. Polymerisation

$$\begin{matrix}\mathrm{R}\\ \diagdown\\ \end{matrix}\!\!\mathrm{C{=}CH_2}\;\;\text{bzw.}\;\;\mathrm{(R)(H)C{=}CH_2} + \mathrm{(R)(H)C{=}CH_2} + \ldots \longrightarrow \ldots-\overset{\displaystyle \mathrm{R}}{\underset{\displaystyle \mathrm{H}}{\overset{|}{\underset{|}{\mathrm{C}}}}}-\mathrm{CH_2}-\overset{\displaystyle \mathrm{R}}{\underset{\displaystyle \mathrm{H}}{\overset{|}{\underset{|}{\mathrm{C}}}}}-\mathrm{CH_2}-\ldots$$

Beispiele:			
	$R = H$	$\longrightarrow$	Polyethylen
	$R = Cl$	$\longrightarrow$	Polyvinylchlorid
	$R = C_6H_5$	$\longrightarrow$	Polystyrol
	$R = CH_3$	$\longrightarrow$	Polypropylen

und Polyvinylether, Polyacrylate, Polyvinylacetat, Polyvinylpyrrolidon

2. Polykondensation

$$\mathrm{HO}-\overset{\displaystyle \mathrm{H}}{\underset{\displaystyle \mathrm{H}}{\overset{|}{\underset{|}{\mathrm{C}}}}}-\overset{\displaystyle \mathrm{H}}{\underset{\displaystyle \mathrm{H}}{\overset{|}{\underset{|}{\mathrm{C}}}}}-\mathrm{OH} + \mathrm{HO}-\underset{\displaystyle \mathrm{O}}{\underset{\|}{\mathrm{C}}}-\mathrm{R}-\underset{\displaystyle \mathrm{O}}{\underset{\|}{\mathrm{C}}}-\mathrm{OH} \longrightarrow$$

$$\ldots-\mathrm{O}-\overset{\displaystyle \mathrm{H}}{\underset{\displaystyle \mathrm{H}}{\overset{|}{\underset{|}{\mathrm{C}}}}}-\overset{\displaystyle \mathrm{H}}{\underset{\displaystyle \mathrm{H}}{\overset{|}{\underset{|}{\mathrm{C}}}}}-\mathrm{O}-\underset{\displaystyle \mathrm{O}}{\underset{\|}{\mathrm{C}}}-\mathrm{R}-\underset{\displaystyle \mathrm{O}}{\underset{\|}{\mathrm{C}}}-\ldots + \mathrm{HOH}$$

Beispiel: Polyester aus Glykol und Adipinsäure (–R– ist $-(CH_2)_4-$), oder aus Glykol und Terephthalsäure („PET" = Polyethylenterephthalat), Bakelit aus *o,o,p*-Trimethylolphenol oder Harnstoff-Formaldehydleim aus Dimethylolharnstoff. Typisch ist die Entstehung von Wasser.

3. Polyaddition

$$\mathrm{O{=}C{=}N{-}R{-}N{=}C{=}O} + \mathrm{HO}-\underset{\displaystyle \mathrm{O}}{\underset{\|}{\mathrm{R'}}}-\mathrm{OH}\ldots \longrightarrow \ldots-\underset{\displaystyle \mathrm{O}}{\underset{\|}{\mathrm{C}}}-\underset{\displaystyle \mathrm{H}}{\underset{|}{\mathrm{N}}}-\mathrm{R}-\underset{\displaystyle \mathrm{H}}{\underset{|}{\mathrm{N}}}-\underset{\displaystyle \mathrm{O}}{\underset{\|}{\mathrm{C}}}-\mathrm{O}-\underset{\displaystyle \mathrm{O}}{\underset{\|}{\mathrm{R'}}}-\mathrm{O}-\ldots$$

Beispiel: $R = -\,CH_2{-}CH_2-$ und $R' = -(CH_2)_4-$ $\longrightarrow$ Polyurethan

Abb. 8.1

rasch anwachsenden Weltbevölkerung frei. Deshalb wird der weitere Siegeszug der Kunststoffe nicht aufzuhalten sein.

Aber ist nicht der „Plastikmüll", der im Meer schwimmt, eine Gefahr für die Meeresfauna? Doch, aber warum geht der angeblich so umweltbewusste Verbraucher damit so sorglos um? Müll darf man nicht wegwerfen. Man muss ihn sammeln und recyceln. Steigende Preise für Rohöl und Erdgas werden dies bald noch lohnender machen als es jetzt schon ist.

Luft und Erdöl, das waren – von wenigen Ausnahmen abgesehen – immer wieder die Rohstoffe für unsere Riesenmoleküle. Gerade ihre Vielfalt wird bewirken, dass unser Gedächtnis im Laufe der Zeit vieles oder alles wieder vergisst, was wir in diesem Kapitel gelernt haben. Das ist auch nicht weiter schlimm, wenn Sie dieses Spezialwissen nicht im Beruf brauchen. Was sicher bleiben wird, ist das Wissen um den atomaren Aufbau dieser nahezu unvergänglichen Materialien: Aus kleineren Vorprodukt-Molekülen, die an zwei oder gar drei Stellen reaktionsfähige Gruppen tragen, entstehen durch eine Kettenreaktion riesenhafte Moleküle, die nun so stark aneinander kleben und miteinander verschlungen sind, dass die Reaktionsmasse fest wird.

Vielleicht hilft Ihnen auch die Zusammenstellung wichtiger Herstellverfahren und ihre sinnvolle Unterteilung nach Reaktionsweisen, wie sie Abb. 8.1 zeigt, das eine oder andere im Gedächtnis zu behalten.

Einmal mehr sehen wir, wie sich die Eigenschaften der Moleküle im makroskopischen Erscheinungsbild der Stoffe spiegeln. Aber wir sahen auch, dass es den Chemikern manchmal so geht, wie dem Hasen mit dem Igel. Wenn sie voller Feuereifer ihre Polyamide synthetisiert haben, merken sie, dass ihnen Mutter Natur um zwei oder drei Milliarden Jahre zuvor gekommen ist. Dass Horn und Harz, Leder, Seide und Wolle nicht die einzigen derartigen „Naturprodukte" sind, wird uns beim nächsten Ausflug klar werden. Er führt uns ins Grüne. Wir lernen dort eine uralte Erfindung primitiver Organismen kennen: Eine geniale Synthese, der wir die heutige Welt verdanken.

Neunter Ausflug: Ins Grüne

Drehen wir die Uhr um zweieinhalb Milliarden Jahre zurück! Die Erde gibt es schon seit weiteren zwei Milliarden Jahren. Trotz ihres ansehnlichen Alters bietet sie uns ein sehr ungewohntes Bild. Die ersten Kontinente ragen zwar bereits aus dem Ozean hervor, aber sie sind wüst und leer. Keine Pflanze, kein Tier bewohnt die noch nicht lange erstarrte Erdkruste, die an vielen Stellen von heftigen Vulkanausbrüchen und Erdbeben immer wieder zerrissen wird. Schwere Stürme toben über die nackte Landschaft, auf die nahezu unaufhörlich heftige Gewitter ungeheure Regenmassen herniederprasseln lassen. Blitze erhellen fast ununterbrochen den meist wolkenverhangenen Himmel, in dem kein Vogel, kein Flugsaurier, ja nicht einmal ein Insekt fliegt.

Mühsames Überleben in der Ursuppe

Auch in den Meeren gibt es keine Fische oder andere, uns geläufige Tiere wie Schnecken, Krebse oder Muscheln. Selbst die Tange oder Fadenalgen hat Mutter Natur noch nicht erfunden; das Leben beschränkt sich auf primitive Einzeller, welche mit Gärungsprozessen und anderen Abbaureaktionen die Energie gewinnen, die sie zum Aufbau ihrer Zellen und für die Fortpflanzung brauchen. Als Nahrung dienen ihnen dabei die Moleküle, die unter dem Einfluss der Blitze und des intensiven Sonnenlichts aus den Bestandteilen der Uratmosphäre entstehen. Ein mühsames und entbehrungsreiches Leben! Denn die „Ursuppe", die sich so bildet, ist dünn, und bei ihrer Verdauung ist nur wenig Energie zu gewinnen. In letzter Zeit hat sich dennoch der Wettkampf um das Überleben bedrohlich zugespitzt. Zahlreiche Arten haben sich so stark vermehrt, dass die Nahrung überaus knapp geworden ist.

Ein anderer Stoffwechsel, der etwa so, wie wir es gewöhnt sind, durch biochemisches Verbrennen der Nahrung Energie gewinnt, ist leider ganz unmöglich, denn in der Atmosphäre kommt kein Sauerstoff vor. Sie besteht aus lebensfeindlichen, oft sogar giftigen Gasen wie Ammoniak, Methan, Blausäure, Stickstoff, Wasserstoff, Kohlenmonoxid und Kohlendioxid.

Die geniale Erfindung der Blaualgen

Not macht erfinderisch! Deshalb haben ein paar pfiffige Mikroorganismen vor zweieinhalb Milliarden Jahren einen biochemischen Weg entdeckt, sich selber Nahrung herzustellen. Sie produzieren aus Kohlendioxid und Wasser einen Leckerbissen, den sie schon seit einiger Zeit als seltenen Bestandteil der Ursuppe kennen und verdauen gelernt haben: den Traubenzucker. Ganz formal folgt die dazu nötige Reaktion der folgenden Summengleichung:

$$6\,CO_2 + 6\,H_2O \longrightarrow C_6H_{12}O_6 + 6\,O_2$$

Die Entstehung von Sauerstoff aus Wasser und Kohlendioxid, zwei sehr stabilen, höchst energiearmen Verbindungen, ist so überraschend, dass wir sie uns in einem Versuch ansehen wollen:

Versuch 28: Photosynthese

Wir füllen ein Einmachglas mit Wasser, geben einige Zweige Wasserpest oder eine andere grüne Wasserpflanze hinein, bedecken diese mit einem umgekehrten Trichter und stellen es ins Sonnenlicht. Nach kurzer Zeit beobachten wir, dass an den Zweigen der Wasserpest Gasbläschen entstehen, die durch das Wasser im Trichter aufsteigen. Wir können sie mit Hilfe eines wassergefüllten Reagenzglases sammeln, das wir umgekehrt in die Flüssigkeit eingetaucht haben. Dies erfordert eventuell einige Tage Belichtungszeit. Zuletzt nehmen wir das gasgefüllte Reagenzglas behutsam aus dem Wasser, wobei wir es provisorisch mit dem Daumen verschließen, und führen einen noch glimmenden Holzspan in den Gasraum ein. Der Span brennt hell auf und zeigt damit an, dass das Gas Sauerstoff war.

Woher kommt der Sauerstoff?

Es ist eine spannende Frage, ob dieser Sauerstoff aus dem Kohlendioxid stammt oder aus dem Wasser. Instinktiv neigen wir dazu, das stabile Wassermolekül unangetastet zu lassen und den Sauerstoff dem Kohlendioxid zu entziehen, also folgende Teilgleichungen anzunehmen:

$$(1)\quad 6\,CO_2 \longrightarrow 6\,C + 6\,O_2$$
$$(2)\quad 6\,C + 6\,H_2O \longrightarrow C_6H_{12}O_6$$

So dachten auch die maßgeblichen Chemiker in der zweiten Hälfte des 19. Jahrhunderts. Weil sie sich vorstellten, das Wassermolekül würde „irgendwie" an den Kohlenstoff gebunden, prägten sie konsequent die Bezeichnung „Kohlenhydrate", die sich bis heute erhalten hat. Sie bedeutet nichts anderes, als dass das Kohlenhydratmolekül aus Kohlenstoff durch Wasseranlagerung entstanden sein müsste.

Die Alternative, bei der das Wassermolekül gespalten wird und sich der Wasserstoff „irgendwie" an das Kohlendioxid anlagert, kommt uns dagegen ziemlich unwahrscheinlich vor. Dennoch wollen wir auch dafür folgende Teilgleichungen anschreiben:

$$(3)\quad 6\,H_2O \longrightarrow 6\,H_2 + 3\,O_2$$

$$(4)\quad 6\,CO_2 + 6\,H_2 \longrightarrow C_6H_{12}O_6 + 3\,O_2$$

Die Entscheidung zwischen den beiden Alternativen brachten Experimente mit Wasser, das in geringer Konzentration radioaktiven Sauerstoff enthielt. Wenn Gleichung 1) und 2) richtig sind, muss der radioaktive Sauerstoff aus dem Wassermolekül in das Traubenzuckermolekül gelangen, im Falle der Alternative 3) und 4) wird er im Reaktionsnebenprodukt Sauerstoff zu finden sein.

Und tatsächlich: Nach der Reaktion fanden die Forscher höchst überraschend die radioaktiven Sauerstoffatome nicht im Traubenzucker, sondern im elementaren Sauerstoff. Demnach wird das Wassermolekül gespalten; die Alternative mit den Teilgleichungen 3) und 4) ist richtig.

Es lohnt sich unbedingt, diese Reaktion ein wenig näher zu betrachten. Zwei Dinge fallen uns dabei sofort ins Auge:

Rein chemisch gesehen, wird den Wassermolekülen Wasserstoff entzogen, sie werden „dehydriert"; Sauerstoff bleibt übrig. Dies geschieht nach folgender Reaktionsgleichung:

$$H_2O \longrightarrow 2\,H^+ + 0{,}5\,O_2 + 2\,e^-,$$

wobei e^- das Zeichen für ein Elektron sein soll. Weil der Sauerstoff statt der Oxidationszahl –2 im Wassermolekül nun die Oxidationszahl 0 des elementaren Sauerstoffs annimmt, kann man auch sagen, dass er oxidiert wurde. Und diese Aussage kann man auch auf das Wassermolekül ausdehnen, denn sein Sauerstoffgehalt nimmt durch die Photosynthese von (16:18)·100 %, also rund 89 auf die exakt 100 % des elementaren Sauerstoffs zu. Wenn aber Wasser durch Abgabe von Wasserstoff oxidiert wird, dann muss es seinem Reaktionspartner diesen Wasserstoff aufschwatzen.

Dieser Reaktionspartner ist das Kohlendioxid. Ihm wird der Wasserstoff aufgehalst, es wird „hydriert". Dies geschieht aber gezielt. Es nimmt nämlich nicht so viel Wasserstoff wie möglich auf (dann entstünde ja CH_4), sondern wunderbarerweise weniger, und zwar so viel, dass einerseits sieben Kohlenstoff-Wasserstoff-Bindungen und fünf Kohlenstoff-Kohlenstoffbindungen entstehen sowie andererseits Kohlenstoff-Sauerstoffbindungen erhalten bleiben, denn das Traubenzuckermolekül hat die Strukturformel

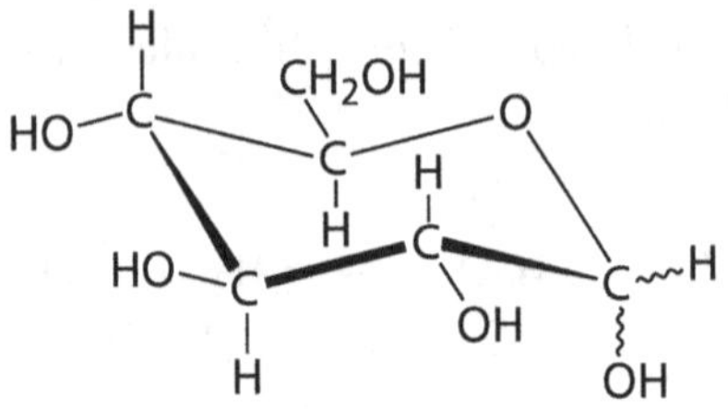

Obwohl also die Hydrierungsreaktion nicht bis zum bitteren Ende Methan läuft, führt sie doch dazu, dass in der Gesamtbilanz sechs Moleküle Kohlendioxid in ein sauerstoffärmeres Molekül umgewandelt werden. Wir erkennen dies daran, dass im Kohlendioxid zwei Atome Sauerstoff auf ein Atom Kohlenstoff kommen, während im Traubenzuckermolekül auf jedes Atom Kohlenstoff nur ein Atom Sauerstoff kommt. Daran sehen wir, dass tatsächlich das Kohlendioxid reduziert wurde, und zwar durch das äußerst reaktionsträge Reduktionsmittel Wasser. Hier sind zwei Ausrufezeichen angebracht!!

Ein Nahrungsmittel aus Stoffwechselschlacken

Wir haben demnach in doppelter Hinsicht eine äußerst ungewöhnliche Reaktion vor uns, denn einerseits wird das extrem stabile Wassermolekül gespalten und andererseits das ähnlich stabile Kohlendioxid selektiv hydriert. Und, um unser Staunen noch weiter zu erhöhen, entsteht aus sechsmal zwei einfachen, energiearmen anorganischen Molekülen, beide Abfallprodukte des Stoffwechsels, ein hoch geordnetes, energiereiches Nahrungsmittelmolekül. Unsere Hochachtung vor der biochemischen Leistung jener pfiffigen Mikroorganismen bleibt selbst dann ungeschmälert, wenn wir von ihren neiderfüllten menschlichen Konkurrenten erfahren, dass sie wohl hunderte von Millionen Jahren brauchten, um ihre Synthese zu entwickeln, und dass sie dabei glücklicherweise auf Vorstufen aufbauen konnten.

Nach allem, was wir über solche unwahrscheinlichen Reaktionen in der anorganischen Chemie gelernt haben, brauchen sie viel Energie, um abzulaufen. Einerseits muss nämlich unter hohem Energieaufwand das Wassermolekül zerlegt werden, und zusätzliche Energie wird benötigt, um aus den ungeordnet herumfliegenden, einfach gebauten Molekülen eines Gases und einer Flüssigkeit ein so wohlgeordnetes Feststoffmolekül wie den Traubenzucker zu basteln. Deshalb haben sich unsere winzigen Biochemiker rechtzeitig nach einer Energiequelle umgesehen und beschlossen, die leistungsfähigste und dauerhafteste Energiequelle der Erde für ihre Zwecke anzuzapfen: die Sonne!

Farbstoffmoleküle als Lichtsammler

Zu diesem Zweck erfanden sie einen Stoff, der den blauen und roten Teil des Sonnenlichts einfängt und deshalb gelbgrün aussieht: das Chlorophyll oder Blattgrün, eine komplexe Magnesiumverbindung (s. Abb. 7.2). Zur Leistungsverstärkung gaben sie ihm andere Farbstoffmoleküle bei, die zum Beispiel grünes Licht verschlucken und deshalb rot aussehen – das Carotin (s. S. 136) ist das bekannteste von ihnen[122]. Durch das aufgenommene Lichtenergiequant („Photon") geht nun das Blattgrünmolekül in einen angeregten Zustand über. In diesem angeregten Zustand kann es außer der aufgenommenen Energie auch noch ein Elektron abgeben. Energie und Elektron werden über Trägermoleküle weitergereicht und bewirken mithilfe von Biokatalysatoren (Enzymen) die selektive Hydrierung des Kohlendioxids. Das Blattgrün fällt nach der Abgabe der Lichtenergie und des Elektrons erschöpft in seinen normalen Zustand zurück und fühlt nun schmerzlich die Lücke, die das abgegebene Elektron hinterlassen hat.

In diese Lücke liefert ein zweites, etwas anders gebautes Chlorophyllmolekül ein Elektron ein. Auch dieses Molekül ist mit lichtaufnehmenden „Antennenmolekülen" ausgestattet. Ähnlich wie das erste hat es sich durch ein Photon anregen lassen und hat mit dem Elektron Energie auf die Reise durch die Trägermoleküle geschickt. Während das Elektron, wie gesagt, in die Elektronenlücke des ersten Chlorophyllmoleküls schlüpft, wird die Energie für die Herstellung eines Energiespeichermoleküls namens „Adenosintriphosphat", kurz ATP (Abb. 9.1), verwendet. Nach dem Abklingen seiner Erregung vermisst nun das zweite Chlorophyllmolekül sein abgegebenes Elektron, und zwar so heftig, dass es die Lücke (das „Elektronenloch") mit einem Elektron aus dem Wassermolekül auffüllt.

[122] Die roten Blattfarbstoffe werden als Herbstlaubfärbung sichtbar, sobald das Blattgrün abgebaut wird.

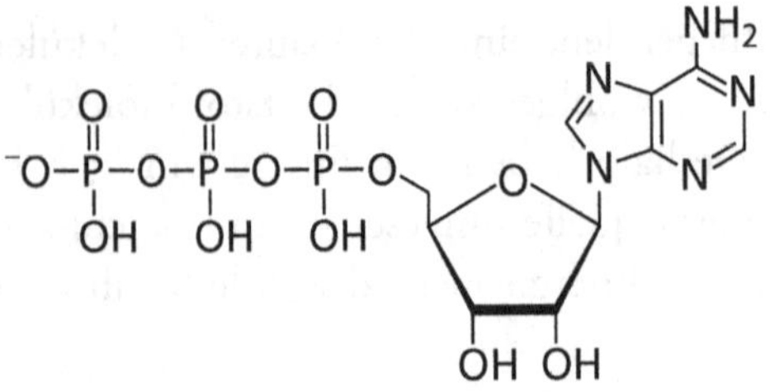

Adenosintriphosphat („ATP"), das Energiespeichermolekül

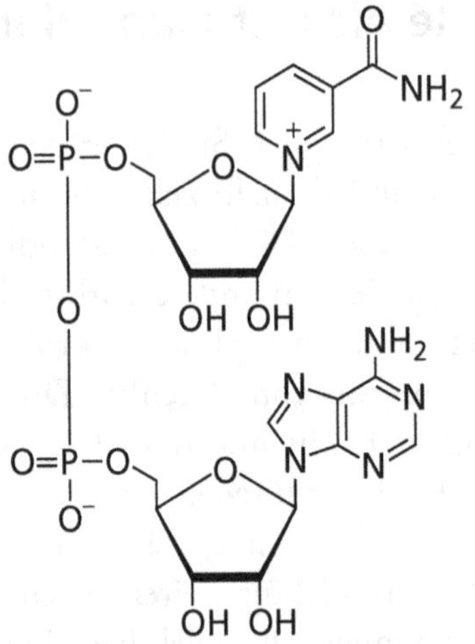

$NADP^+$, Nicotinamid-Adenin-Dinucleotid-Phosphat, nimmt Wasserstoff und ein Elektron an und wird zu

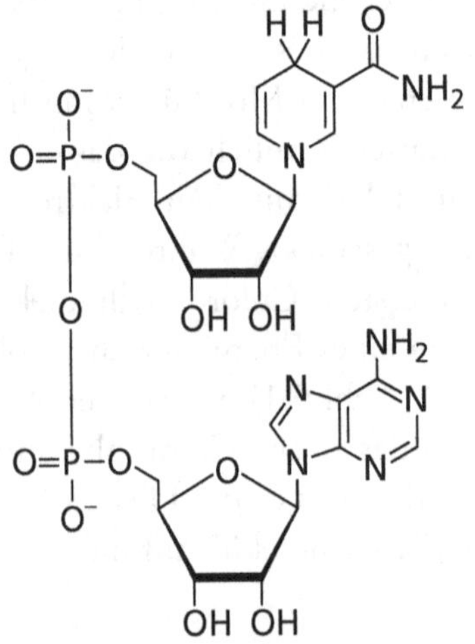

NADPH, dieses überträgt Wasserstoff auf Kohlendioxid
(... ⟶ Traubenzucker)

Abb. 9.1

Weil beim nächsten Durchlauf dem Wasser ein weiteres Elektron entrissen wird, zerfällt das Wassermolekül in Sauerstoff und zwei Wasserstoff-Ionen. Die merkwürdige Reaktion

$$H_2O \longrightarrow 0{,}5\ O_2 + 2\ H^+ + 2\ e^-$$

an die wir nicht so recht glauben wollten, findet also auf diese Weise tatsächlich statt. Angetrieben wird sie durch das zweite Chlorophyllmolekül, das die Elektronen aus dem Wassermolekül gierig in sein Elektronenloch stopft. Einem anderen Wassermolekül wird nämlich im dritten Durchgang wieder ein Elektron weggerissen, und das ganze Spiel kann erneut beginnen.

Der gezielten Teilhydrierung des Kohlendioxids haben wir bis jetzt nur wenige dürre Worte gewidmet. Statt dessen haben wir mit Hilfe des zweiten Blattgrünmoleküls Energie gebunkert und Wassermoleküle gespalten. Die eigentliche Teilhydrierung des Kohlendioxids zum Traubenzucker liegt also noch vor uns.

Für diese gebremste Reduktion des Kohlendioxids ist reaktionsfähiger Wasserstoff nötig. Stark vereinfacht können wir uns vorstellen, dass er aus den nach obiger Gleichung entstandenen Wasserstoff-Ionen der Zellflüssigkeit und den vom angeregten ersten Blattgrünmolekül herbeigereichten Elektronen entsteht:

$$H^+ + e^- \longrightarrow H$$

Dieser zweifellos sehr reaktionsfähige atomare Wasserstoff wird nun aber nicht einfach auf das Kohlendioxid losgelassen, sondern dazu benutzt, ein kompliziert gebautes Kation zu hydrieren, nämlich das Nicotinamid-adenin-dinucleotid-phosphat („$NADP^+$", siehe Abb. 9.1), wobei ein weiteres Elektron die positive Ladung ausgleicht. Das Reaktionsprodukt („NADPH") ist jetzt endlich fähig, sein Wasserstoffatom auf das Kohlendioxid zu übertragen.

Aber das NADPH ist überfordert, wenn es allein das Traubenzuckermolekül aufbauen soll. Es kann beim besten Willen nicht einfach sechs teilhydrierte Kohlendioxidmoleküle zum sauerstoffhaltigen Sechsring mit Seitenkette und richtig angeordneten Substituenten (s. S. 230) zusammenpuzzeln. Das teilhydrierte Kohlendioxid wird vielmehr biokatalytisch mit einem vorfabrizierten Zuckermolekül aus fünf Kohlenstoffatomen umgesetzt. Dabei entstehen zwei Zuckermoleküle mit je drei Kohlenstoffatomen, die sich nun über mehrere Zwischenstufen zum Traubenzuckermolekül zusammenschließen. Stark vereinfacht, folgt die Einarbeitung des Kohlendioxids folgendem Schema:

$$\text{C–C–C–C–C} + \text{C} \longrightarrow \text{C–C–C} + \text{C–C–C} \longrightarrow \text{C–C–C–C–C–C}$$

oder in Zahlen ausgedrückt:

$$C_5 + C \longrightarrow C_3 + C_3 \longrightarrow C_6$$

Aus einem Teil der Zwischenstufenmoleküle wird ein neues Molekül C_5-Zucker gebastelt, das dann das nächste teilhydrierte CO_2 aufnimmt und so geht das immer weiter. Das C_5-Zuckermolekül wirkt also wie der Sauerteig, der das Brot vor dem Backen aufgehen lässt und wieder von der aufgegangenen Teigmasse abgezweigt wird, um beim nächsten Backvorgang erneut das Brot aufzulockern.

Sicher ist Ihnen aufgefallen, dass Photonen nicht mehr benötigt werden, wenn erst einmal das $NADP^+$ zu NADPH reduziert ist. Tatsächlich läuft von da an die vielstufige Synthese des Traubenzuckers auch im Dunkeln weiter. Sie verbraucht allerdings Energie, und die wird nun von dem Energiespeichermolekül ATP beigestellt, das sozusagen als Nebenprodukt vom zweiten Chlorophyllmolekül mit Hilfe eines Photons hergestellt wurde. Es spaltet sich nämlich unter Energieabgabe in Adenosindiphosphat („ADP“) und Phosphorsäure nach folgender Gleichung:

$$\text{A–O–}\overset{\overset{\displaystyle O}{\|}}{\underset{\underset{\displaystyle OH}{|}}{P}}\text{–O–}\overset{\overset{\displaystyle O}{\|}}{\underset{\underset{\displaystyle OH}{|}}{P}}\text{–O–}\overset{\overset{\displaystyle O}{\|}}{\underset{\underset{\displaystyle OH}{|}}{P}}\text{–OH} + \text{HOH} \longrightarrow \text{A–O–}\overset{\overset{\displaystyle O}{\|}}{\underset{\underset{\displaystyle OH}{|}}{P}}\text{–O–}\overset{\overset{\displaystyle O}{\|}}{\underset{\underset{\displaystyle OH}{|}}{P}}\text{–OH} + H_3PO_4 + \text{Energie}$$

wobei A für das Adenosinmolekül steht.

Eine Rückkopplung aus grauer Vorzeit

Wenn die Photosynthese an einem strahlenden Sommertag sehr flott läuft, kann die Dunkelreaktion so viel ATP verbrauchen, dass unser Energiespeichermolekül selten wird. Aber die erfinderischen Blaualgen haben für diesen Fall eine Art Umleitungsreaktion erdacht, mit der auch das erste Chlorophyllmolekül ATP statt NADPH herstellen kann. Dadurch wird die energieverbrauchende Dunkelreaktion wegen NADPH-Mangel wirksam gebremst und andererseits die Erzeugung der Energiespeichermoleküle verstärkt. Eine echte Rückkopplung aus der Zeit vor zweieinhalb Milliarden Jahren!

Eine Synthese, die die Welt ernährt …

Uff! Das war hart! Die Biochemie der Photosynthese zeichnet sich nicht durch einfache Reaktionsmechanismen und übersichtliche Moleküle aus.

Um so größer ist unsere Hochachtung vor den Blaualgen, „dummen", einzelligen Mikroorganismen, die sie erfunden haben und bis heute so souverän benutzen, um sich aus Abfallprodukten des Stoffwechsels mithilfe von eingefangenem Sonnenlicht ihre Nahrung selbst herzustellen. Kein Wunder, dass sie rasch Nachahmer fanden, die ihre Reaktionen sozusagen in Lizenz übernahmen. Alle unsere grünen Pflanzen arbeiten nämlich nach diesem Prinzip und zwar so effizient, dass sie (meist unfreiwillig) gleich die Nahrung für tierische Pflanzenfresser mitproduzieren. Die wiederum sind – ebenfalls unfreiwillig – Nahrung für Fleisch- und Allesfresser. So können wir getrost sagen, dass die Photosynthese die belebte Welt ernährt und auch für den reichhaltig gedeckten Tisch der Menschen sorgt. Ohne sie könnten wir und die Tiere nicht leben (während die Pflanzen mit ihrer Hilfe auch ohne uns und ohne Tiere ganz gut zurecht kämen).

... und die Welt veränderte

Mehr noch: die Blaualgen und die grünen Pflanzen haben mithilfe der Photosynthese nach und nach das Kohlendioxid der Uratmosphäre bis auf einen kleinen Rest aufgezehrt und durch Sauerstoff ersetzt. Allmählich sammelten sie und ihre Nachahmer so viel Sauerstoff in der Luft an, dass andere Mikroorganismen eine weitere epochemachende Erfindung machen konnten: die Atmung, die den Sauerstoff für eine sparsame, flammenlose biochemische Verbrennung der Nahrung verwendet. Dadurch wird die Energie gewonnen, die für den Aufbau und Erhalt ihres Körpers erforderlich ist. Jetzt wird uns nebenbei auch klar, warum man den Energieinhalt unserer Nahrung in Kilojoule oder Kilokalorien angeben kann.

Bei der Verbrennung werden die in der Nahrung enthaltenen Kohlenstoffatome wieder in Kohlendioxid verwandelt, die Wasserstoffatome ergeben Wasser. Das Kohlendioxid scheiden wir mit der Atemluft aus, das Wasser hauptsächlich über die Nieren und die Haut. Damit entstehen wieder die energiearmen Stoffwechselendprodukte, aus denen die Pflanzen mithilfe der Photosynthese Traubenzucker herstellen.

Am Beispiel des Traubenzuckers formuliert, folgt die biochemische Verbrennung dieses Nahrungsmittels der Summengleichung

$$C_6H_{12}O_6 + 6\ O_2 \longrightarrow 6\ CO_2 + 6\ H_2O + \text{Energie}$$

Zu dieser Gleichung gelangen wir auch, wenn wir die Summengleichung für die Photosynthese auf S. 228 von rechts nach links lesen.

Das Kohlendioxid verwandelt sich also durch die Photosynthese in Traubenzucker, dieser wird durch die Atmung wieder zu Kohlendioxid. Das Spiel kann sich beliebig oft wiederholen, der Kohlenstoff läuft dabei im Kreis.

Ähnlich läuft der Sauerstoff im Kreis: durch die Photosynthese wird er aus Wasser produziert, durch die Atmung wird er verbraucht. Dabei entsteht wieder Wasser.

Sogar für den Wasserstoff können wir einen Kreislaufprozess formulieren, denn durch die Photosynthese wird er aus dem Wasser auf das Traubenzuckermolekül übertragen, durch die biochemische Verbrennung wird er wieder zu Wasser oxidiert.

Was allerdings nicht im Kreis läuft, ist die Energie. Denn durch die Photosynthese wird Sonnenenergie eingefangen und in dem energiereichen Nahrungsmittelmolekül Traubenzucker als chemische Energie gespeichert. Bei der biochemischen Verbrennung des Traubenzuckers wird die chemische Energie als Wärmeenergie frei. Die wiederum wird dazu benutzt, um unseren Körper aufzubauen und warm zu halten.

Nach unserem Tode werden Mikroorganismen dafür sorgen, dass er verwest. Dabei entsteht aus seinen Kohlenstoffatomen wieder Kohlendioxid, aus seinen Wasserstoffatomen Wasser. Unser Leib gibt der Natur zurück, was sie ihm für ein kurzes Leben geliehen hat: Atome.

Insgesamt sorgt die Photosynthese der grünen Pflanzen dafür, dass das wertlose Stoffwechsel-Endprodukt Kohlendioxid mithilfe der Sonnenenergie immer wieder in essbare Nahrung verwandelt wird, statt sich in der Umwelt anzureichern und zuletzt alles höhere Leben auszulöschen. Sie ist deshalb auch unser bester Verbündeter, wenn wir gegen die von den Menschen verursachte Zunahme des Kohlendioxids in unserem Treibhaus Erde ankämpfen.

Freilich hat die Photosynthese auch der Ursuppe allmählich den Garaus gemacht. Die entsteht nämlich nur in Abwesenheit von Sauerstoff unter den gewittrigen Bedingungen der Uratmosphäre. Mit der Ursuppe verschwanden die primitiven Vorläufer der Blaualgen, die sich von ihr ernährt haben, für immer aus dem Urozean. Schade! Hätten sie in irgendeiner ökologischen Nische, einem Urbiotop sozusagen, bis heute überlebt, dann könnten wir sie untersuchen und wüssten genauer, wie die ersten primitiven Lebewesen in der Ursuppe entstanden und wie sie sich weiterentwickelten.

Aber mit der Ursuppe verschwand ihre Nahrung. Andere, modernere und leistungsfähigere Lebewesen traten an ihre Stelle: Die Welt, wie wir sie kennen, entstand. Nur noch im Labor können wir die Ursuppe erzeugen. Wir können auch nicht Jahrmilliarden warten, bis sich in ihr die ersten Spuren eines primitiven Lebens zeigen. Deswegen sind wir hinsichtlich der Entstehung des Lebens wahrscheinlich für immer auf Vermutungen und Hypothesen angewiesen. Ähnlich wie ein geschickter Indianer die Spuren hinter sich verwischt, hat auch das Leben mithilfe der Photosynthese die Umwelt vernichtet, in der es entstanden ist. Der neugierige Mensch, der die Frühgeschichte des Lebens studieren möchte, ist zweieinhalb Milliarden Jahre zu spät geboren.

Unnötig kompliziert?

Dennoch will es dem unbefangenen Betrachter so scheinen, als ob die Blaualgen einige unnötige Komplikationen in ihre Photosynthese eingebaut hätten. So geht es uns nicht unbedingt in den Sinn, warum das erste Molekül Blattgrün seinen Elektronenmangel nicht selbst aus dem Wassermolekül deckt, sondern sich ein Elektron von einem zweiten Molekül Blattgrün zureichen lässt. Auch wenn wir erfahren, dass die beiden verschiedene Wellenlängen des Sonnenlichts ausnutzen, reicht uns das nicht zur Erklärung aus: Schließlich kümmern sich ja schon solche Antennenmoleküle wie das Carotin um Licht anderer Wellenlänge.

Der wahre Grund ist der, dass erst durch die zweimalige Aufnahme eines Lichtquants und das Weiterreichen der beiden Elektronen die aufgenommene Energiemenge ausreicht, um sowohl Wasser zu oxidieren wie auch Kohlendioxid zu hydrieren. Sozusagen stehen die beiden Chlorophyllmoleküle auf der Energieleiter übereinander und erreichen erst dadurch die für die Photosynthese erforderliche hohe Energie. Sie gleichen zwei Buben, die gern über eine Mauer steigen möchten, aber dafür zu klein sind. Nur wenn sich der eine auf die Schultern des anderen stellt, reicht ihre Größe aus, um das Hindernis zu überwinden.

Die einfache Photosynthese der Schwefelbakterien

Tatsächlich gibt es Bakterien, welche die Photosynthese mit nur einer Sorte von Chlorophyllmolekülen erfolgreich betreiben. Sie arbeiten also mit einfacherer Ausrüstung als die Blaualgen und deren Nachfolger. Diese Ausrüstung stellt aber auch nicht so viel Energie zur Verfügung, wie für beide Teilreaktionen erforderlich ist. Solche Bakterien können zwar das Kohlendioxid zu Traubenzucker reduzieren, aber nicht das Wasser als Reduktionsmittel einsetzen. Das Wasser ist für sie unbrauchbar, weil es als Reduktionsmittel zu reaktionsträge ist. Sie benötigen für diese Aufgabe ein besseres und setzen deshalb statt H_2O den ähnlich gebauten Schwefelwasserstoff (H_2S) ein. Die Summengleichung für ihre Photosynthese lautet dann:

$$6\,CO_2 + 6\,H_2S \longrightarrow C_6H_{12}O_6 + 6\,S + 3\,O_2$$

Vielleicht sind sie die Vorläufer der Blaualgen. Zweifellos hätten sie in der Evolution mehr Nachahmer gefunden, wenn ihr Reduktionsmittel nicht den Nachteil hätte, dass es im Vergleich zu Wasser ziemlich selten in der Natur vorkommt (nämlich fast nur in aktiven oder noch nicht lange erloschenen Vulkanen).

Das Reaktionsprodukt Traubenzucker

Wenn wir uns das auf S. 230 dargestellte Traubenzucker- (oder „Glucose"-[123]) Molekül betrachten, fallen uns sogleich einige Besonderheiten auf:

Das Molekül enthält fünf OH-Gruppen. Es ist also mit unserem altvertrauten Ethylalkohol verwandt. Die Verwandtschaft ist allerdings eine ziemlich entfernte, denn Ethanol hat nur eine einzige OH-Gruppe. Deshalb ist auch der Geschmack sehr verschieden – süß beim Traubenzucker, brennend scharf beim Alkohol. Näher verwandt scheint uns das Glykol, das wir auf S. 214 als Veresterungskomponente der Polyester und als Gefrierschutzmittel im Kühler unseres Autos kennengelernt haben. Tatsächlich ist der Glucose und dem Glykol der süße Geschmack gemeinsam. Offensichtlich wird dieser durch die Häufung von Alkoholgruppen im Molekül hervorgerufen. Zur Bestätigung untersuchen wir das Glycerin mit seinen drei Alkoholgruppen (S. 119) ausnahmsweise sprachwissenschaftlich: Der Name, der von dem selben griechischen Wort abstammt wie „Glykol" und „Glucose", verrät, dass auch diese Verbindung süß schmeckt. Wir finden eine ähnliche Häufung von alkoholischen Hydroxidgruppen in vielen anderen süß schmeckenden Stoffen, so zum Beispiel im Milchzucker, Fruchtzucker, Rohrzucker, Malzzucker, aber auch im Mannit, einem Alkohol mit sechs Kohlenstoffatomen und sechs OH-Gruppen. Ihn dürfen Diabetiker unbedenklich genießen:

$$HO{-}H_2C{-}CHOH{-}CHOH{-}CHOH{-}CHOH{-}CH_2{-}OH$$

Wir halten also fest: Zucker schmecken süß, weil sie in ihren Molekülen gehäuft Alkoholgruppen enthalten.

Das Traubenzuckermolekül enthält sieben C–O-Bindungen. Sie sind aus den insgesamt 12 C=O-Doppelbindungen hervorgegangen, die in den sechs Kohlendioxidmolekülen vorhanden waren, aus denen das Traubenzuckermolekül gebastelt wurde. Jedes Kohlenstoffatom trägt eine C–O-Bindung, nur das Kohlenstoffatom rechts außen zwei. Wenn wir die Verbindungsklassen, die wir bei unseren Ausflügen kennengelernt haben, vor unserem inne-

[123] Kommt von griechisch glykys = süß.

ren Auge Revue passieren lassen und mit dem Glucosemolekül vergleichen, finden wir zunächst eine gewisse Ähnlichkeit mit den Ethern. Es stört uns überhaupt nicht, dass hier ein sesselförmig gewellter Sechsring mit einem Sauerstoffatom im Ring vorliegt, denn das Sesselmolekül kennen wir vom Cyclohexan (Abb. 2.2) und einen cyclischen Ether lernten wir mit dem Tetrahydrofuran aus Reppes Raritätenkabinett kennen (S. 157). Was uns eher befremdet, ist die Tatsache, dass das Kohlenstoffatom rechts außen nicht nur an der Etherbindung beteiligt ist, sondern eine zweite C–O-Bindung in Form einer alkoholischen OH-Gruppe trägt. Jetzt erinnern wir uns! Verbindungen mit zwei C–O-Bindungen an ein und dem selben C-Atom, von denen die eine etherartig und die andere alkoholartig ist, trafen wir bisher nur bei den Halbacetalen, jenen merkwürdigen Anlagerungsverbindungen von einem Molekül Alkohol an einen Aldehyd (S. 81). Offensichtlich ist unser Traubenzucker ein solches Halbacetal. Welcher Aldehyd und welcher Alkohol stecken in unserem Glucosemolekül?

Wenn wir an diesem besonderen Kohlenstoffatom, dem wir die Nummer 1 geben, die Aldehydgruppe wiederherstellen wollen, müssen wir die etherartige Bindung zum Kohlenstoffatom Nummer 5 aufbrechen. Dieses Kohlenstoffatom erhält das Sauerstoffatom der etherartigen Bindung, das Sauerstoffatom raubt sich das Wasserstoffatom der OH-Gruppe von Nummer 1 und wird dadurch eine völlig normale OH-Gruppe am Kohlenstoffatom Nummer 5. Dem Kohlenstoffatom Nummer 1 bleibt dadurch gar keine andere Wahl, als mit dem ihm verbliebenen Sauerstoffatom eine Doppelbindung auszubilden. Kurzum, es entsteht hier eine Aldehydgruppe und insgesamt ein Aldehyd aus sechs Kohlenstoffatomen mit fünf Alkoholgruppen:

```
    O≈C–H
      |
   H–C–OH
      |
  HO–C–H
      |
   H–C–OH
      |
   H–C–OH
      |
     CH2OH
```

Traubenzucker – ein verkappter Aldehyd

Erstaunlicherweise ist also das Nahrungsmittel Traubenzucker ein 2,3,4,5,6-Pentahydroxyhexanal-1, oder einfacher ausgedrückt, ein Aldehyd mit sechs Kohlenstoffatomen und fünf alkoholischen OH-Gruppen, welcher mit der OH-Gruppe seines fünften Kohlenstoffatoms ein Halbacetal bildet. Wir könnten auch sagen: Ein verkappter Aldehyd. Als solcher hat er sich uns im Versuch 12 (bei der Umsetzung mit ammoniakalischer Silbernitratlösung) zu erkennen gegeben. Allerdings legt er die halbacetalische Tarnkappe nicht immer ab. Es gibt durchaus Aldehydreaktionen, die er *nicht* mitmacht. Umgekehrt können wir Traubenzucker mit einer Reaktion nachweisen, zu der gewöhnliche Aldehyde nicht fähig sind:

Versuch 29: Nachweis von Traubenzucker

Wir mischen in einem Reagenzglas gleiche Mengen von Fehlingscher Lösung I mit Fehlingscher Lösung II[124] und fügen wässrige Ammoniaklösung hinzu, bis sich der anfangs entstandene hellblaue Niederschlag wieder auflöst und die Flüssigkeit tiefblau wird. In diese Mischung tropfen wir etwas wässrige Traubenzuckerlösung und erwärmen anschließend bis fast zum Sieden. Allmählich fällt ein zuerst gelber, dann prächtig roter Niederschlag von Kupfer(I)-oxid (Cu_2O) aus.

Diese Reaktion gelingt nicht mit jeder Art von Zucker. Wir überzeugen uns, dass sie zum Beispiel mit unserem im Haushalt verwendeten Rohr- oder Rübenzucker[125] ausbleibt.

Offensichtlich hat der Traubenzucker die zweifach positiv geladenen Ionen des Kupfersulfats zu den einfach positiv geladenen Ionen des Cu_2O reduziert. Dabei wird der Traubenzucker zu einer Zuckersäure oxidiert. Am übersichtlichsten wird die Reaktion, wenn wir sie in Teilschritte zerlegen:

Aus dem Kupfersulfat der Fehlingschen Lösung I und den OH-Ionen der Ammoniaklösung entsteht Kupfer(II)-hydroxid:

$$CuSO_4 + 2\,NaOH \longrightarrow Na_2SO_4 + Cu(OH)_2$$

Dieses wird durch Ammoniak und die Tartrate der Lösung II in einen tiefblauen Komplex verwandelt. Wir betrachten der Einfachheit halber, was mit dem Kupferhydroxid passiert, lassen also die Komplexbildner weg:

Dem Kupfer(II)-hydroxid wird durch den Traubenzucker Sauerstoff entzogen:

---

[124] Im Internet erhältlich. Man kann sie auch selbst herstellen: **Fehling** I: 7 g Kupfersulfat-Pentahydrat in 100 ml Wasser lösen. **Fehling** II: 35 g Kalium-natriumtartrat und 10 g Natriumhydroxid in 100 ml Wasser lösen.

[125] Rohrzucker ist mit Rübenzucker völlig identisch, bis auf die Tatsache, dass er aus Zuckerrohr statt aus Zuckerrüben gewonnen wird. Der chemische Name ist „Saccharose", abgeleitet von „Saccharum", einem Wort, das aus dem Sanskrit stammt, Zucker bedeutet und in viele Sprachen übernommen wurde. Auch unser Wort „Zucker" hat die selbe Herkunft, ähnlich wie azúcar im Spanischen, sugar im Englischen und sucre im Französischen. Rohrzucker hat die Formel $C_{12}H_{22}O_{11}$.

$$2\,Cu(OH)_2 \longrightarrow Cu_2O + 2\,H_2O + O$$

Der Traubenzucker verwandelt sich dabei durch Sauerstoffaufnahme (Oxidation) in Zuckersäure:

$$C_6H_{12}O_6 + O \longrightarrow C_6H_{12}O_7$$

Selbstverständlich verwandelt die Oxidationsreaktion die Aldehydgruppe in eine CO–OH-Gruppe, ähnlich wie bei der Oxidation des Acetaldehyds zur Essigsäure (s. S. 84).

Alle Nahrungsmittel entstehen aus Traubenzucker

So weit, so gut. Wir haben gelernt, wie die grünen Pflanzen aus zwei wertlosen Abfallprodukten der Verbrennung, nämlich aus Wasser und Kohlendioxid das wertvolle Nahrungsmittel Traubenzucker synthetisieren. Aber das kann noch nicht die ganze Wahrheit sein, denn sonst müssten alle Pflanzenteile süß schmecken und sich in Wasser lösen. In Wirklichkeit enthalten nur einige Früchte Glucose, so zum Beispiel Weintrauben. Tatsächlich verwandeln die Pflanzen mithilfe biochemischer Reaktionen die Hauptmenge der Glucose in *alle* anderen organischen Substanzen, die sie für ihr Dasein benötigen.

Diesen Satz sollten wir uns auf der Zunge zergehen lassen. Er besagt nämlich, dass alle organischen Substanzen unserer Nahrung letzten Endes aus Traubenzucker hervorgegangen sind, auch wenn sie inzwischen als Fleisch oder Fisch vor uns liegen[126]. Mehr noch: Weil unser Körper durch biochemische Umwandlung unserer Nahrung entstand, können wir sagen, dass jedes organische Molekül unseres Körpers irgendwann in seiner Entstehungsgeschichte Traubenzucker (und vorher Kohlendioxid) war, ganz gleichgültig, ob wir von Molekülen der Haut, der Nägel, der Sehnen, des Hirns oder des Muskelfleischs sprechen.

Dabei ist die Entstehung von Eiweiß und Fett aus Traubenzucker derart kompliziert, dass ihre Beschreibung den Rahmen dieses Buches sprengen würde. Viel einfacher ist zu verstehen, wie die Pflanzen Stärke und Zellstoff (Cellulose) aus Traubenzucker gewinnen. Dabei helfen uns folgende Versuche:

---

[126] Er besagt übrigens auch, dass die Pflanze das Element Kohlenstoff nicht mit Hilfe der Wurzeln aus dem Boden, sondern ausschließlich über die Blätter aus der Luft aufnimmt, und zwar als Kohlendioxid. Diese Tatsache hat als erster Liebig erkannt.

Versuch 30: Zersetzung von Stärke

Wir erhitzen langsam eine Spatelspitze Reis- oder Kartoffelstärke im Reagenzglas über dem Spiritusbrenner. Nach allmählicher Gelb- und dann Braunfärbung beginnt eine Zersetzungsreaktion, bei der Wasserdampf entweicht, der sich an kühleren Stellen des Glases in Tröpfchen abscheidet. Zurück bleibt schließlich eine schwarze Substanz, die ausschließlich aus Kohlenstoff besteht.

Offensichtlich ist auch die Stärke ein Kohlenhydrat, das heißt, eine Verbindung , die formal aus Wasser und Kohlenstoff besteht. Könnten wir die Reaktion mengenmäßig genauer verfolgen (etwa in der Verbrennungsapparatur von Liebig – s. Abb. 1.1), so würden wir die Zusammensetzung $C_6H_{10}O_5$ finden.

Versuch 31: Zersetzung von Cellulose

Wir wiederholen Versuch 30, verwenden aber einen kleinen Bausch naturbelassene Watte als Ausgangsstoff (Watte besteht zu praktisch 100 % aus Cellulose). Der Versuch führt zum gleichen Ergebnis. Auch Zellstoff hat die Zusammensetzung $C_6H_{10}O_5$.

Sind also Stärke und Cellulose identisch? Die Unlöslichkeit in Wasser, die beide Substanzen auszeichnet, spricht auf den ersten Blick dafür. Aber Stärke ist ein Nahrungsmittel, Zellstoff dagegen ein völlig unverdaulicher „Ballaststoff" (aus ihm bestehen zum Beispiel die Zellwände von Obst und Gemüse). Auch chemisch gibt es deutliche Unterschiede, wie der nächste Versuch zeigt:

Versuch 32: Nachweis von Stärke

Wir schütteln eine kleine Spatelspitze Reis- oder Kartoffelstärke mit einigen Millilitern Wasser und fügen dann einen Tropfen Iodtinktur hinzu. Die vorher weißen Stärkekörner färben sich tiefblau; sie haben sich in Iodstärke verwandelt.

Wir überzeugen uns, dass der Versuch misslingt, wenn wir Watte an Stelle von Stärke einsetzen. Es tritt keine Reaktion ein.

In den Versuchen 30 und 31 haben wir Stärke und Cellulose durch brutales Erhitzen zersetzt. Versuch 32 bewies, dass die beiden Substanzen trotz gleicher Summenformel chemisch verschiedene Isomere sind. Bei schonender durchgeführten Abbaureaktionen zeigen die beiden Substanzen aber erneut eine verblüffende Ähnlichkeit:

Versuch 33: Biochemischer Abbau von Stärke

Wir kauen ein Stückchen Brot mindestens zwei Minuten lang. Es beginnt, süß zu schmecken. Wir maischen das gekaute Brot mit etwas Wasser an, rühren gut durch und filtrieren den verdünnten Brei. Einige Tropfen des klaren Filtrats verwenden wir bei einer Wiederholung von Versuch 29 an Stelle von Traubenzucker. Der rote Niederschlag zeigt an, dass Glucose entstanden ist. Offensichtlich hat unser Speichel als Biokatalysator einen schonenden Abbau der Stärke des Brots bewirkt.

Nur Optimisten werden diesen Versuch mit Watte anstatt Stärke wiederholen. Wir verwenden lieber einen anorganischen Katalysator zum schonenden Abbau von Cellulose:

Versuch 34: Katalytischer Abbau von Cellulose

Wir übergießen einen kleinen Wattebausch im Reagenzglas mit etwa 3 ml entmineralisiertem Wasser, fügen vier Tropfen verdünnte Schwefelsäure[127] als Katalysator hinzu und heizen das Ganze dreißig Minuten lang auf 100 °C, indem wir den unteren Teil des Glases in siedendes Wasser tauchen. Von Zeit zu Zeit gießen wir so viel Wasser in das Reagenzglas nach, wie durch Verdunsten verloren gegangen ist. Nach dem Abkühlen filtrieren wir und neutralisieren das Filtrat unter häufigem Schütteln durch vorsichtiges Eintropfen von verdünnter Natronlauge, bis uns ein Streifen pH-Papier anzeigt, dass ein pH-Wert von 7 oder 8 bis 9 erreicht ist. Nun wiederholen wir Versuch 29, verwenden aber unser neutralisiertes Filtrat an Stelle von Traubenzucker. Der rote Niederschlag von Kupfer(I)-oxid beweist uns, dass auch beim Abbau von Cellulose Traubenzucker entsteht!

Unsere Verwirrung nimmt zu: Zwei völlig verschiedene Naturstoffe ergeben beim schonenden Abbau ein und das selbe Produkt, nämlich Traubenzucker. Daraus dürfen wir umgekehrt schließen, dass die Pflanzen bei der biochemischen Herstellung von Stärke und Zellstoff von ein und dem selben Rohstoff, nämlich Traubenzucker ausgehen. Dabei wird Wasser abgespalten, denn man gelangt von der Summenformel der Glucose zu der Summenformel von Stärke oder Zellulose nach folgender Gleichung:

$$C_6H_{12}O_6 \longrightarrow C_6H_{10}O_5 + H_2O$$

Weil offensichtlich außer Biokatalysatoren keine weiteren Reaktionspartner mitspielen, liegt es nahe, anzunehmen, dass eine Art Polymerisation stattfindet. Sie beginnt vermutlich damit, dass zwischen zwei Traubenzuckermolekülen

[127] Falls wir die verdünnte Schwefelsäure selbst herstellen müssen, lassen wir vorsichtig 1 ml konzentrierte Schwefelsäure in 4 ml entmineralisiertes Wasser einlaufen (niemals umgekehrt!). Vorsichtig umschütteln oder umrühren und auf Raumtemperatur abkühlen lassen. Schutzbrille und Gummihandschuhe verwenden!

ein Wassermolekül austritt und sich die beiden Restmoleküle miteinander verbinden, ähnlich wie bei der Entstehung von Polyestern (S. 92):

$$C_6H_{12}O_6 + C_6H_{12}O_6 \longrightarrow C_{12}H_{22}O_{11} + H_2O$$

An dieses „Disaccharid" lagert sich nach dem gleichen Mechanismus ein drittes Glucosemolekül an, ein viertes, fünftes und so fort, bis eben ein Riesenmolekül von Stärke oder Cellulose entstanden ist, ein „Polysaccharid" (wörtlich: Mehrfachzucker).

Bei genauerer Betrachtung des Traubenzuckermoleküls können wir sogar erraten, welche der vielen OH-Gruppen am wahrscheinlichsten für die Wasserabspaltung in Frage kommt. Es ist natürlich diejenige, die am Kohlenstoffatom Nummer 1 sitzt. Sie ist ja die einzige, die aus einer Aldehydgruppe durch die Bildung eines Halbacetals entstanden ist:

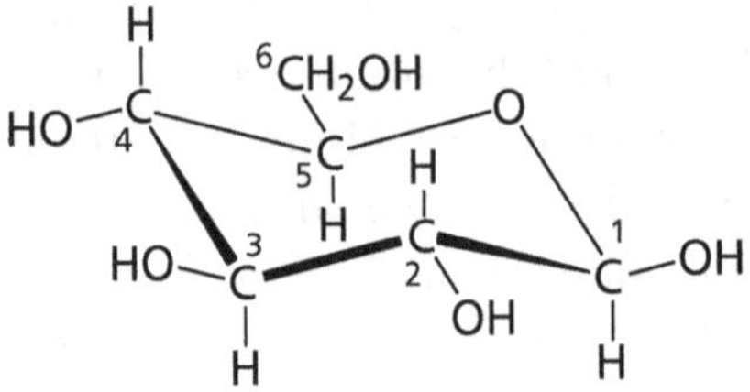

Und ähnlich leicht, wie die OH-Gruppe der Halbacetale mit Alkoholen unter Wasserabspaltung Vollacetale bilden (S. 81), wird sie wohl auch mit einer alkoholischen OH-Gruppe des benachbarten Glucosemoleküls reagieren:

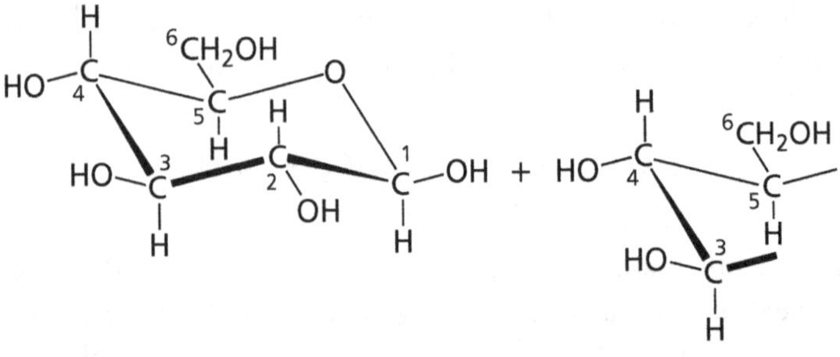

Selbst unter den fünf alkoholischen OH-Gruppen des benachbarten Glucosemoleküls können wir *eine* als bevorzugte Reaktionspartnerin erkennen. Es ist die am Kohlenstoffatom Nummer 4, und zwar aus zwei einleuchtenden Gründen:

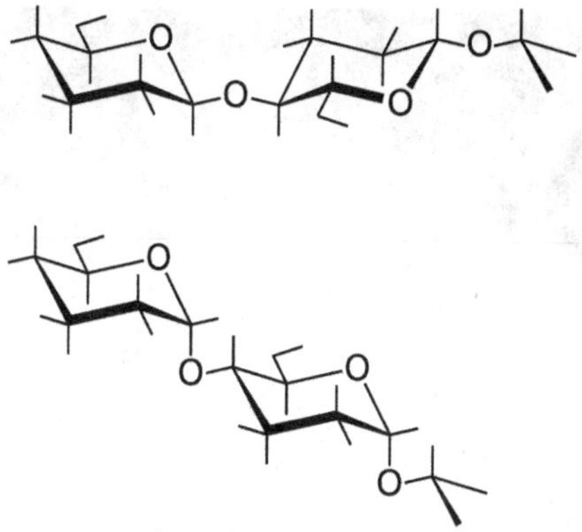

Abb. 9.2 β-1,4-Bindung in Cellulose (oben) und α-1,4-Bindung in Stärke (unten)

Sie ist am weitesten von dem Kohlenstoffatom Nummer 1 entfernt. Wenn die Pflanze eine möglichst lange Molekülkette bilden will, kann sie so den gesamten Durchmesser des sesselförmigen Sechsrings ausnützen.

Es ist die einzige OH-Gruppe, die nicht notwendigerweise ein geknicktes Kettenmolekül ergibt. Im Gegenteil lässt sich das mit ihrer Hilfe gebildete Kettenmolekül wunderbar geradeziehen, wenn man jede zweite Traubenzuckereinheit um 180° dreht, also sozusagen auf dem Rücken liegend einbaut (Abb. 9.2).

Damit hätten wir erklärt, wie die Riesenmoleküle der Stärke und der Cellulose zustande kommen. Auch die Unlöslichkeit der beiden in Wasser macht uns keine Schwierigkeiten. Sie beruht auf Wasserstoffbrücken, die zwischen den Riesenmolekülen auftreten, alles versteifen und damit verhindern, dass Wassermoleküle beliebig leicht an die OH-Gruppen herankommen. Aber der Unterschied zwischen beiden Naturstoffen ist uns immer noch ein Rätsel. Jetzt hilft uns eine Beobachtung weiter:

Stärke tritt immer in „*Körnern*" auf. Das sind rundliche Gebilde, die im Mikroskop bei 100–300-facher Vergrößerung sichtbar werden und für jede Pflanze eine eigentümliche Form haben (Abb. 9.3). Cellulose dagegen finden wir häufig in *Fasern*, also langgestreckten Gebilden, aus denen der Mensch seit Jahrtausenden Fäden spinnt, Seile dreht und Tücher webt. Die Ähnlichkeit mit den tierischen Fasern Seide, Wolle und den künstlichen Polyesterfasern ist unverkennbar. Dort finden wir kettenförmige Moleküle, hier liegen offensichtlich ebenfalls Kettenmoleküle, allerdings aus Traubenzuckereinheiten vor. Fast sicher handelt es sich um sehr lange Ketten, denn nur solche können trotz der vielen OH-Gruppen im Molekül so extrem wasserunlöslich sein, wie dies Cellulosefasern sind.

Man kann solche Fasern auch künstlich herstellen, wie das manche Firmen tun und wie der nächste Versuch beweist.

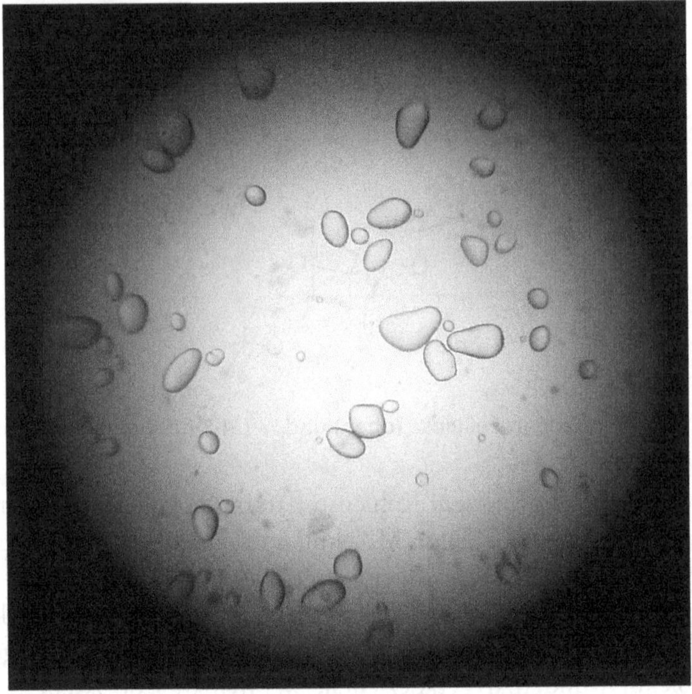

Abb. 9.3 Stärkekörner

Versuch 35: Herstellung von „Kunstseide"

Wir stellen aus 20 ml Wasser eine gesättigte Kupfersulfatlösung her (was wegen der geringen Lösungsgeschwindigkeit einige Tage erfordert). Nun gießen wir die Lösung ohne den Bodensatz in ein Marmeladenglas mit Deckel und fügen unter Umrühren 20 ml einer 25 %igen wässrigen Ammoniaklösung hinzu. Zuerst fällt ein hellblauer Niederschlag aus, der aber wieder verschwindet. Die Lösung nimmt dabei eine tiefblaue Farbe an. Jetzt fehlen noch 1.5 g Natriumhydroxid, die wir vorsichtig nach und nach in 5 ml Wasser gelöst haben und nun einrühren (Schutzbrille! Verätzungsgefahr durch Ammoniak und Natronlauge, besonders für die Augen!). In die fertige Mischung bringen wir unter Umrühren 1 g reine Watte ein und lassen das Glas verschlossen 24 Stunden stehen. Die Watte wird weich und löst sich auf, dabei wird die Flüssigkeit zäher. Wir füllen einige Milliliter dieser Substanz in eine Spritze und pressen sie langsam in ein Bad von 100 ml kalter 1:10 verdünnter Schwefelsäure (siehe Fußnote auf S. 243!). Die aus der Spritzdüse austretende Lösung bildet dabei einen zuerst dunkelblauen, dann farblosen Faden. - Die Celluloselösung im geschlossenen Glas als Sondermüll entsorgen!

(Die im Textilhandel übliche Bezeichnung „Kunstseide" für diese Fasern ist allerdings irreführend, denn bei der Naturseide sind Aminoessigsäureeinheiten zu einem Riesenmolekül verknüpft. Chemisch zutreffender wäre „Kunstbaumwolle").

Damit hätten wir allein durch ein paar Experimente und scharfsinniges Nachdenken die Struktur der Cellulosemoleküle aufgeklärt[128] Auch wenn wir dabei einige Sachverhalte nur erraten und nicht durch unwiderlegbare Versuche bewiesen haben, zeigen unsere Gedankengänge doch, mit welchen Methoden die Chemiker die Gestalt von Molekülen erforschen. Rätselhaft bleibt allerdings immer noch, wodurch sich die Stärkemoleküle von den langen Kettenmolekülen des Zellstoffs unterscheiden.

Weil die Stärke immer in Form von Körnern auftritt, vermuten wir, dass die Stärkemoleküle im Gegensatz zu den langgestreckten Kettenmolekülen der Cellulose verknäuelt oder irgendwie aufgerollt sein dürften. Aber warum ist das so?

Der kleine Unterschied

Hier hilft uns die Rückbesinnung auf die räumliche Darstellung des Traubenzuckermoleküls (S. 244) weiter. Denn jetzt fällt uns auf, dass wir die OH-Gruppe am Kohlenstoffatom 1 etwas willkürlich so anschrieben, dass sie ungefähr in der Ringebene liegt. Das Wasserstoffatom, das an Kohlenstoffatom Nummer 1 gebunden ist, besetzt dagegen den Bindungsarm, der nach unten zeigt.

Das war natürlich reine Willkür, denn mit dem gleichen Recht hätten wir auch umgekehrt verfahren können: die C–H-Bindung liegt ungefähr in der Ringebene und die OH-Gruppe taucht dafür nach unten weg. In diesem Fall entsteht ein Glucosemolekül, das nicht mehr fähig ist, mit einem zweiten gleichartigen zu einem gestreckten Kettenmolekül zu reagieren. Auch wenn man die zweite Glucoseeinheit auf den Rücken dreht, bleibt ein Knick zwischen den beiden Sechsringen (Abb. 9.2). Ein weiterer Knick in die gleiche Richtung entsteht beim Anbau der dritten, vierten, kurzum, jeder weiteren Einheit. Das Kettenmolekül wird also immer krummer; es könnte sich zum Ring schließen, tut dies aber nicht, sondern windet sich stattdessen zu einer Wendel, die einen röhrenförmigen Hohlraum umschließt. Frei nach Wilhelm Busch können wir uns also merken:

[128] Dabei haben wir allerdings die räumliche Struktur des Glucosemoleküls als bekannt vorausgesetzt. Deren Aufklärung erfordert selbstverständlich einige weitere Versuche, die wir mit unseren bescheidenen Mitteln nicht durchführen können.

... es krümmt voll Quale
Das Molekül sich zur Spirale.

In diesen Hohlraum lagert sich das Iod bei der Herstellung von Iodstärke (Versuch 32) ein. Noch häufiger als solche Wendelmoleküle, die etwa 300 Glucoseeinheiten enthalten („Amylose"), sind gebogene verzweigte Ketten aus etwa 1000 Glucoseeinheiten. Damit wird verständlich, dass solche Moleküle im Gegensatz zur Cellulose eher Körner als Fasern bilden.

Aus modifizierter Stärke bestehen übrigens die biologisch abbaubaren Kunststoffe, aus denen man neuerdings Müllbeutel, Flaschen und Behälter herstellt. Ihr Hauptvorteil ist der, dass man sie sorgloser wegwerfen kann, weil sie irgendwann zu Grunde gehen – ihr Nachteil, dass sie aus Nahrungsmitteln entstehen, die in ärmeren Ländern knapp sind. Ein anderer Weg zu solchen Materialien beginnt ebenfalls bei der Stärke. Man vergärt sie mit Hilfe von Bakterien zu Milchsäure. Weil diese sowohl eine Alkoholgruppe als auch eine COOH-Gruppe in der Formel trägt (s. S. 253), können die Milchsäuremoleküle miteinander zu Polyestern reagieren.

Zwei verschiedene Traubenzuckermoleküle

Offensichtlich gibt es also das Traubenzuckermolekül in zwei räumlich verschiedenen Isomeren, die sich nur ein winziges bisschen, nämlich in der Stellung der halbacetalischen OH-Gruppe an Kohlenstoffatom 1 unterscheiden. Beim Polymerisieren führt allerdings dieser kleine Unterschied zu zwei sehr verschiedenen Produkten, nämlich Cellulose oder Stärke. Es ist wie mit zwei Uhren, von denen eine pro Stunde eine Sekunde vor-, die andere eine Sekunde nachgeht. Weil sich die winzige Differenz Stunde um Stunde verstärkt, zeigen die beiden bald ganz verschiedene Zeiten an.

Neugierig fragen wir uns, ob es tatsächlich diese beiden Isomeren gibt. Die Antwort lautet: Ja. Aus historischen Gründen heißen sie α-D-Glucose und β-D-Glucose. Stärke entsteht, wenn α-D-Glucose unter Wasserabspaltung polymerisiert, kettenförmige Cellulosemoleküle entstehen aus β-D-Glucoseeinheiten.

Aber die beiden isomeren Glucosemoleküle sind nur in fester Form beständig. Wenn man sie in Wasser auflöst, bilden sie ein Gleichgewicht, bei dem die β-Form überwiegt. Das heißt im Klartext: 100 g α-Form, in Wasser gelöst, ergeben nach ein paar Stunden eine Mischung von 35 g α-Form und 65 g β-Form. Zum gleichen Resultat gelangt man, wenn man den Versuch mit 100 g β-Form beginnt. Woher weiß man das so genau? Um diese Frage zu beantworten, müssen wir ein wenig weiter ausholen.

Optisch aktive Moleküle

Im Jahre 1815 entdeckte der französische Physiker Biot[129] bei einigen organischen Flüssigkeiten und Festkörperlösungen eine merkwürdige Eigenschaft, die wir uns im nächsten Versuch ansehen wollen.

Versuch 36: Optisch aktive Moleküle

Wir basteln uns mit Hilfe eines Laubsägebogens einen etwa 8 cm hohen Tisch mit 10 × 10 cm Tischfläche. In der Mitte der Tischplatte haben wir ein kreisförmiges Loch von 2 cm Durchmesser ausgespart, auf das wir ein Polarisationsfilter aus unserer Fotoausrüstung mittig auflegen. (Es genügt auch ein Polarisator aus Kunststoff, wie ihn manche Experimentierbaukästen für optische Versuche enthalten). Wir sichern dieses Filter gegen Beschädigung und unabsichtliches Verrutschen durch eine passend ausgeschnittene Blende aus Sperrholz, die wir auf der Tischplatte festkleben.

Nun bauen wir einen ähnlichen zweiten Tisch mit 14 cm hohen Beinen dergestalt, dass wir das zentrale Loch mit einem zweiten Polarisationsfilter oder einer polarisierenden Kunststoffscheibe abdecken können. Diesen höheren Tisch schrauben wir auf der Platte des niedrigeren Tischs fest. Auch das obere Polarisationsfilter sichern wir durch eine möglichst genau passende Sperrholzblende, die wir auf dem oberen Tisch festkleben. Mit Hilfe eines Winkelmessers markieren wir an der Blende, die das obere Filter im Zentrum der Platte drehbar einfasst, eine Winkeleinteilung mit Teilstrichen von jeweils 10°. Wenn wir richtig gearbeitet haben, muss es jetzt möglich sein, von oben senkrecht durch die beiden Filter auf ein hell beleuchtetes Blatt Papier herunter zu blicken, auf das wir unser Instrument gestellt haben. Die ganze Konstruktion zeigt Abb. 9.4.

Nun drehen wir das obere Filter so lange, bis wir beim Blick durch beide Filter das weiße Papier möglichst stark verdunkelt sehen. Die jetzige Position des oberen Filters markieren wir, indem wir einen Strich auf der Filterfassung anzeichnen und auf der Gradeinteilung ablesen, wo der Markierungsstrich steht. Statt eines Filzstifts können wir eventuell auch einen farbigen Klebestreifen zum Markieren verwenden.

Wir haben in dieser Versuchsanordnung erreicht, dass das vom Papier ausgehende Licht durch das untere Filter polarisiert wird[130] und nur noch in

---

[129] J. B. Biot lebte von 1774–1862. Er war Professor am Collège de France in Paris.

[130] Polarisiertes Licht entsteht, wenn gewöhnliches Licht durch einen „Polarisator" geleitet wird. Es schwingt dann nur noch in einer einzigen räumlichen Richtung, etwa so wie ein Seil, das man an einem Ende angebunden hat und am anderen Ende auf- und abwärts bewegt. Unpolarisiertes Licht schwingt dagegen in allen räumlichen Richtungen, also nicht nur auf und ab, sondern auch nach links und rechts, schräg von links unten nach rechts oben usw. Ein guter Polarisator ist zum Beispiel ein Kalkspatkristall oder ein in der Photographie verwendbares „Polarisationsfilter".

Abb. 9.4 Polarisationstisch

einer Richtung schwingt, die vom oberen Filter genau ausgelöscht wird. Drehen wir jetzt das obere Filter um 90°, so können wir das Papier wieder gut sehen, weil nun das obere Filter das vom unteren kommende polarisierte Licht durchlässt.

Jetzt füllen wir ein schlankes Wasserglas mit dünnem Boden oder ein Becherglas von etwa 10 cm Höhe 6 cm hoch mit Wasser und stellen es vorsichtig auf den unteren Tisch. Ohne Schwierigkeit können wir wieder das Papier verdunkeln, indem wir das obere Polarisationsfilter um 90° auf den abgelesenen Skalenstrich zurückdrehen. Das Wasser hat also an der ursprünglichen Versuchsanordnung nichts verändert: Das obere Filter löscht wieder das vom unteren polarisierte Licht aus.

Jetzt lösen wir unter behutsamem Umschütteln oder Umrühren in unserem Wasserglas 70 g Zucker in 50 g Wasser. Es entstehen 85 ml Lösung. Wenn wir diese Lösung nun zwischen die beiden Polarisationsfilter auf die untere Tischplatte stellen, beobachten wir, dass das vorher abgedunkelte Papier deutlich sichtbar ist. Um stärkste Verdunkelung zu erreichen, müssen wir das obere Filter im Uhrzeigersinn drehen. Im Gegensatz zum Versuch mit reinem Wasser tritt keine vollständige Verdunkelung ein; die stärkste Abschattung verrät sich jedoch durch einen auffälligen Farbumschlag von blaugrün nach rot. Wir können den dafür notwendigen Drehungswinkel an unserer Gradeinteilung ablesen. Er beträgt zum Beispiel etwa 33°, wenn die Zuckerlösung in unserem Wasserglas eine Füllhöhe von 6 cm hatte. Bei größerer Füllhöhe, also bei Verwendung von mehr Lösung oder eines schlankeren Glases, vergrößert sich der Winkel entsprechend. Die Bestimmung des Ablenkungswinkels ist besonders leicht, wenn wir während der Messung den Raum zwischen den beiden Tischplatten durch ein entsprechend gefaltetes Papier verdunkeln. Natürlich ergibt unser selbstgebasteltes Polarimeter keine sehr genauen Messwerte. Hätten wir mit einem anspruchsvolleren Instrument und mit monochromatischem gelbem Licht gearbeitet, so hätten wir unter gleichen Bedingungen einen Winkel von 36° gemessen. Offensichtlich hat es die Zuckerlösung fertiggebracht, die Schwingungsebene des polarisierten Lichts um diese 36° zu drehen.

Biot fand, dass sich manche organische Flüssigkeiten wie Terpentinöl, aber auch Weinsäurelösungen, wenn sie mit polarisiertem Licht durchstrahlt wurden, ähnlich verhielten. Die Drehung der Schwingungsebene des polarisierten Lichts ist dabei um so stärker, je länger der Weg ist, den das Licht in der Lösung oder Flüssigkeit durchläuft. Konzentrierte Lösungen drehen stärker als verdünnte. Bald nannte man derartige Stoffe „optisch aktiv“. Schon Biot vermutete, dass die optische Aktivität eine Eigenschaft der Moleküle sein müsste, denn sie bleibt erhalten, auch wenn man die Substanz mit einer Flüssigkeit verdünnt. Die Tatsache, dass manche Kristalle beim Durchstrahlen die Schwingungsebene des polarisierten Lichts drehen (Quarzkristalle haben zum Beispiel diese Eigenschaft), erklärte er dagegen als eine Eigenschaft der Kristalle, denn beim Schmelzen solcher Festkörper verschwindet die optische Aktivität vollständig.

Bei kristallographischen Arbeiten über die Weinsäure und ihre Salze gewann der später so berühmte französische Forscher Louis Pasteur[131] als junger Mann die Erkenntnis, dass die Moleküle optisch aktiver organischer Verbindungen immer in zwei isomeren Formen vorkommen, die sich wie rechte und linke Hand verhalten, oder wie Bild und Spiegelbild. Er konnte nachweisen, dass sich solche „optische Isomere“ in allen chemischen und physikalischen Eigenschaften gleichen und sich nur in der Drehung der Schwingungsebene des polarisierten Lichts unterscheiden. Dabei drehen die beiden Isomeren gleich stark, aber in entgegengesetzter Richtung, das eine nach

---

[131] Louis Pasteur, geboren in Dôle (Jura), lebte von 1822 bis 1895. Er lehrte Biologie und Chemie an den Universitäten Dijon, Straßburg, Lille und an der Sorbonne in Paris. Berühmt wurde er durch seine scharfsinnigen Arbeiten über die Schutzimpfung sowie über die Konservierung von Lebensmitteln durch „Pasteurisieren“ (Erhitzen zur Abtötung der Keime von Mikroorganismen).

links (also gegen die Laufrichtung der Uhrzeiger), das andere nach rechts. Die Mischung beider Isomeren im Verhältnis 1:1 war dagegen optisch inaktiv, drehte also gar nicht! In der chemischen Literatur hatte sie schon 1831 Berzelius als „Traubensäure“ beschrieben.

Pasteur sortiert optisch aktive Salzkristalle

Pasteur war ein ungewöhnlich begabter Beobachter. So fand er bald heraus, dass sich manche Salze der beiden optisch aktiven Weinsäuren doch auch in der Kristallform unterscheiden, und zwar immer dann, wenn er für ihre Herstellung optisch aktive Basen einsetzte. Und wieder verhielten sich die Kristalle wie Bild und Spiegelbild!

Er war überzeugt, dass dies kein Zufall sein konnte, sondern dass die Atomanordnung in den Molekülen der optisch aktiven Weinsäureisomeren einerseits zu spiegelbildsymmetrischen Kristallen führt und andererseits in Lösung optische Aktivität in jeweils gegensätzlicher Richtung hervorruft. Die Erkenntnis war so revolutionär, dass der 48 Jahre ältere skeptische Biot vor der Bekanntmachung in der Akademie der Wissenschaften (1848) selbst Traubensäure herstellte, ihre optische Inaktivität nachprüfte und dann Pasteur bat, mit Substanzen aus seinem (Biots) eigenen Labor die optisch aktiven Salze herzustellen und deren Kristalle vor seinen Augen unter dem Mikroskop zu sortieren. Tief beeindruckt stellte er fest, dass die Kristallsammlung, von der Pasteur vorhersagte, sie sei in Lösung linksdrehend, tatsächlich linksdrehend war.

Pasteur schloss aus seinen Versuchen auf eine spiralförmige Anordnung der Atome in der Art einer links- beziehungsweise rechtsdrehenden Schraube oder, so fragte er sich, „stehen sie in den Ecken eines unregelmäßigen Tetraeders?“. Das war 1860, gerade ein Jahr nach der ersten Veröffentlichung Kekulés über seine Strukturlehre. Wir erinnern uns, dass Kekulé die „Wurstformeln“ für die Darstellung der Bindearme des Kohlenstoffs benutzte – von irgend einer räumlichen Vorstellung war er meilenweit entfernt.

Ähnliche Ergebnisse wie Pasteur erhielt der Deutsche Johannes Wislicenus bei seinen Arbeiten über die Milchsäure. Sie inspirierten 1874 den damals gerade 22-jährigen Niederländer Jacobus Hendricus van 't Hoff [132] zu einer verblüffend einfachen Erklärung. Er behauptete nämlich, optische Aktivität trete nur bei solchen Molekülen auf, die mindestens *ein* Kohlenstoffatom mit vier verschiedenen Liganden enthalten. Dieses Kohlenstoffatom

[132] Van 't Hoff wurde 1852 in Rotterdam geboren, studierte bei Wurtz in Paris, erwarb den Doktortitel in Utrecht und war dann Professor in Amsterdam.

nannte er ein „asymmetrisches Kohlenstoffatom". Er nahm an, dass es im Mittelpunkt eines Tetraeders sitze und seine vier Bindungsarme in die Ecken des Tetraeders ausstrecke (Abb. 1.6). Wenn nun an jedem der vier Bindungsarme ein anderer Ligand hängt, gibt es tatsächlich vom gleichen Molekül, zum Beispiel der Milchsäure mit der Formel

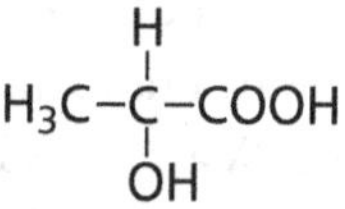

$$\begin{array}{c} H \\ | \\ H_3C-C-COOH \\ | \\ OH \end{array}$$

zwei verschiedene Isomere, die sich wie Bild und Spiegelbild verhalten, nämlich

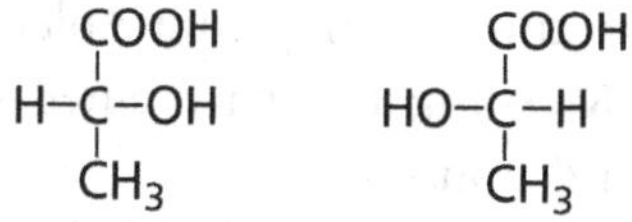

$$\begin{array}{c} COOH \\ | \\ H-C-OH \\ | \\ CH_3 \end{array} \qquad \begin{array}{c} COOH \\ | \\ HO-C-H \\ | \\ CH_3 \end{array}$$

Keine noch so raffinierte Drehung oder Wendung führt dazu, dass die beiden Moleküle im Bau übereinstimmen. Ebenso wenig können wir rechte und linke Handschuhe verwechseln oder rechte und linke Hände oder Füße, weil auch sie sich wie Bild und Spiegelbild verhalten.

Tatsächlich hatte jede der 13 damals bekannten optisch aktiven Verbindungen mindestens *ein* asymmetrisches Kohlenstoffatom im Molekül!

Van 't Hoff bestimmt die Richtung der Bindearme

Damit waren gleich zwei neue Erkenntnisse gewonnen: Einerseits die tetraedrische Ausrichtung der Bindearme des Kohlenstoffatoms – wieder nur durch einen „Indizienbeweis!" – und andererseits die Ursache der optischen Isomerie. Van 't Hoff erhielt für seine Entdeckung 1901 den ersten Chemie-Nobelpreis. Sein Studienkollege Le Bel, damals 27 Jahre alt, der völlig unabhängig, von Pasteurs Arbeiten ausgehend, einen Monat nach van 't Hoff eine ähnliche Theorie veröffentlicht hatte, ging dagegen leer aus. C'est la vie!

Wir begreifen nach diesem Abstecher in die Geschichte der „Stereochemie" sehr leicht, warum unser Traubenzucker zu den optisch aktiven Verbindungen zählt, denn er hat nicht nur ein, sondern sogar fünf asymmetrische Kohlenstoffatome (nämlich die mit der Nummer 1,2,3,4 und 5)[133]. Es ist also kein Wunder, dass er die Schwingungsrichtung des polarisierten Lichts ablenkt, und zwar nach rechts, also im Uhrzeigersinn (deshalb wird er

[133] Deshalb gibt es theoretisch nicht weniger als $2 \times 2 \times 2 \times 2 \times 2 = 32$ verschiedene optische Isomere des Traubenzuckermoleküls.

auch „Dextrose“ genannt; dieses Wort ist aus dem lateinischen Wort dexter für rechts abgeleitet). Das Drehvermögen der Glucose zeigt uns der nächste Versuch:

Versuch 37: Traubenzuckerlösung und polarisiertes Licht

Wir wiederholen Versuch 36, verwenden aber statt der Haushaltszuckerlösung eine Lösung von 40 g reinem Traubenzuckerhydrat (in der Apotheke als Dextropur erhältlich) in 80 g Wasser. Wieder beobachten wir eine Ablenkung der Schwingungsebene des polarisierten Lichts im Uhrzeigersinn, und zwar um etwa 23°, wenn die entstehenden 104 ml Lösung auf einer Strecke von 6,5 cm von polarisiertem Licht durchstrahlt wurden.

Aber nach einer Viertelstunde beträgt die Ablenkung nur noch 21°, 45 Minuten nach der ersten Messung 17°, nach einer weiteren Stunde 13° und ganz zuletzt bleibt sie bei 12° konstant!

Verrückterweise lässt sich der Versuch wiederholen, wenn wir unsere Traubenzuckerlösung eindunsten und mit dem Rückstand eine frische Lösung ansetzen!

Diese merkwürdige Eigenschaft der Glucose wurde bereits 1846 beobachtet. Sie tritt auch bei manchen anderen Zuckern auf und heißt „Mutarotation“ (abgeleitet aus dem Lateinischen, sinngemäß etwa Veränderungsrotation, denken Sie an die Mutationen der Vererbungslehre). Mit der Erklärung des Phänomens haperte es allerdings noch fast drei Jahrzehnte lang. Erst van ’t Hoffs Theorie von den asymmetrischen Kohlenstoffatomen ließ den Verdacht aufkeimen, dass es auftritt, wenn sich die räumliche Anordnung der Liganden an den Kohlenstoffatomen derartiger Zuckermoleküle ändert.

Wenn wir nun unser Traubenzuckermolekül kritisch durchmustern, um herauszufinden, welches der asymmetrischen Kohlenstoffatome seine räumliche Konfiguration in Lösung ändern könnte, so gerät abermals das Kohlenstoffatom Nr. 1 in starken Verdacht. Denn dieses trägt als einziges zwei Sauerstoffatome als Liganden. Es kann in wässriger Lösung die halbacetalische Bindung an das Kohlenstoffatom Nr. 5 aufgeben und unter Sprengung der Ringstruktur eine aldehydische C=O-Doppelbindung bilden (S. 239). Wenn sich dann das Molekül reumütig erneut zum halbacetalischen Ring schließt, kann die neu entstehende OH-Gruppe entweder schräg nach unten weisen (also die α-D-Glucose entstehen) oder nach oben (womit die β-D-Glucose gebildet wird):

α-D-Glucose

β-D-Glucose

Aldehydform

Wenn wir dabei wie in unserem Versuch 37 von einer Glucose ausgehen, die zu 100 % in der α-Form vorliegt, entsteht in Lösung über die Aldehydform allmählich eine Mischung von α-Form und β-Form. Ähnlich könnten wir eine reine β-D-Glucose in Wasser lösen. Auch sie würde sich über die aldehydische Form in ein gleich zusammengesetztes Gemisch von α- und β-Form umwandeln. Das Endergebnis ist gleich.

Weil man den Drehwert der reinen Formen kennt (er beträgt 113° für die reine α-D-Glucose und 19° für die reine β-D-Glucose[134]) und für das entstehende Gemisch 52° gefunden hat, kann man leicht ausrechnen, dass in ihm fast zwei Drittel β-Glucose einem guten Drittel α-Glucose gegenüberstehen.

Dabei bleibt die Konzentration an aldehydischer Form immer sehr niedrig (deshalb zeigt ja Glucose nicht alle typischen Aldehydreaktionen, wie wir schon auf S. 240 erkannten). Mit anderen Worten: die aldehydische Zwischenform wird sehr rasch durchlaufen. Auch wenn sich das Gleichgewicht zwischen α- und β-Form eingestellt hat, bleiben die Moleküle nicht untätig. Nach wie vor wandeln sie sich in die jeweils andere Form um, aber in der Zeiteinheit laufen gleich viele Umwandlungen in jede der beiden Richtungen, und an der Zusammensetzung von 65:35 ändert sich trotz der wilden Aktivität der beteiligten Moleküle nichts mehr.

[134] Er wird immer angegeben für Lösungen, die 100 g Glucose in 100 ml enthalten und auf einer Strecke von 10 cm vom polarisierten Licht durchlaufen werden. Arbeitet man wie wir mit verdünnteren Lösungen und kürzeren Strecken, so muss man die Resultate entsprechend hochrechnen.

Der Chemiker nennt dieses unruhige Hin- und Herreagieren ein „dynamisches Gleichgewicht". Es herrscht auch in einem Land, aus dem jedes Jahr zwar viele Menschen auswandern, in das aber im gleichen Zeitraum gleich viele einwandern. Deshalb ändert sich an der Bevölkerungszahl nichts, und die gleichbleibende Bevölkerungsdichte täuscht einen Stillstand vor, obwohl genau besehen bei den Meldebehörden und nicht nur da hektische Betriebsamkeit herrscht.

Wieder einmal ist es uns mit detektivischem Spürsinn gelungen, eine Reaktion aufzuklären; diesmal eine, bei der nur zwei Atomgruppen an einem Kohlenstoffatom die Plätze tauschen. Wir brauchten dafür lediglich die richtige Strukturformel der D-Glucose (die natürlich andere Chemiker für uns entdeckt haben), unser „Polarimeter" und die Kenntnisse über Halbacetale, die wir uns schon auf S. 81 angeeignet hatten. Erstaunlich finden wir, dass die grünen Pflanzen offenbar aus dem Gleichgewicht zwischen α- und β-Form, das sich ja auch in der Zellflüssigkeit einstellt, sich jeweils das optische Isomere herauspicken, das sie für den Bau des Stärke- oder Cellulosemoleküls brauchen.

Nahrungsmittel oder Baumaterial?

Die Pflanze trifft also unmittelbar nach der Entstehung von Glucose durch die Photosynthese eine wichtige Entscheidung, nämlich die, ob sie daraus ein Nahrungsmittel – Stärke – oder eine Stützsubstanz – Zellstoff – herstellen will. Entscheidet sie sich für den ersten Weg, so speichert sie Stärkekörner als Nahrungsmittelvorrat bevorzugt in Früchten oder Wurzeln, ausnahmsweise auch im Mark der Stämme und Zweige. Auffallende Beispiele sind die Getreidesorten Reis, Mais, Weizen, Roggen, Gerste , Hafer und Hirse, die Kartoffelpflanze und die Sagopalme. Im Bedarfsfall kann sie daraus jederzeit mit Hilfe von Enzymen biokatalytisch wieder Traubenzucker gewinnen und diesen verzehren.

Auch unser Verdauungstrakt baut Stärke zu Glucose ab, bevor die Darmzotten diese Zuckermoleküle in die Blutbahn befördern. Das Blut transportiert den Traubenzucker in die Muskeln und Organe, wo er biochemisch, das heißt flammenlos zu Kohlendioxid und Wasserdampf verbrannt wird:

$$C_6H_{12}O_6 + 6\,O_2 \longrightarrow 6\,CO_2 + 6\,H_2O$$

Nur beim Zuckerkranken bleibt er teilweise unumgesetzt und wird dann mit dem Urin ausgeschieden.

Im Falle des zweiten Wegs verwenden Pflanzen die Cellulose für den Aufbau von Zellwänden, Fasern, Blatthaaren oder Holz. Jetzt wissen wir also, wie Watte und Baumwolle als Haarfortsatz der Baumwollsamen entsteht und können uns vorstellen, wie Lein, Sisal, Nessel, Kokospalme und Hanf ihre Fasern erzeugen. Im Falle der Verholzung lagern die Pflanzen auch noch „Lignin"-Moleküle zur Versteifung ein.

Rohrzucker gibt es seit fast 2000 Jahren

Dass Pflanzen auch andere Produkte aus Traubenzucker erzeugen, haben wir schon erwähnt. Ein weiteres leicht verständliches Beispiel dafür ist der Rohrzucker, der mit dem Rübenzucker identisch ist und schon vor mehr als 1700 Jahren in Nordindien aus Zuckerrohr gewonnen wurde. Er kam um 700 n. Chr. als importierter „Steinhonig" nach China. Nach Europa brachten ihn etwa zur gleichen Zeit die Araber. Er wurde auch bald von fleißigen maurischen Bauern in Spanien hergestellt und lange Zeit – bis ins 17. Jahrhundert – fast nur in den Apotheken als teure Arznei verkauft.

Erst durch den Zuckerrohr-Anbau auf den Antillen und in Südamerika wurde er so billig, dass ihn die Hausfrauen anstelle des altvertrauten Honigs als Süßungsmittel einsetzten. Ganz knapp wurde er noch einmal am Anfang des 19. Jahrhunderts, als die Engländer gegen Napoleon die Kontinentalsperre verhängten und konsequent alle Einfuhrhäfen unseres Kontinents blockierten.

Not macht erfinderisch! Tüchtige Chemiker erfanden daraufhin ein Verfahren, um ihn aus der Runkelrübe zu gewinnen, und hartnäckige Bauern züchteten daraus die Zuckerrübe, die heute etwa genau so viel Saccharose enthält wie das Zuckerrohr (nämlich etwa 20 %), allerdings pro Hektar weniger Zucker ergibt. Vor mehr als 150 Jahren fanden die Chemiker, dass Rübenzucker zu den Kohlenhydraten gehört. Nicht nur sein süßer Geschmack, sondern vor allem die Summenformel $C_{12}H_{22}O_{11}$ sprach für die Zugehörigkeit zu dieser Stoffklasse. Natürlich blieb seine Strukturformel noch für geraume Zeit ein ungelöstes Rätsel.

Für die Aufklärung erwies sich die Erkenntnis als hilfreich, dass das Rohrzuckermolekül eigentlich aus zwei Molekülen $C_6H_{12}O_6$ entstehen könnte, wenn man aus ihnen ein Molekül Wasser abspaltet:

$$C_6H_{12}O_6 + C_6H_{12}O_6 \longrightarrow C_{12}H_{22}O_6 + H_2O$$

Sollte hinter einem der beiden C_6-Moleküle wieder unser Traubenzuckermolekül stecken? Wenn ja, was verbirgt sich hinter der anderen C_6-Formel? Darüber soll uns der nächste Versuch etwas verraten.

Versuch 38: Zerlegung von Rohrzucker

Wir lösen einen Teelöffel Zucker in 20 ml Wasser und fügen etwa 2 ml 1:5 verdünnte Schwefelsäure hinzu. Einen kleinen Teil der Mischung kochen wir im Reagenzglas etwa 3 Minuten lang. Nach dem Abkühlen fügen wir vorsichtig verdünnte Natronlauge hinzu, bis ein eingelegtes pH-Papier einen pH-Wert von 6–9 anzeigt.

Wir wiederholen nun Versuch 29, verwenden aber statt einer Glucoselösung unsere Reaktionsmischung. Die Entstehung von rotem Kupfer(I)-oxid deutet darauf hin, dass aus dem Rohrzucker Traubenzucker abgespalten wurde.

Mit besseren Laborgeräten könnten wir nachweisen, dass außerdem Fruchtzucker (Fructose) entstanden ist. Dieses Kohlenhydrat hat ebenfalls die Summenformel $C_6H_{12}O_6$, aber eine ganz andere Strukturformel, nämlich

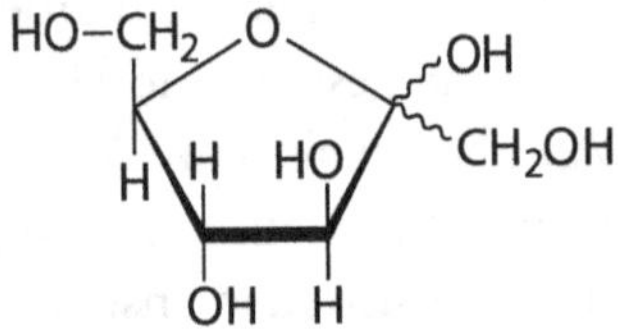

Wieder fällt uns auf, dass eines der Kohlenstoffatome zwei Sauerstoffbindungen trägt. Wenn wir an dieser Stelle den Fünfring ähnlich auftrennen, wie wir dies mit dem Sechsring des Traubenzuckermoleküls auf S. 239 gemacht haben, erhalten wir ein Keton mit fünf alkoholischen OH-Gruppen. Daher zählt man den Fruchtzucker zu den Keto-Zuckern oder „Ketosen".

Im Rohrzuckermolekül ist die Fructose am Kohlenstoffatom Nr. 1 des Glucosemoleküls in α-Stellung gebunden.

Biochemische Zuckerspaltung

Wir hätten Versuch 38 durchaus mit Hefezellen anstelle von Schwefelsäure durchführen können, denn sie produzieren ein Enzym, also einen Biokatalysator namens Invertase, der die selbe Reaktion bewirkt. Mit Hilfe von Invertase spalten auch die Bienen den Rohrzucker, den sie in den Blüten oder aus dem Kot von Blattläusen sammeln, in ein Gemisch von gleichen Teilen Traubenzucker und Fruchtzucker, das die Menschheit seit dem Altertum als Honig kennt[135]. Versuch 38 zeigt, wie der Chemiker „Kunsthonig" aus Rohrzucker herstellen kann.

[135] Siehe Ex 3,8

Es fällt uns auf, dass bei der Stärke, der Cellulose und dem Rohrzucker es immer wieder das Kohlenstoffatom Nr. 1 mit seiner halbacetalischen OH-Gruppe ist, das die Bindung zum Nachbarmolekül herstellt. Dabei reagiert die halbacetalische OH-Gruppe mit einer alkoholischen OH-Gruppe; es wird Wasser abgespalten und eine Sauerstoffbrücke zum entsprechenden Kohlenstoffatom des Nachbarmoleküls entsteht. Tatsächlich ist die halbacetalische OH-Gruppe des Kohlenstoffatoms Nr. 1 um ein vielfaches reaktionsfähiger als die rein alkoholischen OH-Gruppen der übrigen Kohlenstoffatome.

Man hat deshalb die Verbindungen, die so zustande kommen, in eine eigene, übrigens recht mitgliederstarke Stoffgruppe eingereiht und ihnen den Namen „Glucoside" gegeben. Die Glucoside sind in der Natur weit verbreitet. So ist zum Beispiel das Salicin der Weidenrinde ein Glucosid des Salicylalkohols (s. S. 117, Fußnote). Die Bindung entsteht zwischen β-D-Glucose und der phenolischen OH-Gruppe des Salicylalkohols. Ein anderes Glucosid, das Amygdalin, kommt im Bittermandelöl vor. Noch viel bekannter ist das Coniferin, das im Holz von Nadelbäumen vorkommt.

Zuckerverbindungen in der Erbinformation

Auch andere Zucker können ähnliche Bindungen eingehen. Die so entstehenden Stoffe fasst man dann in der übergeordneten Stoffklasse der „Glykoside" zusammen. Sie spielen in der Natur eine wichtige Rolle. Bekannt sind die „Herzglykoside", äußerst wirksame Arzneimittel aus dem roten oder weißen Fingerhut (Digitalis). Aber auch die Anthocyane (das sind rote und blaue Blütenfarbstoffe), die Saponine (das sind schaumbildende Stoffe aus dem Pflanzenreich), viele Schleimstoffe und manche Pfeilgifte afrikanischer oder amerikanischer Naturvölker finden sich in dieser Stoffklasse. Berühmt wurde das Antibiotikum Streptomycin, das ebenfalls hierher gehört und unter anderem gegen manche Formen der Tuberkulose wirkt.

Statt mit alkoholischen OH-Gruppen kann auch mit Stickstoffverbindungen Wasserabspaltung stattfinden. Dadurch werden Stickstoffbasen an Zuckermoleküle gebunden. Die Chemiker zählen auch diese Stoffe zu den Glykosiden. Besonders berühmt ist die Trägerin der Erbinformation, die „DNS" oder (im angelsächsischen Sprachgebrauch) „DNA". Die „*D*esoxyribo*n*ucleins*ä*ure" oder „*D*esoxyribo*n*ucleic *A*cid" enthält ein Zuckermolekül namens Desoxyribose, das einerseits ein Glykosid mit einer von vier verschiedenen Stickstoffbasen bildet und andererseits mithilfe zweier alkoholischer OH-Gruppen mit zwei Molekülen Phosphorsäure verestert ist. Jedes Phosphorsäuremolekül bindet nun seinerseits ein weiteres Molekül Desoxyribose, das wieder

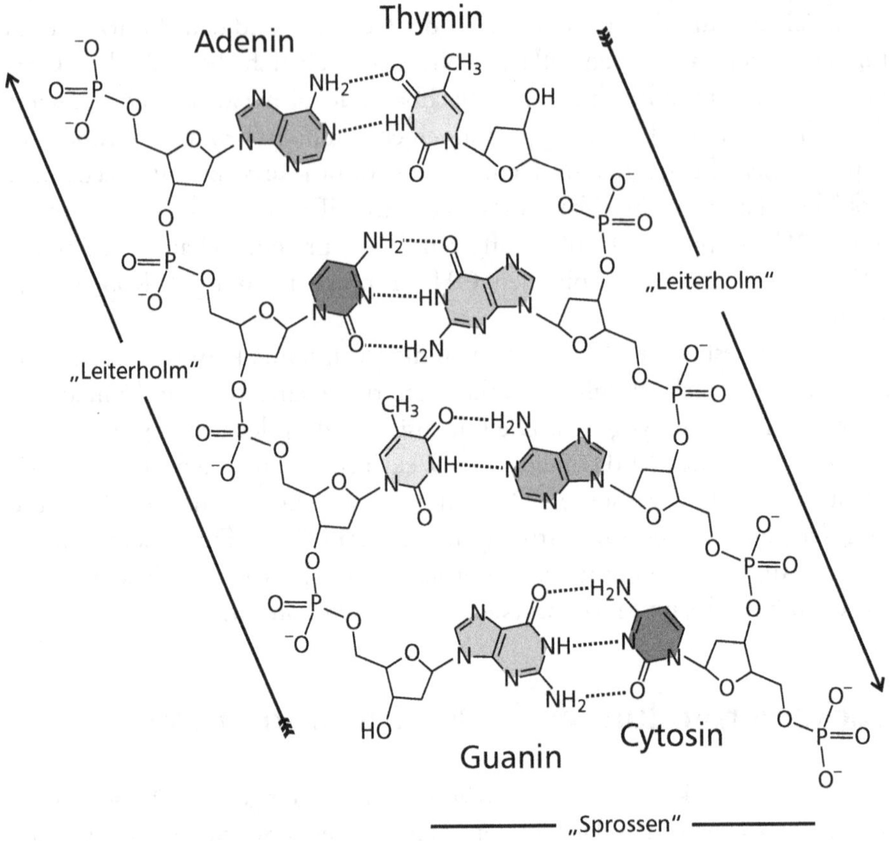

Abb.9.5 Desoxyribonucleinsäure („DNA" oder „DNS")

eine Stickstoffbase glykosidisch festhält und über eine zweite alkoholische OH-Gruppe die Esterbrücke zu einem weiteren Phosphorsäuremolekül schlägt.

Dieses Spiel setzt sich beliebig fort und Sie sehen aus Abb. 9.5, dass so eine Kette aus sich abwechselnden Desoxyribose- und Phosphorsäuremolekülen entsteht, die an jedem Desoxyribosemolekül eine glykosidisch gebundene Stickstoffbase trägt.

Das Molekül kommt nur ausnahmsweise allein vor. Normalerweise hat es sich ein Double zugelegt, das es mit Hilfe von Wasserstoffbrückenbindungen (s. S. 66) zwischen den Basenmolekülen festhält. Wir können uns die beiden Kettenmoleküle wie die Holme einer Leiter vorstellen; die Basen mit den Wasserstoffbrückenbindungen entsprechen in diesem Vergleich dann den Sprossen. Aber damit noch nicht genug: das gesamte Leitermolekül ist in der Gestalt einer Wendel aufgerollt. Dabei bilden die beiden Holme sozusagen zwei übereinanderliegende Aufgänge. Ein gedachtes Wesen, das sich auf einem der beiden Schraubengänge nach oben windet, wird einem zweiten Wesen, welches mit dem selben Ziel auf dem anderen Schraubengang unterwegs ist, niemals begegnen. Leonardo da Vinci hat eine solche Doppel-Wendeltreppe im Schloss Chambord an der Loire verwirklicht.

Das gesamte Molekül kann eine beträchtliche Länge erreichen. Es wird im Zellkern gespeichert und verteilt sich dort in einer festgelegten Art und Weise auf die Chromosomen.

Dieses Kettenmolekül ist die Trägersubstanz der Erbinformation.

Sie fragen sich bestimmt mit Recht, wie es so ein zugegebenermaßen interessantes, aber doch eigentlich nichtssagendes Molekül fertigbringt, die Bauanleitung für ein Individuum und seine Nachkommen zu liefern.

Die Antwort auf diese Frage verbirgt sich in den vier verschiedenen Stickstoffbasen, die uns Abb. 9.6 vorstellt. Sie funktionieren gewissermaßen wie vier verschiedene Buchstaben eines Codes, und sie können in beliebiger Reihenfolge glykosidisch an die einzelnen Desoxyribosemoleküle der Kette gebunden sein. Die Erbinformation steckt dann verschlüsselt in der Reihenfolge. Es leuchtet uns ein, dass ein sehr langes Kettenmolekül sehr viele verschiedene Reihenfolgen („Sequenzen") der vier Basenmoleküle aufweisen kann. Ähnlich können sehr viele sinnvolle oder sinnlose Wörter aus vier Buchstaben gebildet werden, wenn nur die Buchstabenreihen lang genug sind.

Aus jeweils drei aufeinanderfolgenden Basen entsteht eine klare Bauanweisung für ein Aminosäuremolekül. Das nächste Basentrio legt das nächste Aminosäuremolekül fest und so geht das Spiel weiter, bis sich unsere geneti-

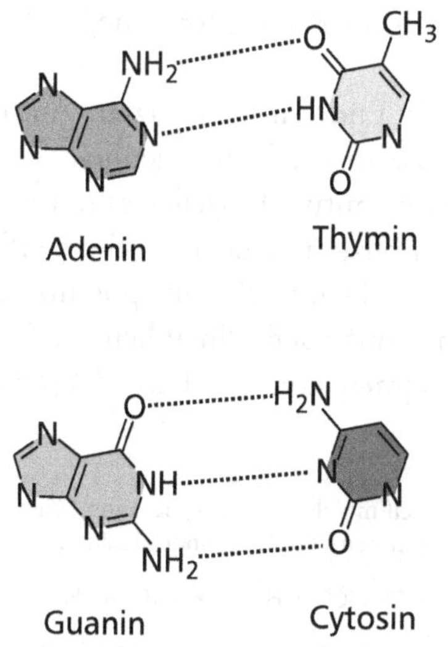

Abb. 9.6 Die vier Basen der Erbinformation

sche Geheimschrift in ein gezielt gefertigtes Eiweißmolekül aus verschiedenen Aminosäuren umgewandelt hat[136].

Das ist in groben Zügen der Mechanismus der Vererbung. Wir haben dabei bewusst vereinfacht und mehrere Zwischenstufen (Trennung der Doppelwendel – Ergänzung zu zwei Tochter-Doppelwendeln – Ablesen der Basenfolge durch ein Ribonucleinsäure-Boten-Molekül und Bau der neuen DNS nach der Information des Botenmoleküls) ausgelassen.

Am Ende dieses langen und zuletzt doch sehr anstrengenden Ausflugs kehren wir noch einmal zu seinem Ausgangspunkt zurück. Denn bei der Betrachtung des Adenosin-Triphosphat-Moleküls („ATP", Abb. 9.1) und des $NADP^+$ (ebenda) fällt uns auf, dass auch diese beiden Zwischenreaktanten der Photosynthese nichts anderes als Glykoside der Ribose sind. Die Photosynthese selbst, bei der unser wichtigster Zucker, die Glucose gebildet wird, ist also nur möglich mit Hilfe anderer, glykosidisch gebundener Zucker. Und so kann es uns nicht sehr erstaunen, dass Zucker fast überall in der Biologie eine Rolle spielen. Sie bilden die äußerste Molekülschicht der Zellwände, bald finden wir sie an Fette, bald an Eiweißmoleküle gebunden. Zellen kommunizieren miteinander mit Hilfe von Zuckermolekülen als „Botenstoffe", sie finden sich aber auch in giftigen Naturstoffen, die als Arzneien wirken. Sie sitzen auf der Oberfläche der roten Blutkörperchen und bestimmen dadurch die Blutgruppe A oder B. Deshalb vertragen wir eine Bluttransfusion schlecht, wenn wir Blutgruppe A haben und Blut der Gruppe B verwendet wird. Blutgruppe 0 ist besser verträglich, weil bei ihr die Zuckermoleküle fehlen.

Ja, das Leben ist nicht immer süß, aber ohne Zucker ist es gar nicht möglich.

Wir sind glücklich am Ende unseres letzten Ausflugs angekommen. Er begann mit einer Zeitreise in die Vergangenheit, bei der wir mit Staunen feststellen mussten, dass primitive Einzeller schon vor zweieinhalb Milliarden Jahren eine hochkomplizierte Zuckersynthese erfanden. Ihr Nebenprodukt Sauerstoff zerstörte nicht nur die Ursuppe und damit die primitivsten Lebensformen, sondern schuf auch allmählich die Bedingungen, unter denen höhere Lebewesen atmen können. Das Hauptprodukt Traubenzucker

---

136 Die Aminosäuren bilden Eiweißmoleküle, indem sie unter Wasserabspaltung miteinander reagieren. Als einfachstes Beispiel nehmen wir die Aminoessigsäure:

$$H_2N{-}CH_2{-}CO{-}OH + H_2N{-}CH_2{-}CO{-}OH \longrightarrow H_2O + H_2N{-}CH_2{-}CO{-}NH{-}CH_2{-}COOH$$

Diese Reaktion wiederholt sich mit einem weiteren Aminosäuremolekül so lange, bis ein Eiweißmolekül aus mehreren Tausend Aminosäureeinheiten entstanden ist. Siehe auch S. 217, wo wir die Seide kennengelernt haben.

dagegen erwies sich als die Schlüsselsubstanz für alle unsere Nahrungsmittel, seien sie nun pflanzlichen oder tierischen Ursprungs. Deshalb, so wurde uns bald klar, sind alle Kohlenstoffverbindungen unseres Körpers über Zwischenstufen aus Traubenzucker entstanden. Dieser wiederum hat alle seine Kohlenstoffatome aus dem Kohlendioxid der Luft bezogen. Nach unserem Tode werden wir der Natur ihre Leihgabe zurückerstatten.

Das Traubenzuckermolekül ließ uns auch nach diesen beinahe philosophischen Betrachtungen nicht ruhen. Wir spürten seinen einfachsten Abkömmlingen, der Stärke und der Cellulose nach, erkannten, dass es zwei natürliche Traubenzuckermoleküle gibt und beobachteten im polarisierten Licht, wie die eine Form sich in die andere verwandelt. Bald darauf erschloss sich uns die Formel des Rohrzuckers und mit ihr lernten wir eine Stoffgruppe kennen, die überall im Leben mitmischt, sei es bei Arzneien, Blütenfarbstoffen, Schleim, Pfeilgift, Zellstoffwechsel oder bei der Vererbung. Selbst für die Herstellung des Traubenzuckers durch die Photosynthese sind zwei ihrer Vertreter unentbehrlich.

Safari: In das Land der Philosophen

Inzwischen verstehen wir so viel Chemie, dass wir uns zum Schluss auf eine Safari wagen können, bei der wir ungeschützt Philosophen und Hirnforschern begegnen.

Noch einmal drehen wir das Rad der Zeit zurück: Diesmal um 14 Milliarden Jahre. Der Urknall hat soeben stattgefunden, das Weltall ist noch klein, aber es dehnt sich mit unvorstellbarer Geschwindigkeit aus. Die Elemente Wasserstoff und Helium sind bereits entstanden, mit abnehmenden, aber immer noch schwindelerregend hohen Temperaturen bilden sich aus kleinen Bausteinen die schwereren Elemente. Es entstehen die ersten Galaxien, Zusammenballungen von Sonnen, irgendwann zehn Milliarden Jahre später entsteht unser Sonnensystem mit seinen Planeten. Auf einem dieser Planeten entsteht noch einmal zwei Milliarden Jahre später das Leben. Es entwickelt sich zu immer komplizierteren Formen. Zahllose Arten entstehen, zahllose Arten sterben im Wettkampf um Nahrung wieder aus. Zuletzt, vor etwa 150 000 Jahren, entsteht der „Homo sapiens". Seit rund 2500 Jahren erforscht er systematisch die Natur und entdeckt dabei Gesetzmäßigkeiten, die ihm nicht nur ein besseres, gesünderes und sichereres Leben erlauben, sondern ihn auch befähigen, die Welt zu begreifen. Die Atome ordnen sich in seinem Körper nach wunderbaren Bauplänen zu Molekülen, die Moleküle zu Zellen, die Zellen zu Organen und die Organe zu einem Lebewesen, das durchschaut, nach welchen „Naturgesetzen" die Welt und es selber entstanden ist. Es darf annehmen, dass diese Naturgesetze auch außerhalb seines Planetensystems, ja, im gesamten Universum gelten und dass sie „schon von Anfang an" gegolten haben. Nach ihren Vorgaben läuft die Welt, und es gibt nichts, keinen einzigen Vorgang, der sich ihrem ehernen Diktat entziehen kann.

Das bedeutet natürlich keineswegs, dass damit alle Vorgänge aufgeklärt wären. Im Gegenteil: Es bedeutet, dass die Zusammenhänge ungeheuer kompliziert sein können. Schon der Blick durch das Mikroskop auf die Mizellen einer Seifenlösung zeigt, wie unvorhersehbar chaotisch sie von den Wassermolekülen herumgestoßen werden. Ähnlich kompliziert sind die Vorgänge in der Atmosphäre, die über das Wetter von morgen entscheiden. Noch undurchschaubarer werden sie, wenn wir versuchen, das Wetter in einem Monat oder in einem Jahr vorherzusagen.

Fleißige Forscher haben mit einigem Erfolg derartig chaotisch ablaufende Prozesse untersucht. Sie entwickelten die „Chaostheorie" und fanden mit ihrer Hilfe einige Gesetzmäßigkeiten, die offenbar für solche Vorgänge gelten und die gewisse Voraussagen erlauben. Dennoch gibt es keinen Zweifel, dass die Ergebnisse der Chaosforschung nur eine Ordnung beschreiben, die aus der Summe von nahezu unendlich vielen ungeordnet ablaufenden Einzelvorgängen entsteht. Jeder dieser Einzelvorgänge folgt den Naturgesetzen, auch wenn wir uns außer Stande sehen, dieses allgemeine Durcheinander zu überblicken.

Wenn aber alle Vorgänge bisher nach Naturgesetzen abgelaufen sind, werden sie auch in Zukunft nach den gleichen Naturgesetzen weiter laufen, gleichgültig, ob uns das gefällt oder nicht. Die Zukunft liegt nicht in unserer Hand, auch wenn wir es möchten, können wir daran nichts ändern. Wir haben keinen freien Willen, sondern es ist alles vorherbestimmt („determiniert").

Folglich sind wir auch nicht verantwortlich für unser Tun und Lassen. Es ist ungerecht, jemanden für ein Verbrechen zu bestrafen. Selbst Hitler, Stalin und Pol Pot sind unschuldig. Sie waren nur willenlose Werkzeuge der Naturgesetze.

Ein trostloses Ergebnis! Aber es gibt Versuche, die bei unbefangener Betrachtung zu dem Schluss führen, dass es tatsächlich keinen freien Willen gibt. So hat zum Beispiel der Hirnforscher Benjamin Libet schon 1983 seine Versuchspersonen darauf trainiert, auf einer Spezialuhr den Zeitpunkt abzulesen, zu dem sie den Entschluss fassten, einen Finger zu krümmen. Er maß während der Versuche die Hirnströme (das „Bereitschaftspotenzial"), die mit einem derartigen Willensakt einhergehen und fand, dass die Hirnströme immer einige Zehntelsekunden *vor* dem Willensakt auftreten, niemals gleichzeitig oder danach.

Die Hirnströme entstehen durch elektrochemische Vorgänge im Gehirn, die uns hier nicht weiter interessieren müssen. Die beobachtete Reihenfolge ist also: Zuerst finden bestimmte chemische Reaktionen statt, dann entsteht der Eindruck, dass wir einen Entschluss fassen.

An derartige Versuche hat wahrscheinlich der bekannte Hirnforscher Wolf Singer gedacht, als er im Streitgespräch mit einem Philosophen betonte, er könne „bei der Erforschung des Gehirns nirgendwo ein Agens wie den freien Willen oder die eigene Verantwortung" finden. Arthur Schopenhauer, für den ja die „Welt als Wille und Vorstellung" galt, muss sich bei Singers Aussage hörbar im Grabe umgedreht haben.[137]

Wir haben inzwischen genug Chemie gelernt, um das Versuchsergebnis Libets zu verstehen. Ohne biochemische Vorgänge in unserem Körper können

---

[137] „DIE ZEIT" vom 7.12.2000, S. 43

wir nicht sehen, hören, oder fühlen (S. 4), nicht gehen oder stehen, nicht denken, hassen, lieben, zweifeln oder glauben, offensichtlich auch keinen Entschluss fassen. All diese Lebensäußerungen beruhen auf biochemischen Reaktionen. Es ist deshalb ganz einleuchtend, dass erst die Chemie, dann das Empfinden oder „Wollen" kommt. Umgekehrt ist es ja auch unmöglich, durch einen Willensakt eine chemische Reaktion anzustoßen.

Oder geht das doch? Da gibt es den rätselhaften Placebo-Effekt, bei dem garantiert unwirksame Arzneien erstaunliche nachprüfbare Besserung verursachen, offensichtlich nur, weil der Patient (und eventuell auch der Arzt) von ihrer Wirksamkeit überzeugt ist. Man weiß inzwischen, dass diese Überzeugung im Körper des Kranken Botenstoffe ausschüttet, die mit den Opiaten verwandt und daher sehr wohl wirksam sind. Hier bewirkt zwar nicht ein Willensakt, aber doch wohl eine Überzeugung den Start biochemischer Vorgänge. Beim Nocebo-Effekt ist es umgekehrt: Weil der Patient Nebenwirkungen erwartet, treten Nebenwirkungen auf, obwohl die Arznei garantiert frei davon war. Vielleicht ein Hinweis darauf, dass man mit der Interpretation der Versuche Libets sehr vorsichtig umgehen sollte.

Aber die Vermutung, es gäbe keinen freien Willen ist nicht nur unbefriedigend, wenn wir an die „Unschuld" Hitlers oder Stalins denken. Wir haben mit ihr auch im Alltag bei unbefangener Beobachtung beträchtliche Schwierigkeiten.

Was geschieht zum Beispiel, wenn ein Fußballspieler einen Strafstoß schießt, den der Torwart mit einem gekonnten Hechtsprung pariert? Das Ganze beginnt damit, dass im Gehirn des Stürmers ungewollt, aber pünktlich nach dem Pfiff des Schiedsrichters chemische Reaktionen ablaufen, die er einige Zehntelsekunden später als den Entschluss empfindet, in die linke Ecke zu zielen. Kurz danach laufen ungewollt, aber rechtzeitig im Gehirn des Tormanns chemische Reaktionen ab, welche diesem vorgaukeln, er habe den Entschluss gefasst, sich nach dem Ball zu werfen. Weitere chemische Vorgänge finden wieder ohne seinen Willen, aber so schnell statt, dass er den Ball noch fängt, ehe der ins Tor fliegt. Bei hunderttausend Zuschauern fließen eine halbe Sekunde später gleichzeitig, aber unabsichtlich Hirnströme, die zu dem hunderttausendfach gefassten Entschluss führen, dem Torwart zu applaudieren oder den Elfmeterschützen auszubuhen. In den Gehirnen von zwei Millionen Fernsehzuschauern entstehen ungewollt, aber sofort andere Reizzustände der Gehirnzellen, die jene kurz danach je nach dem als Freude oder Enttäuschung empfinden. Und das alles soll vorherbestimmt sein? Was ist das für ein Uhrwerk, das vor Jahrmilliarden in Gang kam, immer nach den Naturgesetzen reparaturfrei lief und jetzt in mehr als hunderttausend Köpfen auf Bruchteile von Sekunden genau gleichzeitig tickt? Wenn das alles so exakt vorherbestimmt ist, dann gebührt dem Zusammenspiel aller beteiligten Atome und Moleküle jene ehrfürchtige Bewunderung, die wir sonst nur Gott entgegenbringen.

Ähnlich schwierig ist es, sich ohne freien Willen das Zustandekommen eines anspruchsvollen Gesprächs zu erklären. Auch hier müssen spontan, aber zeitgerecht in verschiedenen Köpfen „Bereitschaftspotenziale" entstehen, welche die Teilnehmer als Entschluss empfinden, zu reden oder zu antworten. Wie kommt es, dass diese Bereitschaftspotenziale zu vernünftigen Reden und Antworten führen? Ist es nicht ein Wunder, dass ganze Satzperioden ohne Steuerung durch Willensakte zielgenau beim Thema bleiben? Was ist das für ein Schiff, das Kurs hält, obwohl der Steuermann im Rettungsboot hinterhergeschleppt wird?

Unsere kurze Safari in das Land der Philosophen und Gehirnforscher soll mit diesen Fragen enden. Er hat uns gezeigt, dass chemischer Sachverstand sehr heftig mit der Wirklichkeit zusammenstoßen kann. Vielleicht beruht das unbefriedigende Ergebnis unserer schlichten Überlegungen darauf, dass wir allzu konsequent deterministisch und reduktionistisch gedacht haben. Vielleicht gelingt es aber auch eines Tages, die scheinbar unüberbrückbaren Widersprüche in einer neuen gedanklichen Synthese komplementär aufzulösen. Bis dahin sollten wir beherzigen, was Kekulé seinen Fachkollegen in seiner Festrede zum 25. Geburtstag der Benzolformel empfahl:

„Lernen Sie träumen, meine Herren, dann finden Sie vielleicht die Wahrheit ... Aber hüten wir uns, unsere Träume zu veröffentlichen, ehe sie durch den wachen Verstand geprüft worden sind."

Ernstgemeintes zu den Versuchen

Die Versuche sind so ausgewählt und gestaltet, dass sie einerseits den Text veranschaulichen und einprägen helfen, andererseits keine nennenswerte Umweltbelastung verursachen und sich im Wesentlichen mit leicht zugänglichen Substanzen durchführen lassen. Ausgesprochen gefährlich ist keiner; dennoch sollten Sie einige Vorsichtsmaßnahmen nie außer Acht lassen:

1. Verwenden Sie möglichst kleine Mengen an Substanzen, weil sich so eventuell begangene Fehler oder Ungeschicklichkeiten viel weniger dramatisch auswirken. Sie verringern außerdem die Umweltbelastung, den Chemikalienverbrauch und sparen Zeit beim Filtrieren oder Eindunsten.
2. Verwenden Sie sicherheitshalber beim Umgang mit Säuren oder Laugen Schutzbrille und Gummihandschuhe. Tragen Sie keine guten Kleider, statt dessen eher Schürze oder einen Arbeitskittel („Blaumann"). Sollte Ihnen doch ein ätzender Stoff in die Augen gelangt sein, so spülen Sie **sofort** und gründlich unter fließendem Wasser, wobei Sie das Auge mit den Fingern offenhalten; anschließend müssen Sie unverzüglich zum Augenarzt! Besonders Laugenverätzungen sind für die Sehkraft äußerst gefährlich. Spritzer auf Haut oder Kleider behandeln wir ebenfalls mit viel Wasser. Auch verschüttete Substanzen nehmen wir – gegebenenfalls nach dem Verdünnen mit viel Wasser – mit einem feuchten Lappen auf (Gummihandschuhe!).
3. Halten Sie Reagenzgläser und andere Reaktionsgefäße immer so, dass eventuell herausspritzende Substanzen weder Sie noch andere treffen können. Beim Erhitzen im Reagenzglas sorgen wir durch sanftes Schütteln dafür, dass kein Siedeverzug entsteht. Das Glas muss gleichmäßig erwärmt werden, da es sonst springt. Auch ein außen hängender Wassertropfen verursacht, dass das Reagenzglas oder Becherglas springt, ebenso ein ins heiße, trockene Reagenzglas innen herunter laufender Wassertropfen. Bechergläser erhitzen wir auf einem Drahtnetz.
4. Brennbare Substanzen nie in nennenswerten Mengen in der Nähe des Laborbrenners, eines Heizkörpers oder einer Lichtquelle lagern!
5. Als Unterlage verwenden Sie bei Versuchen mit Säuren und Laugen am besten ein Kunststofftablett; noch besser ist eine große Keramikplatte. Wenn Sie Kunststoffgeräte verwenden, sollten Sie bei der Arbeit mit offener Flamme immer an ihre Brennbarkeit denken! Sicherheitshalber prüfen wir auch mit einer kleinen Probe der eingesetzten Substanzen, ob der Kunststoff gegen sie beständig ist.

6. Zum Erhitzen verwenden Sie bitte feuerfeste Glasgefäße. Auch bei Versuchen, die viel Wärme erzeugen, sollten Sie ausschließlich derartige Geräte einsetzen.
7. Beim Verdünnen von Säuren und Laugen wegen der dabei auftretenden Wärme immer zuerst das Wasser ins Gefäß schütten und dann die Säure oder Lauge eintropfen oder langsam eintragen; nie umgekehrt! Dabei ist behutsames Schütteln oder Umrühren mit einem Glasstab notwendig. Niemals konzentrierte Säuren mit konzentrierten Laugen mischen! Die Angabe „halbkonzentrierte Salzsäure" bedeutet, dass Sie ein Volumenteil konzentrierte Säure mit einem Volumenteil Wasser verdünnen sollen; „1:5 verdünnt" heißt 1 Teil Säure mit 5 Teilen Wasser mischen, „1:10 verdünnt" sind 1 Teil Säure plus 10 Teile Wasser usw.
8. Alle Substanzen nur in Behältern mit leserlichem Etikett aufbewahren. Beim Ausgießen aus einer Flasche achten wir darauf, dass die Beschriftung nicht durch herablaufende Flüssigkeit benetzt wird, indem wir die Flasche so drehen, dass das Etikett oben ist.
9. Nur saubere, trockene Reagenzgläser und Geräte einsetzen.
10. Es ist ratsam, in der Nähe eines Ausgusses zu arbeiten oder wenigstens einen Eimer mit Wasser und Lappen für Notentsorgungen bereitzustellen.
11. Bei Versuchen, bei denen unter Umständen giftige Gase entstehen, sollte der Raum gut durchlüftet sein (Fenster auf!)
12. Während der Arbeit nicht rauchen, essen oder trinken.
13. Geräte und Chemikalien für Kinder und Jugendliche unzugänglich aufbewahren.
14. Jugendliche nur unter Aufsicht von Erwachsenen Versuche durchführen lassen.
15. Niemals von der Versuchsvorschrift abweichen oder eigenmächtig experimentieren!

Die Laborausrüstung

Für knapp drei Viertel aller Versuche benötigen Sie überhaupt keine chemische Ausrüstung. Sie arbeiten mit den Geräten und Substanzen, die ein gut geführter Haushalt, der Werkzeugkasten und die Hausapotheke hergeben, insbesondere, wenn Sie einen ausgedienten Kaffeefilter und einen nicht mehr benötigten Fonduebrenner benutzen können. Fein ist es natürlich, wenn Sie sich für die restlichen Versuche ein wenig besser ausrüsten.

Sie brauchen 12 Reagenzgläser, einen Reagenzglasständer, eine Reagenzglasbürste, einen Reagenzglashalter, ein oder zwei Bechergläser mit 100 ml Fassungsvermögen, ein Drahtnetz von etwa 10 × 10 cm, einen Trichter aus Glas oder Kunststoff mit 60° Öffnungswinkel, kreisrundes Filterpapier, das nach zweimaligem Falten zur Tütenform bequem in den Trichter passt, eine oder zwei Tropfpipetten mit angesetzter Gummikappe zum Absaugen und Wiederaustropfen von Flüssigkeiten, einen Glasstab, einen Metallspatel oder ein kleines Löffelchen, einen Spiritusbrenner oder einen Gasbrenner, einen Messzylinder (25–50 ml), pH-Papier und Lackmuspapier. Sehr selten wird ein Thermometer oder ein starker Magnet benötigt. Hilfreich ist eine starke Lupe (zehnfache Vergrößerung), eine Briefwaage oder wenigstens eine Küchenwaage sowie ein Stativ mit Klammer und zum Trichter beziehungsweise Drahtnetz passendem Ring; doch kann man sich auch selbst eine standfeste Halterung bauen. Ein (sehr einfaches) Mikroskop für 300-fache Vergrößerung können wir uns vielleicht leihen. Weitere Hinweise finden Sie auch bei den einzelnen Versuchen.

Die Rohstoffe für die Versuche liefern Chemikalien- oder Laborfachgeschäfte, wo auch Labors und kleinere Betriebe ihre Materialien beziehen. Andernfalls hilft Ihnen auch ein Versandhandel, z. B. Dr. G. Schuchardt, Wissenschaftliche Lehrmittel, Göttingen: http://www.schuchardt-lehrmittel.de

Ganz ideal ist ein „Chemiebaukasten", wie ihn Spielwarenläden anbieten.

Die Entsorgung hat das letzte Wort

Bei der Hälfte aller Versuche ist die Entsorgung unproblematisch, weil entweder keine Abfälle entstehen oder weil Wasser, Milch, Essig, Essigessenz, Kochsalz, Kernseife und Bärlappsporen keine Gefahrstoffe sind. Bei allen anderen werden sorgfältig durch Dekantieren Flüssigkeiten von Feststoffen getrennt. Die flüssigen Abfälle mit pH-Papier prüfen. Diejenigen, die sauer reagieren (pH-Wert kleiner als 7), in einem fünf Liter fassenden Kunststoffkanister sammeln, in dem drei Liter Wasser vorgelegt werden. Er sollte mit „Säureabfälle" beschriftet und bei der nächsten Schadstoff- oder Problemmüllsammlung abgegeben werden.

Neutral oder alkalisch reagierende Abfälle (pH-Wert 7–14) sammeln wir in einem zweiten 5-Liter-Kanister, der ebenfalls schon drei Liter Wasser enthält. Ihn ihm sammeln wir auch die geringen Feststoffmengen, die bei unseren Versuchen anfallen. Die Beschriftung dieses Kanisters lautet „Laugenabfälle". Auch ihn als Problemmüll oder Schadstoffmüll abgeben.

Ort und Termin der nächsten Sammelaktion für derartige Stoffe erfahren Sie beim Ordnungs- oder Umweltamt Ihrer Gemeinde oder Stadt.

Sachverzeichnis

F